神经和形态发育系统的演化计算及应用——通向通用人工智能的新途径

［德］金耀初（Yaochu Jin）　著

颜学明　译

科学出版社

北　京

图字：01-2025-0679 号

内 容 简 介

本书通过在基因、神经元和细胞等微观层面的计算机建模研究神经系统与形态（身体）的协同演化与发育。首先介绍演化算法、基因调控网络以及脉冲神经网络等用于理解和模拟生物神经系统及形态的演化与发育的计算方法，分析基因调控网络的鲁棒性、可演化性、网络模体、连通性等重要特性，并提供生物调控网络逆向工程的案例。其次介绍多细胞生长模型和多种局部神经可塑性规则的演化方法，研究神经系统与形态发育之间的协同与耦合。最后在自组织模式生成的应用实例中展现演化发育系统的潜力，并强调演化发育方法对于人工智能特别是具身智能的重要性及未来发展前景。

本书适合计算机科学、人工智能、计算神经科学等专业的高校师生、研究人员阅读，也可供对人工智能方法感兴趣的从业人员参考。

图书在版编目（CIP）数据

神经和形态发育系统的演化计算及应用 ：通向通用人工智能的新途径 /(德)金耀初著; 颜学明译. -- 北京 ：科学出版社，2024. 12. -- ISBN 978-7-03-080564-5

Ⅰ. TP183

中国国家版本馆 CIP 数据核字第 20247DQ060 号

责任编辑：郭勇斌　邓新平　张雨苗 / 责任校对：周思梦
责任印制：徐晓晨 / 封面设计：义和文创

科学出版社出版
北京东黄城根北街 16 号
邮政编码：100717
http://www.sciencep.com
北京中科印刷有限公司印刷
科学出版社发行　各地新华书店经销
*
2024 年 12 月第　一　版　开本：720 × 1000　1/16
2024 年 12 月第一次印刷　印张：17 1/2
字数：337 000

定价：168.00 元

（如有印装质量问题，我社负责调换）

著者简介：

金耀初，分别于 1988 年、1991 年及 1996 年在浙江大学电机工程学系获学士、硕士和博士学位，并于 2001 年在德国波鸿鲁尔大学神经信息研究所获工学博士学位。欧洲科学院院士，IEEE Fellow，国家特聘专家，长江学者讲座教授。IEEE 计算智能学会主席，《复杂与智能系统》主编。

目前为西湖大学工学院人工智能讲席教授，计算机系主任，“可信及通用人工智能实验室”负责人。2021～2023 任德国比勒费尔德大学工学院“洪堡人工智能教席教授”，2010～2021 任英国萨里大学计算机系“计算智能”杰出教授，2015～2017 年兼任“芬兰杰出教授”，1999～2010 年在本田欧洲研究院担任科学家、高级科学家及主任科学家。长期从事人工智能与计算智能的理论、算法和工程应用研究。已出版专著 6 部，发表学术论文 500 余篇。获“2025 年度 IEEE Frank Rosenblatt 奖”，并多次获“IEEE 进化计算汇刊优秀论文奖”及“IEEE 计算智能杂志优秀论文奖”。

译者简介：

颜学明，博士，广东外语外贸大学副教授，主要研究方向为计算智能、神经组合优化以及自然语言处理。

中文版前言

当前，具身智能与具身大模型已成为人工智能最热门、最有前景的研究领域。事实上，具身智能本身并不是新的概念，早在二十多年以前就有许多关于具身机器人与具身认知科学的探讨。有趣的是，本书第 1 章讨论的神经系统演化发育模型（图 1.10）以及第 6 章讨论的脑-体协同演化，也是基于这样一个假设，即大脑（神经系统）的演化与发育和形态（身体）的演化与发育是高度耦合的，脱开身体（感知、动作）及环境研究大脑（神经系统）的演化及结构自组织具有很大的局限性。虽然本书更多是在基因、神经元及细胞等微观层面讨论神经系统与形态的协同演化与发育，但它对当前的具身智能及具身机器人的研究依然具有重要的启发和借鉴意义。

本书内容总结了作者自 2006 年开始陆陆续续在基因调控网络的分析与演化综合、神经系统的早期发育与演化、形态发育与演化、神经可塑性及可塑性规则的演化、脉冲神经网络的架构自组织及架构搜索、脑-体协同发育与演化及形态发育群机器人自组织等领域开展或参与的研究工作。需要说明的是，本书的大部分工作是作者与合作者、博士后及博士生共同完成的。

很高兴本书的中文版跟读者见面了。感谢颜学明为本书的翻译付出了巨大的努力，也感谢科学出版社的大力支持。

金耀初

2024 年 10 月 29 日

于杭州西湖大学云谷校区

中文版前言

前　　言

三十年前，当我开始踏上人工智能（artificial intelligence，AI）研究征程时，未曾预料到这个领域的未来研究会经历如此多的波折，更未曾想象到它如今几乎渗透到了人类生活的每一个角落。回顾过去，我感到非常幸运，能够在这个领域中探索和前进，涉足专家系统、演化计算、模糊系统、人工神经网络、计算神经科学和计算生物学等跨学科领域。

在这三十年的研究工作中，我的关注点逐渐从 AI 在系统与控制领域的应用，转向了 AI 在优化领域的应用，特别是在数据驱动的演化优化和多目标演化优化方面。2006 年，我在本田欧洲研究院工作期间，有幸开展了一项重要的学术探索，旨在整合计算智能、计算神经科学和系统生物学的视角，以揭示自然演化的奥秘。这些研究深深吸引了我，因为它触动了我内心深处的某些思考。实际上，早在 1996 年，我在浙江大学完成博士论文时，就将以下两项内容纳入了我的研究愿景：一是探究包括人工神经网络和演化计算在内的 AI 方法之间的协同作用；二是探究生物智能与人工智能之间的内在联系。回顾这些年的研究经历，我越来越深刻地意识到，这些想法最终可以塑造本书所探讨的“演化发育系统”这一研究范式，因为演化、学习和发育是自然界中三种主要的自适应机制。

本书旨在为对人工智能方法感兴趣的高年级本科生、研究生、研究人员和从业人员提供一个基本而统一的“演化发育系统”理论与方法概述。第 1 章介绍用于理解和模拟生物演化与发育的计算方法，包括演化算法、基因调控网络模型、用于神经和形态发育的模型，以及神经可塑性的计算模型。第 2 章深入讨论生物基因调控系统的重要特性，如网络模体、网络连通性、鲁棒性和可演化性。为了分析鲁棒性和可演化性，书中引入生物基因调控网络的两个基本属性的定量度量，揭示发育可塑性对生物系统在遗传突变中的鲁棒性和在演化中获得新功能的关键作用。第 3 章介绍如何通过演化合成的方法，结合演化算法与基因调控模体来生成更复杂的调控特性。此外，还提供一个基于基因表达数据的生物调控网络逆向工程的案例研究，展示演化算法在重建大规模生物调控网络方面的能力。第 4 章和第 5 章介绍用于模拟神经和形态发育的多细胞生长模型，并探索各种局部可塑性规则的演化。第 6 章则考察神经和形态发育之间的协同与耦合，包括神经和形态的独立演化、神经控制器和形态发育的协同演化，以及神经与形态的协同演化。这些研究揭示了大量对理解生物智能和研发人工智能模型均十分重要的发现。与前几章侧重于生物演化与发育的基础属性分析和合成不同的是，第 7 章提供一些演化发育系统在自组织模式生成中初步但有前景的应用实例，即形态发育的自组织，展现演化发育系统的潜力。最后，第 8 章总结本书的内容，强调演化发育方法对于 AI 的重要性及未来前景。

本书汇集了我自 2006 年以来在“演化发育系统”领域的研究成果。部分章节或内容基于已发表的论文，这些论文会在相关章节的开头明确标注。在此，我要特别感谢 Bernhard Sendhoff 对本书提出的许多想法作出的贡献。同时，我的许多同事、合作者以及我指导或共同指导的博士后和博士生，也对本书的内容作出了重要贡献，包括 Markus Olhofer、Xin Yao、Yan Meng、Lis Schramm、Till Steiner、Ben Jones、Jens Trommler、Rubin Gruna、Hongliang Guo、Jun Yin、Spencer Thomas、Joseph Chrol-Cannon、Ataollah Ramezan Shirazi、Hyondong Oh、Xinjie Wang 和 Yan Zhou。此外，我要感谢 Springer 出版社的 Mio Sugino 和 Ronan Nugent 编辑，他们多年来的耐心支持，使得本书得以完成。最后，我要感谢德国联邦教育与研究部授予我的亚历山大 · 冯 · 洪堡人工智能教席奖的资助。

金耀初

德国比勒费尔德大学

2023 年 2 月

目　录

第1章 演化与发育的计算模型

1.1 演化算法

1.1.1 通用演化算法

自然演化包括生命特征和多样性随时间发生的所有变化。演化可以发生在微观层面和宏观层面上，即微演化和宏演化。微演化是指发生在种群层面上的演化；宏演化是指发生在物种层面或更高层面的一种演化形式。根据查尔斯·达尔文的说法，一个生物种群的遗传特征从一代到下一代会发生变化，这种变化受到自然选择的影响，通常称为适者生存：有利的遗传特征将在后续世代中变得越来越普遍，而不利的遗传特征将变得较不常见。在自然演化中，有利的特征大多与生存和繁殖能力有关，后来研究者们发现，正是 DNA——一种由 A、C、G、T 四种核苷酸构成的双螺旋结构，使得生物特征能够遗传。在生物学中，一对配对的 DNA 称为染色体，它由多个基因组成，而基因是染色体上决定特定特征的位置（基因座）。在生物演化中，两个主要的驱动力分别是自然选择（塑造对环境的适应）和遗传漂变（等位基因的随机缺失）。

演化算法（evolutionary algorithms）是一类在高度抽象层次上模拟自然演化关键要素的计算算法。演化算法通过交叉（重组）、突变和选择三种主要操作来适应环境。通过这些简单的操作，演化算法表现出极具有吸引力的特性，如适应能力、优化能力和创造能力。由于这些特性，演化算法已经被广泛应用于解决科学和技术领域的问题，涵盖从利用人工生命理解生物智能的基础研究到深度神经网络优化等实际应用。

演化算法的起源可以追溯至 20 世纪 50 年代。三大演化算法流派，即遗传算法[1, 2]、演化策略[3, 4]和演化编程[5, 6]，都是在这一时期独立提出的。到 20 世纪 90 年代，基于遗传算法发展而来的遗传规划（又称遗传编程）[7, 8]成为演化计算的又一主流范式。尽管在表现方式、遗传算子和选择方式上存在差异，但演化算法可以用一种通用形式来描述：

开始演化算法{

$t = 0$;

```
生成初始种群 p(0)
评估 p(0);
执行{
    t = t + 1;
    从种群 p(t)中选择父代;
    重组 p(t);
    变异 p(t);
    评估 p(t);
    }当{未满足标准时停止};
}
```

演化算法的通用流程如图 1.1 所示。在人工演化系统中，演化发生在三个层面：基因型层面、表现型层面和适合度（又称适应度）层面。在演化算法中，一组染色体被称为基因型，它模拟了生物演化中的 DNA；而表现型则描述了具体问题的特征。例如，如果演化算法用于优化人工神经网络的结构，那么表现型描述的是神经网络所有可能的结构。因此，表现型的引入使得对演化算法进行详尽的分析成为可能，因为基因型与适合度的映射有时被称为适合度景观，而适合度景观强烈依赖于特定问题，其定量分析可能难以实现。所有的基因变异，如基因型空间中的重组和突变，直接导致表现型空间的变异。

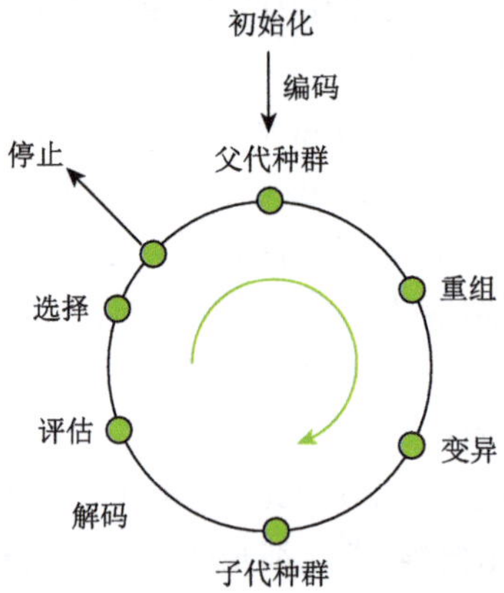

图 1.1　演化算法通用流程

图 1.2 展示了在优化问题背景下一个基因型-表现型-适合度的图示例。比如，对于涡轮叶片的几何形状优化，基因型是叶片几何形状的表示，表现型是相应的几何形状，适合度是叶片的空气动力性能，评估方法可以采用计算流体动力学模拟或风洞实验。

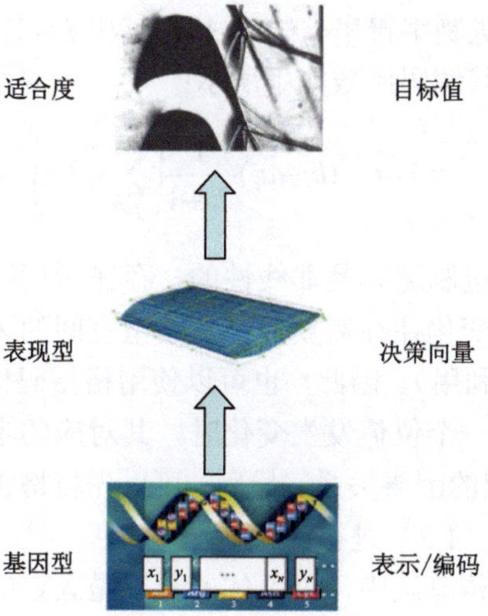

图 1.2　优化涡轮叶片几何形状的演化算法的基因型、表现型和适合度

在设计一个优化问题的表示方法时，应该考虑基因型-表现型映射（genotype-phenotype map）的以下主要属性。

（1）因果性（causality）：基因型的小变化会导致表现型的小变化；反之，基因型的大变化也会导致表现型的大变化。

（2）可演化性（evolvability）：能够产生新的表现型，以适应环境变化。

（3）鲁棒性（robustness）：关键表现型对基因型的小变化不敏感。

接下来，我们将更详细地介绍演化算法的主要组成部分，包括基因表示、基因重组、基因突变和基因选择。由于本书中同时使用了遗传算法和演化策略，以下讨论将仅限于这两种主要算法。

1. *编码方法*

编码方法关注演化算法在基因型空间中待解决问题的编码方式。在遗传算法中，通常会对所有决策变量进行编码；而在演化策略中，不仅会编码决策变量，还会编码一些在演化算法中重要的参数，比如种群大小、变异步幅、变异概率、交叉位置和交叉概率。一般来说，演化算法的性能在很大程度上依赖于这些参数，因此在演化过程中让这些参数与决策变量一起演化是非常必要的。这种方法通常被认为是自适应。

传统上，标准遗传算法使用二进制或格雷码编码[9]。决策变量被编码成一个由 0 和 1 组成的字符串。假设决策变量为 $\boldsymbol{x} = [x_1, x_2, \cdots, x_n]$，则染色体的形式如下：

$$\underbrace{101\cdots1}_{x_1}\underbrace{110\cdots0}_{x_2}\cdots\underbrace{111\cdots1}_{x_n} \tag{1.1}$$

对于一个 l 位的二进制字符串 $s_j \in \{0, 1\}$，其中 $j = 1, 2, \cdots, l$，它在$[a_i, b_i]$范围内编码了一个实数 x_i，其解码函数如下所示：

$$x_i = a_i + (b_i - a_i)\frac{1}{2^l - 1}\left(\sum_{j=0}^{l-1} s_j 2^j\right) \tag{1.2}$$

值得注意的是，二进制编码是非线性的，存在所谓的汉明悬崖问题。也就是说，表现型空间的微小变化往往需要通过基因型空间的大变化来实现，这就很难进行精细的搜索（亦称利用）。因此，也可以使用格雷码作为替代。格雷码一个很重要特征是，当其任意一个位值发生变化时，其对应的十进制值就会增加或减少 1，这种特性体现出强烈的因果关系。最后，可以先将格雷码字符串转换为二进制字符串，然后使用公式（1.2）进行计算。

在二进制表示的遗传算法中，染色体的长度是固定的。然而，生物基因组的长度可能会随时间或世代更替而发生变化，并且这些基因组可能包含重复或竞争的基因。为了模拟这种情况，文献[10]提出了具有可变长度表示的演化算法。一个较早的可变长度表示例子是杂乱的遗传算法（messy GA），在该算法中，每个位的值和位置都被编码在染色体上。Delta 编码在文献[11]中被提出，其长度在演化过程中会变化，以使遗传算法在探索和利用之间达到更好的平衡。二进制和格雷码表示已被证明在连续型、整数型和组合型优化问题中表现良好，尽管它们并不是解决连续型优化问题的最有效方法，在处理更复杂的任务（如神经网络结构优化）时也显得不够有效[12-14]。为了解决上述问题，文献[15]提出了实数编码遗传算法，其求解连续优化问题更加高效。与此同时，研究者们还开发了其他更为复杂的编码方案，例如语法编码[16]、细胞编码[17]、递归编码[18]及上下文依赖编码[19]等多种方法。这些编码方法有时被称为间接编码或生成式编码，因为其表现型中的某些属性在基因型中没有明确表示。例如，上下文依赖编码有两种类型的基因：一种用于指令，另一种用于二进制位，指令指明哪些二进制位将被激活，模仿了生物中的基因表达过程。因此，染色体上可能有一些基因在解码过程中未被明确地看到。假设 A 和 B 用于指令编码，1 和 0 是二进制编码的位，那么典型的染色体可能如下所示：

A0BA1011AAB101B00B1B

在解码上述染色体时，系统首先会查找特定的指令，例如 AA、AB、BA 或 BB。在这种情况下，前两个基因会被忽略，直到系统找到序列 BA。然后检查二进制基因，例如在这个例子中，二进制基因是 1011。一旦遇到下一个指令基因，系统将停止读取二进制基因。由于指令基因 AA 后是二进制基因，接下来的 B 将被跳过。需要注意的是，遗传编程使用树结构表示，交叉和突变后树的宽度和深度也可能发生变化。

与遗传算法相比，演化策略直接在染色体中编码决策变量。与遗传算法的表示方式不同，演化策略在染色体中还编码其策略参数。因此，对于一个决策向量 $\boldsymbol{x}=[x_1, x_2, \cdots, x_n]$ 的演化策略，其染色体将会是

$$x_1 x_2 \cdots x_n \, \sigma_1 \sigma_2 \cdots \sigma_m \tag{1.3}$$

其中 $x_i\,(i=1,2,\cdots,n)$ 是决策变量，$\sigma_j\,(j=1,2,\cdots,m)$ 是步长的策略参数。需要注意的是，不同演化策略中的策略参数数量可能不同。此外，如果采用演化策略进行整数优化，实数编码可以转换为整数编码。

从上述讨论中可以看出，现代演化算法通常使用由实值、二进制或其他编码方案组成的混合编码，但遗传算法在表示上通常比演化策略更灵活。相应地，不同的遗传算子应用于不同的表示，导致更复杂的搜索行为，主要是因为不同的表示在基因型和表现型之间展示了不同的因果关系。所谓因果性，指的是基因型空间中的变化程度应适当地反映在表现型空间中的变化程度上。在强因果性的搜索中，期望基因型空间中的邻域在表现型空间中得以保留[20]。然而，强因果性既可能有助于搜索性能，也可能损害搜索性能，这取决于搜索阶段和适合度景观。一般来说，为了有效利用资源，因果性是可取的，而在演化算法中，自适应是必不可少的，弱因果性对探索性搜索更有利。研究发现，演化策略的表示比遗传算法中使用的二进制编码具有更强的因果性，而格雷码的因果性更强[20]。

2. 重组

重组在不同的表示方法中有不同的实现方式，为不同个体之间交换基因物质提供了一种机制。重组，在遗传算法和遗传编程中更常被称为交叉，是遗传算法中的主要驱动力。相比之下，在演化策略中，重组是次要的搜索操作。

正如前文提到的，重组在很大程度上依赖于表达方式，即基因编码。此外，重组可以分为基因型层面和表现型层面两种方案[21]。例如，基于二进制或格雷码编码的遗传算法通常应用基因型层面的重组，最常用的基因型层面重组方法包括：

（1）单点重组（1-point recombination）[1]。给定两个用于重组的父代个体：[AB101A001]和[BA010A110]。在染色体上随机选择一个位置进行交叉，比如在第三位和第四位之间。通过在选定位置切割并交换两段基因组，生成两个子代个体：[BA001A001]和[AB110A110]。

（2）*n* 点重组（*n*-point recombination）[22]。在单点重组被扩展为 *n* 点重组的方案中，引入 *n* 个“切割点”。例如，假设对两个父代个体应用两点交叉，这两个父代个体在第三位和第六位被切割（由“|”表示）：[AB1|01A|001]和[BA0|10A|110]，这将生成以下两个子代个体：[AB110A001]和[BA001A110]。

（3）自适应重组（adaptive recombination）。上述重组方法是静态的。可以在

演化过程中动态调整交叉位置。一个简单的思路是识别在交叉中应保持在一起的基因组，依据优化过程中获得的知识，避免破坏有前景的构建块。例如，可以制定以下规则：

①如果子代的适合度优于父代，那么就以一定的概率奖励来自父代的基因位点。

②另一个思路是为特定的重组分配一个标签，如好、差或不活跃[23]。不活跃的重组表示使用这种特定重组生成的子代的适合度与其父代相同。

③自适应已被证明对于提升演化算法的搜索性能至关重要，这通过在表示中编码演化算法的一些参数，使这些参数也受到变异和选择的影响来实现。

（4）均匀重组（uniform recombination）。均匀重组[24]不使用切割点。顾名思义，均匀重组逐位决定是否在两个父代个体之间交换特定的基因。交换的概率通常设置为 0.5，当然也可以使用其他概率。0.5 的交换概率下，均匀重组按以下方式进行：首先，随机生成一个与父代个体长度相同的由 0 和 1 组成的二进制决策字符串。如果决策字符串的第 i 位是 1，则交换两个父代个体染色体的第 i 位。假设生成的决策字符串为[011010010]，则由两个父代个体[AB101A001]和[BA010A110]生成两个子代个体[AA000A011]和[BB111A100]。一般而言，均匀重组比单点重组和两点重组更具破坏性，这对搜索性能可能是有益的，也可能是有害的，因为它可能导致更多的探索性搜索，但也可能破坏现有的良好构建块。

需要注意的是，以上所有操作都可以推广到多个父代个体的情况。

在演化策略中，重组通常被视为次要的。广泛使用的重组方法包括[3]：

$$x_i'=\begin{cases} x_{a,i} \text{ 或 } x_{b,i} & \text{离散重组} \\ \dfrac{1}{2}(x_{a,i}+x_{b,i}) & \text{中间重组} \\ x_{a,i} \text{ 或 } x_{b_j,i} & \text{全局离散重组} \\ \dfrac{1}{2}(x_{a,i}+x_{b_j,i}) & \text{全局中间重组} \end{cases} \tag{1.4}$$

其中 a、b、b_j 是父代个体，而 x_i' 是决策向量 x 的第 i 个元素。需要注意的是，涉及三个个体的情况可以扩展到多个个体，这种情况被称为全混合重组。此外，个体的权重可以进行调整。

3. 突变

突变在遗传算法中扮演着次要角色，其主要目的是缓解遗传算法在收敛到全局最优时群体个体变得过于相似导致的过早收敛问题。当种群中所有个体非常相似甚至相同时，通过重组生成新的构建块几乎是不可能的。在二进制或格雷编码表示时，突变会翻转一位（将 1 变为 0 或将 0 变为 1）。

突变也可以自适应调整，例如通过改变突变率[25]。类似于重组参数，突变率也可以编码在染色体中并随演化而变化。突变率也可以根据位置进行调整[26]，这提供了一种平衡探索和利用的简便方法。

与在遗传算法中不同，突变是演化策略的主要操作。在演化策略中，突变是通过向决策变量和编码的策略参数添加正态分布的随机数来实现的。更重要的是，在演化过程中要适当调整正态分布的方差。

4. 选择

演化算法中的选择体现了适者生存的生物机制。在演化算法中，选择方法的关键问题在于保持适当的选择压力，以适应不同的搜索阶段。遗传算法中常用的选择方法包括轮盘选择[2]（又称适合度比例选择）、排序选择和锦标赛选择[27]。上述选择方法都是概率性的，这意味着在优化过程中可能会丢失最优个体。可以通过引入精英策略来解决这个问题，以保留最佳个体。精英策略在加速遗传算法的收敛方面起着重要作用[28]，但也可能导致在求解复杂问题时过早收敛。

演化策略中有两种选择方法，即（μ,λ）选择和（$\mu+\lambda$）选择，其中 μ，λ 分别是父代和子代的种群大小。在（μ,λ）选择中，选择子代中最好的 μ 个个体作为下一代的父代，而在（$\mu+\lambda$）选择中，选择父代和子代的联合体中最好的 μ 个个体作为下一代的父代。显然，（$\mu+\lambda$）选择是一种精英策略，因为最佳的 μ 总是被保留。需要注意的是，演化策略中的两种选择方法都是确定性的，通常 μ 远小于 λ。

1.1.2　参数自适应与演化策略

自适应是演化策略最重要的特点之一，它使搜索行为适应于待解决问题的适合度景观，显著提高了搜索性能。

标准演化策略可以描述如下：

$$\boldsymbol{x}(t)=\boldsymbol{x}(t-1)+\tilde{z} \tag{1.5}$$

$$\sigma_i(t)=\sigma_i(t-1)\exp(\tau' z)\exp(\tau z_i),\ \forall i\in\{1,\cdots,n\} \tag{1.6}$$

$$\boldsymbol{x},\tilde{\boldsymbol{z}}\in\mathbb{R}^n;\ z_i, z\sim N(0,1);\ \tilde{\boldsymbol{z}}\sim N(\boldsymbol{0},\boldsymbol{\sigma}(t)^2) \tag{1.7}$$

其中 $\boldsymbol{x}$ 是要优化的决策向量，τ，τ' 和 σ_i 是策略参数。τ 和 τ' 的取值如下：

$$\tau=\left(\sqrt{2\sqrt{n}}\right)^{-1};\ \tau'=\left(\sqrt{2n}\right)^{-1} \tag{1.8}$$

其中，z_i，z 和 $\tilde{z}$ 分别是正态分布的随机数和随机向量，它们共同被用于表征决策向量和策略参数的突变。σ_i 也被称为步长参数，类似于基于梯度方法中的步长。

演化策略中的步长自适应是区分不同变体的关键特征。标准演化策略的最早版本被称为 1/5 规则[3]，它通过启发式方式调整策略参数。自适应突变步骤的方法包括标准自适应（每个决策变量有单独的步长）、旋转矩阵自适应（不仅控制步长，还控制突变的方向）[3]、生成集自适应（适应正态突变分布，独立于选择的坐标系统）[29]，以及最受欢迎的去随机化协方差矩阵自适应演化策略（CMA-ES）[30, 31]。去随机化协方差矩阵自适应演化策略被认为是连续优化中最有效的，许多在本书中介绍的算法都使用它。

去随机化协方差矩阵自适应演化策略[31]与标准演化策略的主要区别在于以下三个方面：

（1）为了减少随机性对自适应的影响，只使用一个随机源来调整决策变量和策略参数。在去随机化变体中[30]，实际步长用于调整策略参数。因此，策略参数的自适应更直接地依赖于适合度景观的局部拓扑。策略参数和决策变量的适应形式如下：

$$\sigma(t)=\sigma(t-1)\exp\left(\frac{1}{d}\left(|z|-E\left[|N(\mathbf{0},\mathbf{1})|\right]\right)\right) \tag{1.9}$$

$$\boldsymbol{x}(t)=\boldsymbol{x}(t-1)+\sigma(t)\boldsymbol{z} \tag{1.10}$$

$$\boldsymbol{z}\sim N(\mathbf{0},\mathbf{1})$$

在去随机化协方差矩阵自适应演化策略中，使用决策空间中的实际步长来调整策略参数。如果突变大于预期$\left(|z|>E\left[|N(\mathbf{0},\mathbf{1})|\right]\right)$，则策略参数将增加。这确保了如果较大的突变成功了，那么在下一代中将再次发生较大的突变。如果突变小于预期$\left(|z|<E\left[|N(\mathbf{0},\mathbf{1})|\right]\right)$，同样的论证也成立。参数 d 用于调控自适应。

（2）引入了一个额外的策略参数——累积步长，并对其进行调整。虽然标准演化策略从种群中提取用于策略参数适应的有用信息，但累积步长适应依赖于连续几代中收集的信息，这可以视为一种时间平均方法，使得适应工作可以在更小的种群规模下进行。这就是去随机化协方差矩阵自适应演化策略为什么通常采用比标准演化策略更小的种群规模，使其更适用于昂贵的优化问题。其中适合度评估涉及计算密集型模拟或成本高昂的实验。累积步骤被称为演化路径[31]，并根据如下方式调整：

$$\boldsymbol{s}(t)=(1-c)\boldsymbol{s}(t-1)+c_u\boldsymbol{z} \tag{1.11}$$

因子 c 决定演化路径的长度，$c_u=\sqrt{c(2-c)}$ 是为了标准化而引入的，是计算 $s(t)$ 在 $\lim\limits_{t\to\infty}$ 时的方差。

（3）去随机化协方差矩阵自适应演化策略概率密度函数的协方差矩阵 $\boldsymbol{C}$ 用于决策向量的变异。

$$f(z)=\frac{\sqrt{\det(\boldsymbol{C}^{-1})}}{(2\pi)^{n/2}}\exp\left(-\frac{1}{2}(\boldsymbol{z}^{\mathrm{T}}\boldsymbol{C}^{-1}\boldsymbol{z})\right) \tag{1.12}$$

根据文献[29]，如果矩阵 $\boldsymbol{B}$ 满足 $\boldsymbol{C}=\boldsymbol{B}\boldsymbol{B}^{\mathrm{T}}$ 并且 $z_i\sim N(0,1)$，那么 $\boldsymbol{B}\boldsymbol{z}\sim N(0,\boldsymbol{C})$。决策向量的自适应表示为

$$x(t)=x(t-1)+\delta(t-1)\boldsymbol{B}(t-1)\boldsymbol{z},\ z_i\sim N(0,1) \tag{1.13}$$

其中 δ 是总步长。协方差矩阵的适应分为两步，第一步是使用累积步长大小（$c_{\mathrm{cov}}\in(0,1)$）和 $c\in(0,1)$ 进行调整，这决定了在累积适应过程中过去的影响：

$$\boldsymbol{s}(t)=(1-c)\boldsymbol{s}(t-1)+c_u\boldsymbol{B}(t-1)\boldsymbol{z} \tag{1.14}$$

$$\boldsymbol{C}(t)=(1-c_{\mathrm{cov}})\boldsymbol{C}(t-1)+c_{\mathrm{cov}}\boldsymbol{s}(t)\boldsymbol{s}^{\mathrm{T}}(t) \tag{1.15}$$

第二步是根据 $\boldsymbol{C}$ 确定矩阵 $\boldsymbol{B}$。因为仅根据 $\boldsymbol{C}=\boldsymbol{B}\boldsymbol{B}^{\mathrm{T}}$ 无法推导出 $\boldsymbol{B}$，选择 $\boldsymbol{C}$ 的特征向量作为 $\boldsymbol{B}$ 的列向量。这使得最终必须调整总体步长 δ，为此，需要知道累积向量 $\boldsymbol{s}_\delta$ 的期望长度。因此，依赖于 $\boldsymbol{B}$ 的变异向量应服从 $N(0,\boldsymbol{1})$分布。这可以通过对 $\boldsymbol{B}$ 的列向量进行相应特征值的平方根的归一化来实现。如果 $\boldsymbol{B}$ 的列向量是 $\boldsymbol{C}$ 的特征向量，最后，对 $\boldsymbol{s}_\delta$ 和 δ 进行如下调整：

$$\boldsymbol{s}_\delta(t)=(1-c)\boldsymbol{s}_\delta(t-1)+c_u\boldsymbol{B}_\delta(t-1)\boldsymbol{z} \tag{1.16}$$

$$\delta(t)=\delta(t-1)\cdot\exp\left(\beta\left(\left\|\boldsymbol{s}_\delta(t)\right\|-\hat{\chi}_n\right)\right) \tag{1.17}$$

$\boldsymbol{B}_\delta$ 等于 $\boldsymbol{B}$，其中列向量被归一化，以便 $\boldsymbol{B}_\delta(t-1)\boldsymbol{z}$ 服从 $N(0,\boldsymbol{1})$分布。$\hat{\chi}_n$ 表示 χ_n 分布的期望，它是 $N(0,\boldsymbol{1})$分布的随机向量长度的分布。

1.1.3　直接表示与间接表示

许多用于求解优化问题的演化算法都使用直接编码（表示）方法，包括二进制、整数、实数和树结构等。然而，生物染色体的高度冗余已被广泛认识[32]。研究发现，冗余表示受表现型间相互作用的影响较小，从而使演化算法在变化环境中更具有鲁棒性[33, 34]。在遗传算法中，表现型间相互作用被定义为一个位点的基因型对另一个位点突变效应的影响[35]。

在人工生命研究中，胚胎发生或发育编码成为一种新兴的表示方法。如其名称所示，发育编码中的基因型编码一组生长或发育规则，定义了表现型将如何发展[34]，而在直接编码中，表现型的所有细节都必须被编码。遗传算法中的一些间接编码方案，如细胞编码和 Lindenmayer 系统[35]，也可视为胚胎生成编码。发育编码在生物发育的计算建模中至关重要，将在本书后面的章节中详细阐述。接下来，我们将总结不同的编码方法。

1. 直接编码

在直接编码方法中，所有的决策变量都直接用二进制、整数、实数或符号序列进行编码。然而，对于所有的直接编码方法来说，染色体长度（搜索

空间的维度）会随着决策变量的数量线性增长，使得演化算法难以扩展到大规模问题。

2. 间接编码

间接编码方法通常使用基于规则的方法来间接编码信息，因此染色体长度不直接取决于决策变量的数量，其可扩展性比直接编码方法要好得多。下面列出了一些间接编码方法。

（1）语法编码：使用递归重写语法[16, 36]。例如，可以定义规则将 1×1 矩阵转换为 2×2 矩阵。然后新矩阵的所有元素再次被转换为 2×2 矩阵，以此类推。

（2）细胞编码：使用图文法方法编码类似结构，如人工神经网络[36]。在人工神经网络中，采用有序分枝的语法树。节点用程序符号的名字标记，这些符号代表细胞过程的指令。与图灵机类似，细胞逐步执行其指令。

（3）超耦合映射[37]：该模型是基于代谢反应的连续值离散时间模型，且根据几种化学物质的浓度的规则编码在染色体中。

需要注意的是，对于直接编码，基因型-表现型映射是静止的，这意味着它没有考虑发育过程。相比之下，间接编码方法呈现了一个动态的基因型-表现型映射，模拟了生物发育。因此，本书介绍的大多数演化神经或形态发育系统都使用间接编码，通常由基因调控网络表示，即使基因调控网络本身在演化中直接编码。这意味着在演化发育系统中，基因调控网络是基因型-表现型映射的一部分。

1.1.4 多目标演化算法

在科学、工程和日常生活中，许多现实世界的优化和决策问题都涉及多个相互冲突的目标。例如，一个投资问题旨在最大化利润和最小化风险；而购买手机时，人们则希望最小化成本且最大化性能；同样，在工程设计如机翼设计中，需要同时考虑提升升力和降低阻力。在解决所有这些问题时，一组展现不同目标之间不同权衡关系的解称为帕累托最优解。这与单目标优化不同，后者寻求一个全局最优解。在定义帕累托最优性之前，首先介绍帕累托支配关系，这是多目标优化中最重要的概念，能帮助我们比较不同解的质量。

帕累托支配关系：对于最小化问题，如果目标向量 $\boldsymbol{u}=(u_1,\cdots,u_m)$ 在 $\forall i\in\{1,\cdots,m\}$ 时都不大于另一个向量 $\boldsymbol{v}=(v_1,\cdots,v_m)$，即 $\boldsymbol{u}_i\leqslant\boldsymbol{v}_i$，并且 $\exists i\in\{1,\cdots,m\}$ 使得 $\boldsymbol{u}_i<\boldsymbol{v}_i$，那么目标向量 $\boldsymbol{u}$ 支配向量 $\boldsymbol{v}$，这里 m 是目标的数量。

基于此，我们可以定义帕累托最优性。

帕累托最优性：当且仅当不存在另一个可行解 $\boldsymbol{x}^*$，使得 $\boldsymbol{v}=\boldsymbol{F}(\boldsymbol{x})=(f_1(\boldsymbol{x}),\cdots,$

$f_n(x))$ 支配 $\boldsymbol{u}=\boldsymbol{F}(\boldsymbol{x}^*)=(f_1(\boldsymbol{x}^*),\cdots,f_n(\boldsymbol{x}^*))$ 时，解 $\boldsymbol{x}^*$ 被认为是帕累托最优的。这里 $\boldsymbol{F}(\boldsymbol{x})$ 是一个 m 维目标函数向量，$\boldsymbol{x}$ 是一个 n 维决策向量。所有帕累托最优解的集合称为帕累托最优解集，相应的目标向量集合（p）称为帕累托最优前沿，简称为帕累托前沿。

相比于单目标优化，帕累托前沿的形状在复杂性上增加了一个维度。如果帕累托前沿覆盖了整个目标空间，那么它是规则的；否则，无论帕累托前沿是离散的还是退化的，它是不规则的[38]。对于规则或不规则的帕累托前沿，它们可以进一步被分为凸的、凹的或非凹的、不连续的和退化的，参见图 1.3。如果帕累托前沿的维度小于 m–1，其中 m 是目标函数的数量，那么帕累托前沿被认为是退化的。当且仅当 $\forall \boldsymbol{u},\boldsymbol{v}\in p,\forall\gamma\in(0,1),\exists \boldsymbol{w}\in p:\|\boldsymbol{w}\|\leqslant\gamma\|\boldsymbol{u}\|+(1-\gamma)\|\boldsymbol{v}\|$ 时，我们称帕累托前沿为凸的；否则，帕累托前沿为凹的或非凸的。

帕累托前沿可能既不是完全凸的，也不是完全凹的，也就是说，帕累托前沿可能部分是凹的，部分是凸的。

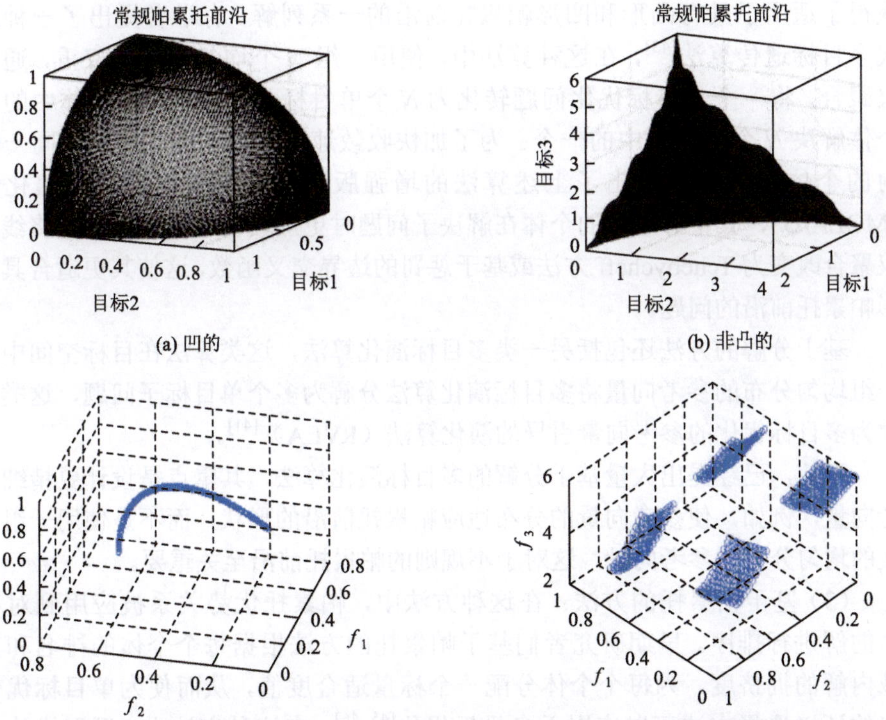

(a) 凹的　(b) 非凸的

(c) 退化的　(d) 不连续的

图 1.3　不同类型的帕累托前沿的示例

自早期关于演化多目标优化的研究工作开展以来[39]，已有大量相关文献报道[40]。在过去的十年里，越来越多的注意力聚焦在具有三个以上目标的优化问题上，通常称这类问题为高维多目标优化问题[41]。

1. *主要方法*

概括而言，多目标演化算法可以分为以下四种主要方法。

（1）基于聚合的方法：在这种方法中，多个目标被聚合成一个单一目标。这种方法的优点在于很容易将所有现有的单目标演化算法应用于解决多目标优化问题。然而，这需要事先确定每个目标的权重，并且在一次优化运行中只能获得一个帕累托解。此外，如果帕累托前沿是凹的，不同的权重仍然获得相同的帕累托解；均匀分配的权重未必导致均匀分布的帕累托最优解。

（2）基于分解的方法：这种方法早期的思想与基于聚合的方法相似，通过使用随机生成或均匀分布的权重，将多目标优化问题转化为多个单目标问题。例如，文献[42]引入动态权重聚合，从而通过一组动态变化的权重，结合外部存档，获得了适用于具有凸形和凹形帕累托前沿的一系列解。有学者提出了一种细胞式多目标遗传算法[43]，在这种算法中，使用一组 N 个均匀分布的权重，通过加权聚合，将一个多目标优化问题转化为 N 个单目标子问题，其中群体中的每个个体解决 N 个子问题中的一个。为了加快收敛速度，交叉操作仅限于同一邻域内的个体。又有人提出了上述算法的增强版本[44]，即分解多目标演化算法（MOEA/D），其中邻域内的个体在解决子问题时更加紧密地合作，并且将线性加权聚合改变为 Tchebycheff 方法或基于惩罚的边界交叉函数，这使其更适合具有凹形帕累托前沿的问题。

基于分解的方法还包括另一类多目标演化算法，这类算法在目标空间中使用一组均匀分布的参考向量将多目标演化算法分解为多个单目标子问题，这类算法称为多目标优化的参考向量引导的演化算法（RVEA）[41]。

目前，已经提出大量基于分解的多目标演化算法，其重点是设计更精细的参考向量，例如，使参考向量的分布适应帕累托前沿的形状，而不是使用一组预定义的均匀分布的参考向量，这对于不规则的帕累托前沿至关重要。

（3）基于帕累托的方法：在这种方法中，帕累托优势关系被应用到对种群中的解进行排序。早期研究者们基于帕累托的方法根据每个个体的排名和其邻域内解的拥挤度，为每个个体分配一个标量适合度值，从而使为单目标优化提出的环境选择方法可以应用于多目标优化[45, 46]。在这种方法中，采取措施维持种群的多样性，例如，考虑邻域内解的拥挤度，是至关重要的。此外，研究发现精英策略可以显著提高基于帕累托的多目标演化算法的性能[47]。

在多目标优化中，精英非支配排序遗传算法（NSGA-Ⅱ）因其高效性而广受欢迎[47]。NSGA-Ⅱ使用帕累托优势对合并了父代和子代种群的合并种群中的个体进行排序，将其分成多个非支配前沿。每个非支配前沿上的个体根据拥挤距离进行降序排列，其中每个个体的拥挤距离是基于个体在目标空间中左右邻居的欧几里得距离计算的。环境选择挑选排序后的合并种群（即把父代种群和子代种群合并）中最好的一半作为下一代的父代。NSGA-Ⅱ在选择之前将父代和子代种群合并，因此可以认为是一种精英策略。然而，需要注意的是，由于 NSGA-Ⅱ没有外部存档，因此仍然可能丢失已获得的非支配解。总体而言，NSGA-Ⅱ在处理两个或三个目标的多目标优化问题时表现出良好的鲁棒性，文献[48]、[49]已经提出了各种 NSGA-Ⅱ的变体来减少非支配排序的计算复杂性。

（4）基于性能指标的方法：性能指标是评估演化算法获得的非支配解集的收敛性（与理论帕累托前沿的接近程度）和多样性的标量定量度量[50]。两种最流行的性能指标是：①超体积，它测量目标空间中相对于参考点的非支配解表面覆盖的面积/体积或超体积（HV）[51]；②逆代际距离（IGD），它计算参考集中的每个解与所获得的解集中解的平均最短欧几里得距离[52]。

值得注意的是，这些性能指标将多目标优化解集的质量转换为标量值，因此也可用于环境选择。这一方法的核心思想是将集合质量的性能指标调整为单个解的适合度衡量标准[35]。

2. 高维多目标优化

之前讨论的方法在解决具有两个或三个目标的广泛问题方面非常成功。然而，当处理具有三个以上目标的优化问题（通常称为高维多目标优化问题）时，它们将面临各种挑战，原因如下。首先，对于数量有限的群体，基于支配的方法的选择压力将迅速减小。其次，当目标数量很大时，基于性能指标的方法的计算复杂性会显著增加。最后，具有均匀分布的权重向量或参考向量的基于分解的方法也会遇到困难，因为在高维空间中不再可能使用有限数量的参考向量来表示理论上的帕累托前沿。更糟糕的是，帕累托前沿是不规则的，即离散的或退化的。本质上，实现有限数量的均匀分布的解来表示理论上的帕累托前沿的想法，对于两个目标或三个目标的问题完美无缺，但对于多目标优化显然会失败。

为了应对上述挑战，研究者们提出了各种想法，包括减少目标数量、修改基于帕累托的方法中的优势定义、增加额外的标准、减少基于性能指标的方法的计算成本，以及调整基于分解的方法中的参考向量（而不是使用预定义的，均匀分布的参考向量）。

3. 高维多目标优化中的用户偏好

虽然演化多目标优化的主要研究工作集中在获得帕累托最优解的一个有代表性的子集上，但在实践中，根据用户的偏好，只有少数解会被选中进行实施。另外，对于高维多目标优化问题，由于目标空间较大，如果不基于用户的偏好限制搜索空间，甚至无法获得帕累托最优解的代表性子集。

通常，如果用户的偏好可用，可以根据用户的偏好做出决策。一般来说，偏好可以在优化过程发生之前、之时或之后用来引导搜索过程。

（1）优化前。如果用户偏好可以以权重（重要性）的形式使用，那么可以使用加权聚合方法将不同的目标组合成一个单一的目标。或者，如果偏好以不同目标的相对重要性的形式呈现，也可以将用户偏好纳入优化中的帕累托排序。这种方法也称为先验方法。

（2）优化时。这通常可以通过用户界面的交互过程实现，在该过程中，用户在优化期间与优化器进行交互。使用交互方法在多目标优化中的最早努力可以追溯到很久之前。最近，交互式演化多目标优化吸引了越来越多的注意力，它们被用于处理具有不规则帕累托前沿的多目标优化问题，或者需要关注计算资源的其他问题。这种方法通常称为交互式方法。

在多目标优化中纳入用户偏好的一个主要挑战是，在许多情况下，用户偏好不容易获得，主要是因为用户可能对要优化的问题没有太多先验知识。为了应对这一挑战，人们可能会转向更自然和不那么具体的偏好，如采用膝点解[53]，或者设计一个迭代学习用户偏好的模型。

（3）优化后。大多数演化多目标优化算法属于后验范畴。也就是说，用户会得到一组帕累托最优解，然后需要根据用户偏好从中选择一个或少量的解[54]。

1.2　基因调控网络的计算模型

1.2.1　概述

通常，生物系统的神经和形态发育受基因转录调控状态的逐步建立支配。这些状态在胚胎发育过程中是瞬态定位的，涉及细胞与细胞之间的相互作用及细胞与环境之间的相互作用。相应的基因机制包括编码特定序列的转录因子和其他功能蛋白的基因在空间和时间上的表达。

根据分子生物学的中心法则，在基因表达过程中，所有在 DNA 中编码的信息首先被转录成信使 RNA（mRNA），然后翻译成蛋白质或者转录成非编码

RNA——如小 RNA（sRNA），这将发挥其他功能[55, 56]，如图 1.4 所示。注意，除了图中显示的两条路径外，还能观察到其他基因表达的变化。这些变化称为表观基因调控，在这种调控中，基因表达的可遗传变化是由除了底层 DNA 序列变化之外的机制引起的，包括 DNA 甲基化、组蛋白修饰和 RNA 相关的沉默等。

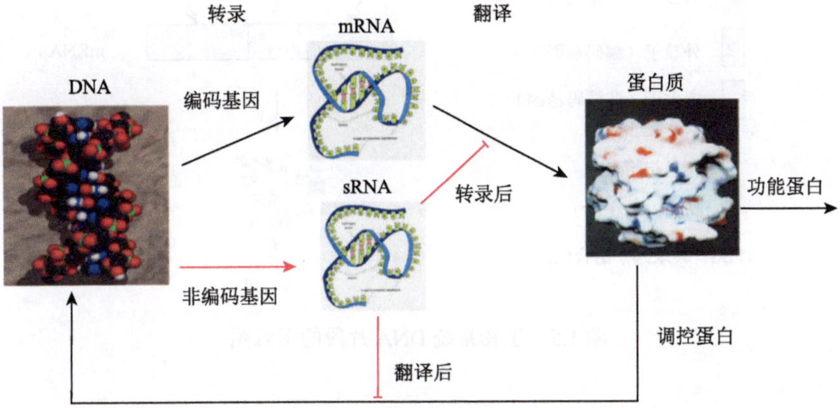

图 1.4 分子生物学的中心法则示意图

该图显示了两条路径：一条路径是 DNA 的编码过程，其中 DNA 首先被转录为信使 RNA（mRNA），然后翻译成蛋白质；另一条路径是 DNA 转录为非编码 RNA，这些 RNA 在基因表达中发挥调节作用，如沉默特定基因的表达

DNA 片段由顺式调控元件组成，包括启动转录的启动子，以及增强子、抑制因子（也称为沉默子）、内含子（非编码基因）和外显子（编码基因）。位于编码基因前的增强子和抑制因子将共同决定编码基因是否会被转录成 mRNA，如图 1.5 所示。

基因表达过程可以用基因调控网络（GRNs）来描述，这个网络中一组基因相互影响彼此的表达水平。基因调控网络是细胞内最重要的组织机制之一[55]，其计算建模一直是系统生物学研究的重点[57]。尽管基因网络的构建块仍然难以捉摸[58, 59]，然而，通过研究每个基因在基因调控网络中的调控相互作用，可以更好地理解它们的功能[60]。系统生物学有助于深入理解负责基本生物功能的基因调控网络及其鲁棒性，以及这些网络如何导致疾病[61]。通过研究基因、蛋白质和小分子及细胞间的相互作用，理解细胞系统的发育过程仍然是一个重大的挑战[62]。

下面将提供几种广泛使用的计算模型，用于分析和合成基因调控网络(GRNs)的调控动态。

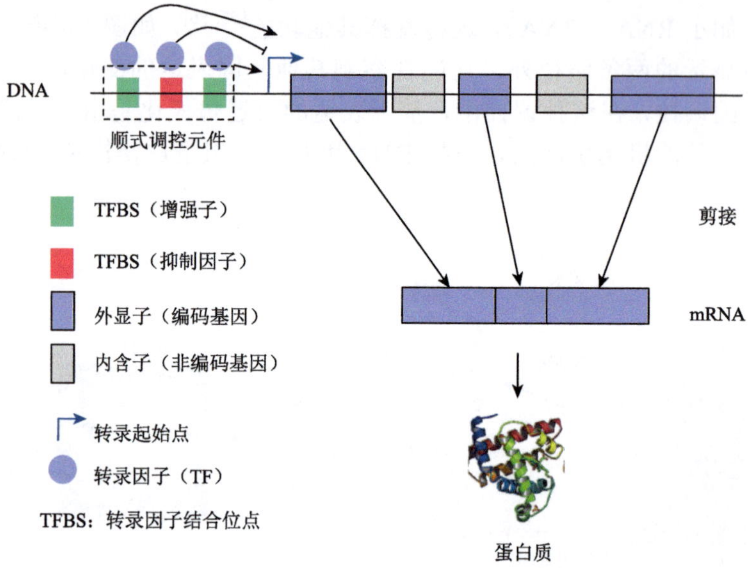

图 1.5　生物系统 DNA 片段的示意图

1.2.2　基因调控网络的数学模型

关于基因调控网络的数学模型，可以分为几个主要类别：离散模型、连续模型和混合模型。这些模型包括确定性模型和随机性模型。在此基础上，以下将介绍两种最常见的基因调控网络模型，即布尔网络（Boolean networks）和微分方程模型（differential equation models）[60]。

1. 布尔网络

布尔网络是最基本的逻辑模型[63]，它们被广泛用于包括社交网络和生物网络在内的复杂网络的建模[63]。对于由两个基因组成的布尔网络，每个基因的表达状态可以是活跃（1）或非活跃（0）的，并且可以使用 IF 语句来建模基因之间的相互作用。对于如图 1.6 所示的基因调控网络，布尔网络将如下模拟调控状态：

$$
\begin{aligned}
g_1 &= \begin{cases} 0, & g_2 = 1 \\ 1, & g_2 = 0 \end{cases} \quad \text{抑制因子} \\
g_2 &= \begin{cases} 0, & g_1 = 0 \\ 1, & g_1 = 1 \end{cases} \quad \text{激活因子}
\end{aligned}
\tag{1.18}
$$

在这个情景中，g_1 激活自己和 g_2，而 g_2 抑制 g_1。因此，每个基因会因为 g_2 对

g_1 的抑制作用而从非活跃（0）状态翻转到活跃（1）状态。文献[64]已经证明，布尔网络是理解基因调控网络（GRNs）稳态和鲁棒性重要且有效的工具。

2. 常微分方程

在布尔网络中，基因表达状态为活跃或非活跃，这一描述对于基因表达水平过于简化。一类更详细的模型是常微分方程（ODEs），它们能够模拟 GRN 中每个基因的调控动态[65-67]。由于 ODE 模型的状态可以取任意实值，ODE 模型可以更准确地描述每个基因在时间上的表达水平变化，尽管计算复杂度会变得更高。一般来说，对于有 N 个基因的网络，基因调控网络的动态行为可以如下建模：

$$\dot{x}_i = f_i(x_1, x_2, \cdots, x_N) \tag{1.19}$$

其中 $f_i\,(i=1,2,\cdots,N)$ 表示网络基因之间的调控关系，通常被建模为希尔函数（Hill function）[68, 69]。希尔函数是由米氏（Michaelis-Menten）酶动力学（方程）[70]导出的非线性方程。图 1.6 中基因调控网络一个可能的 ODE 模型，使用希尔函数和求和逻辑来结合 g_1 的自调控与 g_2 的抑制，将具有以下形式：

$$\begin{aligned} \dot{g}_1 &= \frac{w_1}{2}\left(\frac{\beta_1}{1+(\phi_1/g_2)^n} + \frac{\beta_1 g_1^n}{\phi_1^n + g_1^n}\right) - \gamma_1 g_1, \quad \text{抑制因子} \\ \dot{g}_2 &= w_2 \frac{\beta_2 g_1^n}{\phi_2^n + g_2^n} - \gamma_2 g_2, \quad \text{激活因子} \end{aligned} \tag{1.20}$$

其中 w_N 是相互作用的权重，β_N 是最大激活值，ϕ_N 是相互作用的阈值，γ_N 是来自基因 N 的对蛋白质的降解率，n 是希尔系数。非线性模型更受青睐，因为自然界中的相互作用，例如基因调控，其行为通常具有非线性特征[70, 71]。

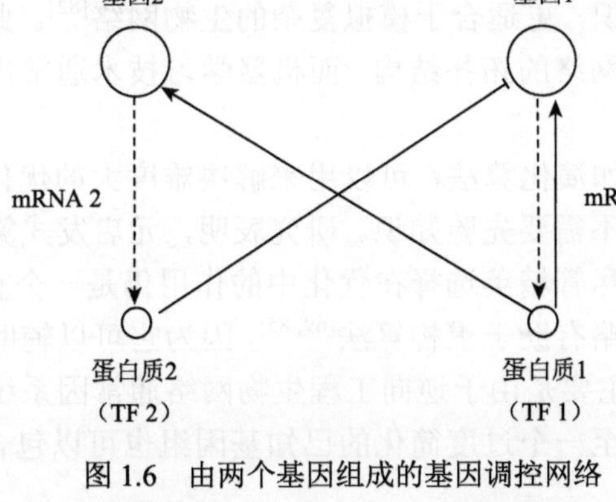

图 1.6 由两个基因组成的基因调控网络

这两个基因产生两种蛋白质，这两种蛋白质均为转录因子（TFs）。转录因子 1（TF1）激活基因 1 和基因 2 的表达，而转录因子 2（TF2）抑制基因 1 的表达

3. 其他基因调控网络模型

除了布尔网络和常微分方程外，有研究还提出了基于贝叶斯定理的模型[72, 73]，这些模型是有向图模型，使用边来表示两个节点之间的因果性。还有基于皮尔逊相关系数[74]或相互信息的模型[75, 76]使用基因表达谱来确定两个基因之间连接的可能性。其他模型，如佩特里网[64]和状态图[77]也是基于系统的状态。

1.2.3 基因调控网络的重建

理解生物系统中的基因调控动态是一项非常复杂的任务[78]。基于表达数据重建生物基因调控网络是生物信息学和系统生物学中最复杂的任务之一[63, 79]。目前的高通量实验提供了大量的全基因组基因表达测量，使得由基因表达数据推断基因网络成为可能[57]。尽管数据收集技术，如下一代测序，在实验上取得了进展，但收集细粒度的时间序列基因表达数据的成本仍然非常昂贵，这导致大量的稀疏数据。也就是说，由于参与生物基因调控网络的基因数量巨大，数据的总量非常庞大，但描述每个基因表达水平随时间变化的数据点仍然非常有限。例如，每个有 25 个时间点的 3 次重复的微阵列时间序列数据的成本为 30 000 英镑（超过 45 000 美元）左右[80]。此外，收集到的大部分基因表达数据是异质的，并不能轻易地一起使用，这使利用统计方法重建大型网络尤其具有挑战性[64]。

由于生物网络通常很大[57]（特别是对于更复杂的生物体来说），需要有效且高效的技术来重建生物基因调控网络，采用机器学习和优化算法基于数据重建生物网络，这些数据通常是嘈杂和不完整的[57, 81]。优化算法依赖于对潜在解的评估，无须先验知识，更适合于模拟复杂的生物网络[82]。此外，优化算法更适合于确定基因调控网络的拓扑结构，而机器学习技术通常用于估计给定拓扑结构的参数。

元启发式算法，如演化算法，可以用来解决难度大的优化问题，而且这种解决方式很少或根本不需要先验知识。研究表明，元启发式算法能够解决未充分确定的问题[83, 84]，尽管精英选择在优化中的作用仍是一个有争议的问题，但研究已经发现精英策略有助于重构算法[69, 85]，因为它可以辅助演化搜索并减少计算时间[63, 86, 87]。这主要是由于逆向工程生物网络通常因系统的复杂性而具有巨大的搜索空间，甚至一个过度简化的已知基因组也可以包含 200 000 个相互作用[57]。

在逆向工程生物网络中，常见的目标是尽量减少模型预测的表达与真实基因表达之间的误差[88, 89]。这些方法可以应用于布尔网络和常微分方程描述的基因调控网络[57]，虽然在小型网络中效果不错，但如果不对节点之间的连接数量施加限制，可能会导致过拟合，从而产生许多误报连接。这对于大型网络而言尤其成问题，不仅因为生物学相关性，而且还因为它会大幅增加计算时间。因此，在重建基因调控网络时，考虑其他目标函数是有意义的，比如稀疏性和鲁棒性，以反映生物学的合理性或信息标准[86]和减少过拟合的惩罚项[88, 90]。先前的生物学信息也可以被整合进优化中，以协助重建过程[71, 91]。在这些情况下，可以采用多目标演化算法。需要注意的是，这些目标可以采用多种组合方式，例如模型与数据之间的误差、稀疏性、鲁棒性、调控因子的数量、每个节点的最大连接性、调控密度、模块化、调控链长度和生物学的合理性[74]等。多目标优化的一个额外好处是它可以提供多个帕累托最优解，用户可以根据自己的偏好选择一个或多个解。

最后，研究已经证明多目标化[92, 93]在重建基因调控网络中是有帮助的，因为它可以加快收敛速度或增加获得全局最优解的概率。多目标化的含义是将一个目标分解为多个具有相似目标的子目标[94, 95]，或添加“辅助”目标[94, 96, 97]，这可能在不进行额外功能评估的情况下提供更多非支配解[98, 99]。然而，多目标化的性能可能依赖于特定问题[96, 98, 100]，因此需要进行更多的研究来了解多目标化在重建大型生物网络[101]中的应用效果。

1.3　多细胞生长的基因调控模型

1.3.1　概述

一般来说，生物发育是指生物系统在其生命周期中大小、形状和功能的渐进变化。在这一过程中，生物系统的基因型被转化为其表现型，即成熟的功能系统。形态发育是生物发育的一个重要方面，它描述了胚胎发育过程。在这个过程中，一个组织或器官通过受基因调控和细胞间相互作用支配的细胞空间分布变化来形成其形状。因此，在计算机系统中模拟生物发育过程具有重大意义，这有助于理解生物体的发育机制，并为生物学研究和工程应用提供新工具。

为了在计算机系统中模拟生物发育过程，需要开发简化的生物发育计算模型。模拟的演化发育结合了演化计算和发育生物学的简化模型。为此，计算模型必须至少包含三个主要组成部分：细胞生长模型、控制细胞生长的基因调控网络模型，以及可使基因调控网络演化以实现期望的细胞生长行为的演化算法。接下来，先介绍多细胞生物的发育模型，然后介绍细胞发育的过程。

1.3.2 多细胞生物的发育模型

在 20 世纪 90 年代末到 21 世纪初，计算模型模拟生物发育变得非常流行。大部分工作集中在设计发育过程中要实现的特定表现型特征如旗帜[102, 103]和镶嵌瓷砖[104]等二维形态的生长、自我修复[105]，以及复杂形状和结构的生长[106, 107]。然而，人们对生物发育中的关键属性（如稳定生长和自我修复）的基本理解仍然不足。在计算机模拟发育过程时，选择适当的抽象级别至关重要，因为这会影响模拟的行为和结果。因此，生物可接受性和计算复杂度之间的良好平衡十分关键，这一平衡有助于确保模型既能有效反映生物现象，又能在计算上可行。接下来介绍一个由基因调控网络调控的多细胞生长模型。在该模型中，发育行为和发育形态的最终形状由基因调控网络控制。

下面将要介绍的细胞模型[108, 109]由多个人工虚拟细胞组成，每个细胞内含有一条虚拟 DNA 序列。此外，还考虑了细胞之间的物理相互作用。接下来，我们将给出细胞模型的基因型，随后给出细胞表示法的描述。

1. 遗传学

在细胞模型中，细胞生长由存储在虚拟 DNA（vDNA）中的基因组控制。所有细胞包含相同的 vDNA，当细胞分裂时，会制作一个相同的副本。人工基因组受到生物 DNA 结构的启发，包含调控单元（RUs）和结构单元（SUs），二者分别模拟生物 DNA 片段中的顺式调控元件和编码基因（图 1.5）。这些单元最初以随机顺序生成，并非 vDNA 中的所有 SUs 都是功能性的。功能性单元称为基因，它应由一组调控单元（RUs）和一组结构单元（SUs）组成。一旦被激活，SUs 编码各种动作，而 RUs 决定随后的 SUs 是否会表达，包括激活的 RUs（RU^+）和抑制的 RUs（RU^-），类似于生物学中的增强子和沉默子。如果 SU 被表达，由它编码的动作将会被执行。vDNA 中编码的典型动作包括产生转录因子、细胞分裂和细胞死亡。RUs 和 SUs 都由一组双精度值表示。图 1.7 给出了具有两个基因的 vDNA 的示例。需要注意的是，最后一个 SU 后面的 RUs 和第一个 RU 前面的 SUs 不起作用，因此在发育过程中不予考虑。

（1）结构单元（structural units，SU）：一个 SU 编码了要执行的动作，并包含指定该动作的参数。可能的动作包括细胞分裂、产生转录因子以用于细胞-细胞信号传导，以及在细胞表面产生黏附分子从而决定细胞间的黏附力。

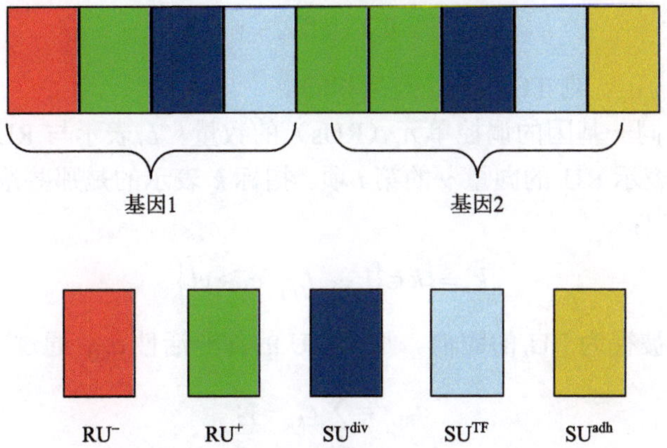

图 1.7　具有两个基因的 vDNA 的示例

每个基因由一个或多个调控单元（RUs）和结构单元（SUs）组成。RU^+表示激活，RU^-表示抑制。SU^{TF} 表示编码转录因子（TF）产生的 SU，SU^{div} 表示编码细胞分裂的 SU，SU^{adh} 表示编码细胞黏附的 SU

更具体地说，SU 由一个五维向量 $\boldsymbol{x}$ 组成，其中 $x_i \in [0,1]$，$i=1,\cdots,5$。x_1 决定了 SU 编码的动作类型 t：

$$t=\begin{cases}1, & \forall \boldsymbol{x}:0\leqslant x_1<\dfrac{1}{3}\\ 2, & \forall \boldsymbol{x}:\dfrac{1}{3}\leqslant x_1<\dfrac{2}{3}\\ 3, & \forall \boldsymbol{x}:\dfrac{2}{3}\leqslant x_1<1\end{cases}$$

如果 $t=1$，则编码细胞分裂，x_2 决定了分裂角度，而 x_3 到 x_5 没有定义；如果 $t=2$，则产生一个转录因子（TF），在这种情况下，x_2 编码分配给 TF 的亲和标签（aff_{TF}），x_3 表示要释放的 TF 的数量，x_4 是扩散常数，x_5 表示衰减率；如果 $t=3$，则产生黏附分子，其类型由 x_2 指定。在这个模型中，含有相同类型黏附分子的细胞会相互黏附。

（2）调控单元（regulatory units，RU）：细胞模型中引入了两种类型的 RUs，它们激活或抑制基因的表达。RUs 可以感知细胞邻近区域中某些类型的 TF 的存在。如果 TF 的标签与 RU 关联的标签具有亲和力，并且 TF 的浓度高于预设阈值，则为每个 RU 确定一个活动值。基因的整体活动由同一基因的所有 RUs 的激活值和抑制值决定。

接下来，详细说明 RU。每个 RU 由一个三维向量 y 组成，其中 $y_i \in [0,1]$，y_i 中 $i=1,\cdots,3$。y_1 为亲和性参数编码，决定了该 RU 与周围 TF 的亲和性。如果亲和变量 γ 由

$$\gamma = 0.2 - \left|\text{aff}_{\text{TF}} - y_1\right|$$

计算得到的值为正，则 TF 和 RU 是亲和的。

让 M 表示同一基因的调控单元（RUs）的数量，L_j 表示与 RU_j 亲和的转录因子的数量，y_i^j 表示 RU_j 的向量 $\boldsymbol{y}$ 的第 i 项。指标 k_j 表示的是那些浓度 c 大于 y_2^j 的 TF，由下式确定：

$$k_j = \left\{k \in \left\{1,\cdots,L_j\right\} : c_k > y_2^j\right\}$$

这里，y_2^j 可以被视为 RU_j 的阈值。那个 RU 的部分活性 a_{RU_j} 通过下式表达：

$$a_{\text{RU}_j} = \sum_{k_j} c_{k_j} - y_2^j$$

所有部分活动的总和，乘以 y_3 得到：

$$\alpha = \sum_{j=1}^{M} a_{\text{RU}_j} \cdot (2 \cdot y_3^j - 1)$$

y_3^j 可以看作 RU_j 的符号，因为当 $y_3 < 0.5$ 时，括号内的项为负。基因的整体活性 A 最终由下式给出：

$$A = \frac{2}{1 + \exp(-20 \cdot f \cdot \alpha)} - 1$$

其中 f 是每个基因编码在 vDNA 中的值，表示非线性函数的斜率。如果 A 大于零，则该基因被表达。

需要注意的是，上述关于 SUs 和 RUs 的定义是为了特定的目的而设计的。一些细节可以根据要建模的发展系统，如神经发育或形态发育[108-111]进行适当调整。如果发育模型被嵌入一个演化系统，所有的参数都可以被优化。

2. 细胞相互作用

为模拟形态发育，需要定义形体构型的大小，这通常通过网格来实现。在网格内，转录因子浓度被视为相同。虚拟细胞被建模为半径为 1 的球体，通过读取和释放转录因子来进行相互通信。此外，细胞还通过与细胞运动相关的刚体相互作用和黏附力相互影响[112]。可以修改非线性力函数，以防止细胞变形[109]。然而，相邻细胞之间允许存在轻微的重叠。每个细胞可以从四个相邻的网格中读取转录因子浓度并进行插值，因为细胞不在网格中心且是固定的。同样，每个细胞也可以通过增加相应的转录因子浓度向四个相邻的网格释放转录因子。转录因子的扩散通过以下公式模拟：

$$\frac{\mathrm{d}u}{\mathrm{d}t} = D_f \nabla^2 u - D_c u + s(t)$$

其中，u 代表转录因子的浓度，D_f 是扩散常数，D_c 是衰减常数。$s(t)$ 是源项，表示由于转录因子生成而引起的浓度增加。需要注意的是，每个转录因子的扩散都是单独模拟的。图 1.8 展示了通过转录因子的反应和扩散实现细胞间通信的示意图。

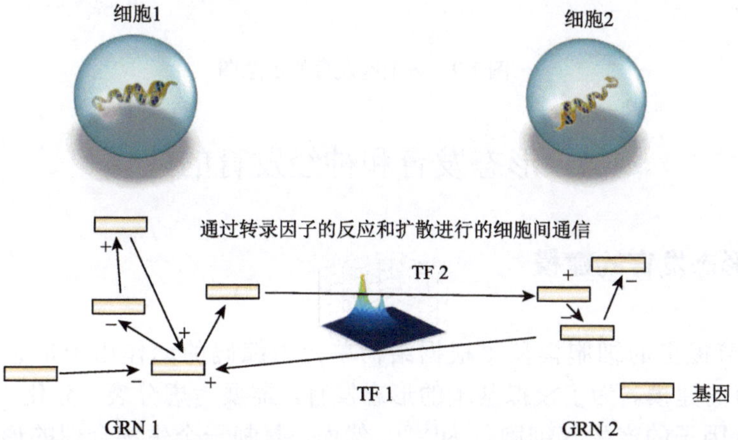

图 1.8　两个细胞通过反应和扩散外部转录因子（TFs）进行交互的示意图

每个细胞都有一个基因调控网络（GRN），并产生一个外部转录因子。细胞 1 的外部转录因子扩散到细胞 2，激活其基因调控网络 1（GRN 1）中相应基因的表达。同时，细胞 2 的外部转录因子扩散到细胞 1，激活细胞 1 中相应基因的表达。这里不包括细胞的物理相互作用

该模型中实现的细胞黏附机制相对简单，即如果两个细胞含有相同类型的黏附分子，它们将相互黏附，表明它们由相同的基因产生。已有多个模型用于模拟细胞生长和细胞间相互作用。然而，在许多情况下，细胞被建模为固定在网格上的像素[113]。植物细胞及其物理行为可通过弹簧-质量-阻尼器系统进行模拟[114]。采用哪种细胞生长模型取决于模型的目的，而控制细胞模型的演化基因调控系统也可能有很大的不同。

1.3.3　细胞发育过程

如图 1.9 所示，细胞发育过程从模拟区域中心的一个含有虚拟 DNA（vDNA）的单细胞开始。在生长过程开始时，细胞将释放母体转录因子，该因子在整个发育过程中维持恒定浓度。这种细胞生长模型与大多数现有模型不同，母体转录因子不传递任何位置信息，这与其他一些研究的结果[105, 115]不同。在每个发育步骤中，首先将在所有细胞中翻译虚拟 DNA。如果细胞周围的转录因子激活了基因，将执行该基因编码的动作。最后，更新所有细胞的位置，并使用欧拉方法模拟转录因子的扩散。

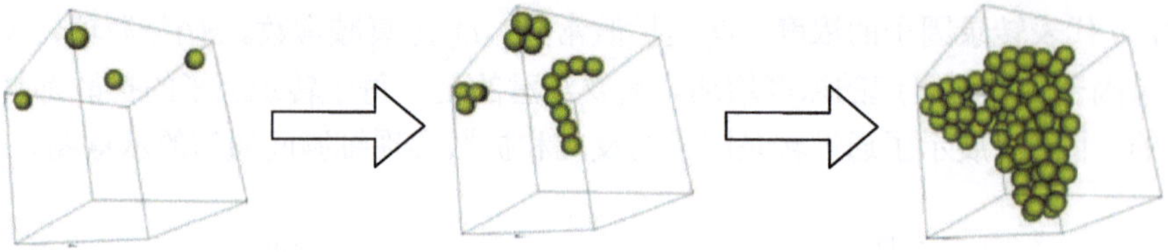

图 1.9　多细胞发育的示意图

1.4　形态发育和神经发育的建模

1.4.1　形态发育的建模

1.3 节提出的细胞模型可根据结构单元中编码的动作用于形态学和早期神经发育的建模。为了模拟基本的形态发育，需要考虑分裂、分化、迁移、死亡及转录因子的产生等细胞行为[116]。然而，复制一个生物合理的形态发育过程并非易事，主要有两个原因。首先，生长过程必须是自稳定的，即细胞分裂与细胞死亡必须达到平衡，以便在某一时刻停止生长，这与所有生物过程相似。其次，类似于生物形态发育，生长过程应具备在体表受到有限损伤时的自愈能力。发育过程必须能够产生所需的形态，如细长形状、球体形状甚至更复杂的体表结构。在计算系统中实现自主、生长的自稳定性及自修复能力并不简单[117]。在没有细胞生长硬性限制的情况下，以自组织的方式创建所需的形态甚至更具挑战性[118]。因此为了实现上述属性，必须设计一种有效的演化算法来演化一个控制细胞发育及细胞与细胞、细胞与环境之间相互作用的基因调控网络。

1.4.2　早期神经发育建模

神经发育大致可分为早期基因驱动发育和活动依赖的神经可塑性，其中前者奠定了神经系统的蓝图，后者则负责神经系统的完善和成熟（图 1.10）。早期神经发育包括神经元的增殖、迁移、分化，以及轴突和树突的生长。虽然早期神经发育也受到自发性神经活动的影响，但其主要是由基因调控网络驱动的。因此，如果结构单元能够编码这些神经元行为，并确保这些行为的正确时间顺序，则 1.3 节中提出的细胞生长模型同样适用于早期神经发育建模[110]。然而，早期神经发育建模的难度在于发育过程中的自主基因控制。

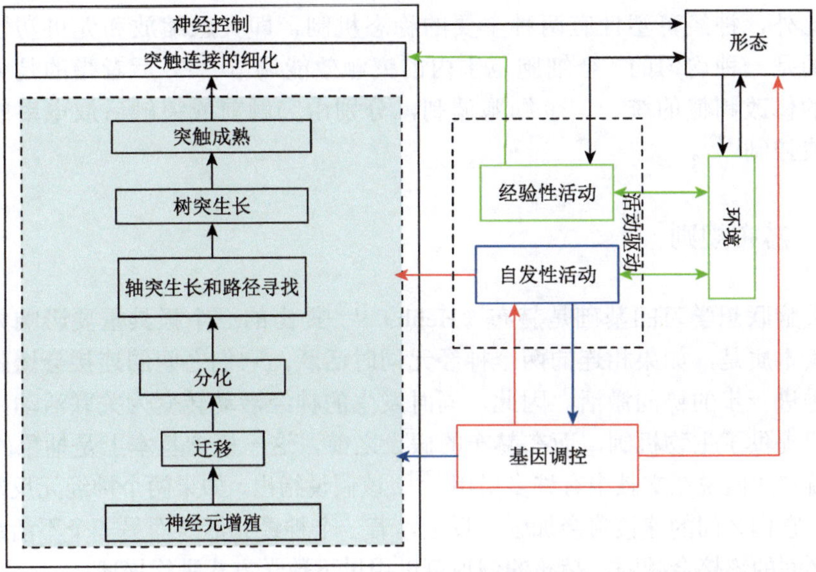

图 1.10　神经发育的主要过程

早期发育主要受基因调控驱动，而神经系统的成熟和突触连接的细化则主要是活动依赖（即依赖于神经元的活动状态）

1.5　活动依赖的神经可塑性

1.5.1　神经可塑性类型

神经可塑性可以分为以下三种类型：

（1）突触可塑性。突触可塑性是指神经元之间连接突触的增强或减弱，这些突触促进电化学信号的传递[119]。突触强度的变化可以由突触处神经递质分子数量的变化或突触后受体传导的增加或减少引起。通常，突触可塑性是指直接改变神经元之间连接强度的各种模型，包括赫布规则（Hebbian rule）、反赫布规则（anti-Hebbian rule）和欧加规则（Oja rule）。

（2）内在可塑性。内在可塑性是指神经元固有生成或传播动作电位能力的修改[120]。这一过程由神经元自身触发，而非神经元之间的突触。内在可塑性常被视为神经元活动的自我调节，是维持活动在实际范围内的稳态机制。

（3）稳态可塑性。尽管基于突触前后活动相关性的可塑性是最流行且成功的，广泛的研究表明，突触可塑性驱动的权重变化可能会导致正反馈回路，激活或抑制神经元活动。因此，稳态过程对通过调节神经元的整体或平均脉冲发生频率以稳定神经网络的学习至关重要。

此外，神经可塑性有两种主要的稳态机制，即突触缩放和元可塑性。前者指的是一种均匀的、全细胞范围内的突触效能调节[121]，后者指的是突触可塑性的修改阈值的统一、全细胞调制，分别由突触前或突触后放电率的长期平均值控制[122]。

1.5.2 赫布规则

大脑联想学习的基础是赫布（Hebb）[123]提出的一个极具重要影响力的假说。其本质是，如果相连的两个神经元同时活跃，它们之间的连接会增强，从而促进进一步的协同激活。因此，同时发生的神经活动转变为关联活动，为联想学习提供了生物机制，而在赫布的假设之前，这一概念基本上是抽象的。

赫布的假说在文献中有许多引用[123]。该假说指出，如果两个神经元反复同时活跃，它们之间的连接将会加强。反之，若一个神经元活跃而另一个不活跃，则它们之间的连接会减弱。赫布的假说可以用以下数学方式进行描述：

$$\Delta w_i = \eta x_i y \tag{1.21}$$

其中 Δw_i 是突触强度的变化，该变化与突触前 x_i 和突触后 y 活动的乘积成正比，且 η 是学习率，$\eta > 0$。从式（1.21）中可以看出连接强度只能增加，因为没有任何项会减少突触强度，这将导致学习过程不稳定。尽管可以为突触强度设置上限，但不恰当的阈值会导致饱和，阻止网络进一步学习。

1. *反赫布学习*

赫布学习的一种反向形式称为反赫布学习（anti-Hebbian learning）[124]，它在味觉和视觉输入的侧向连接神经节细胞之间起作用。反赫布学习确保这些细胞的输出信号有效地表征输入信号的变化。由于细胞对输入的敏感性重叠，最初的输出信号可能存在相关性。经过一段时间的反赫布训练，细胞间的侧向连接将消除相关性。这使得相关输入的输出值更具分散性，从而提高了对输入变化的敏感性，导致输入变量更有效的表示。反赫布适应方程与式（1.21）的形式相同，但学习率必须为负值。

2. *欧加规则*

欧加规则[125]是对纯赫布解释的修改，旨在解决仅有增强机制的稳定性问题。该规则如下所述：

$$\Delta w_i = \eta (x_i y - y^2 w_i) \tag{1.22}$$

这个适应机制类似于方程（1.21）中的赫布规则，不同之处是它包含一个抑

制项 $-y^2w_i$。突触下降的强度与连接强度的当前权重成正比，与突触后活动的平方成正比。权重和随后的突触后活动越大，抑制效果就越明显。欧加规则中的抑制项代表了基于可塑性学习的自主调控，使得赫布学习保持稳定。有研究[127]表明，当该规则应用于单个神经元的传入突触时，突触后响应会提取突触前输入向量的主成分。这一现象在规则应用足够长的时间后被观察到，此时突触已经收敛到一个稳定状态，输入的平均权重变化为零。

1.5.3　BCM 可塑性规则

BCM 可塑性规则（Beinenstock-Cooper-Munro plasticity rules）[126]是一种基于脉冲发生频率的赫布规则，其基于突触前后活动的时间平均值。它还能将后神经元的脉冲发生频率调控到所需的水平，如式（1.23）所示：

$$\frac{\mathrm{d}w_i}{\mathrm{d}t}=y(y-\theta_M)x_i-\varepsilon w_i \tag{1.23}$$

其中 θ_M 是调控参数，是根据 $E[y/y_0]$ 变化的动态阈值，$E[y/y_0]$ 表示一段时间内的平均值，y 是突触后活动，y_0 是期望水平。衰减参数 εw_i 也存在于 BCM 可塑性规则中，它让 BCM 可塑性规则拥有了无论活动水平或相关性如何，都会逐渐减小连接强度，并提供一个机制来实现均匀的权重衰减，从而增强额外的稳定性。图 1.11（a）展示了 BCM 权重变化的趋势。

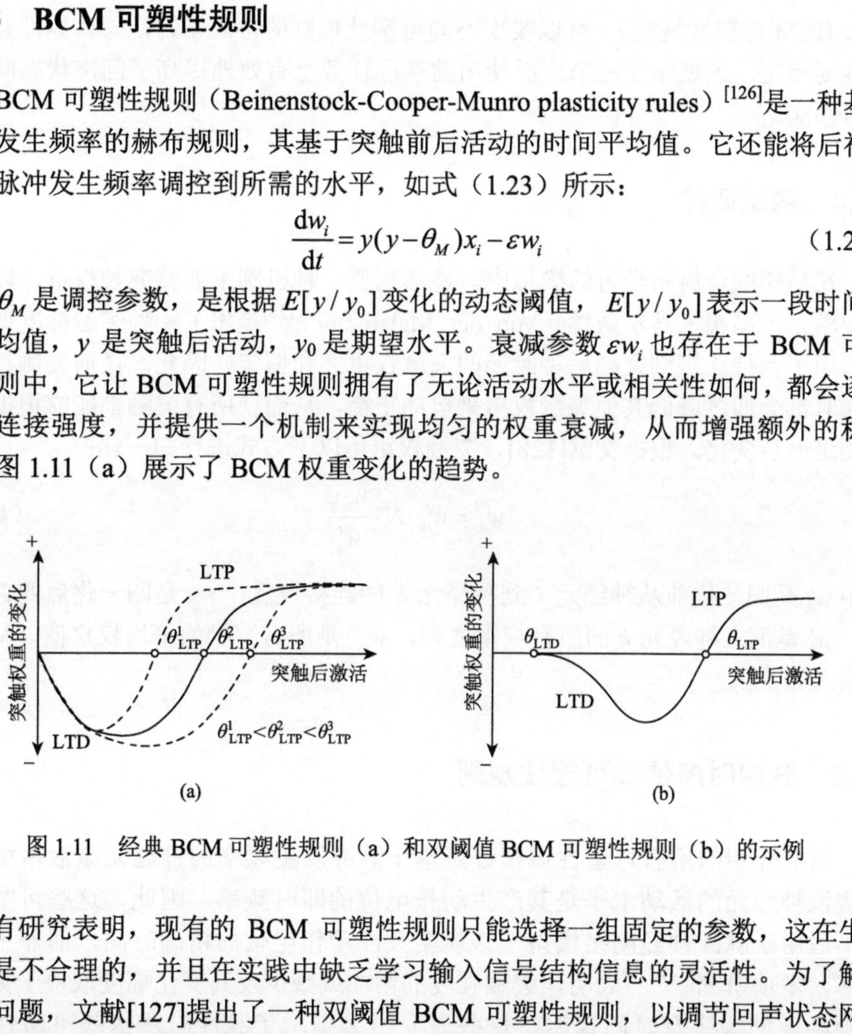

图 1.11　经典 BCM 可塑性规则（a）和双阈值 BCM 可塑性规则（b）的示例

有研究表明，现有的 BCM 可塑性规则只能选择一组固定的参数，这在生物学上是不合理的，并且在实践中缺乏学习输入信号结构信息的灵活性。为了解决这一问题，文献[127]提出了一种双阈值 BCM 可塑性规则，以调节回声状态网络的内部连接权重。该规则通过为不同的突触后神经元引入不同的最佳长期抑制阈值，来降低信息损失并增强学习性能。基本的更新规则与方程（1.23）几乎相同，只是引入了两个阈值：

$$\frac{\mathrm{d}w_i}{\mathrm{d}t}=y(y-\theta_{\mathrm{LTP}})x_i-\varepsilon w_i \tag{1.24}$$

其中 w_i 的定义如下：

$$w_i=\begin{cases} w_i+\dfrac{\mathrm{d}w_i}{\mathrm{d}t}, & y>\theta_{\mathrm{LTP}} \\ w_i, & y\leqslant\theta_{\mathrm{LTD}} \end{cases} \tag{1.25}$$

有研究[127]表明，通过演化算法优化带有两个阈值的改进 BCM 可塑性规则（双阈值 BCM 可塑性规则），可以实现不同可塑性规则的协同学习，与其他神经可塑性规则相比，该规则在三个广泛使用的基准任务上有效地提高了回声状态网络的学习性能。

1.5.4 稳态调控

在早期融合赫布学习的模拟中，显然需要一种机制来调整突触权重，以实现稳定学习。冯德·马尔斯堡（Von der Malsburg）[128]提出了一种突触标度调整技术，用于保持连接到突触后神经元的突触权重之和恒定。因此，任何突触权重在增加时都会通过降低其他突触权重来自动平衡，从而使所有突触都能够根据神经活动进一步变化。根据文献[128]，突触权重用以下方式进行归一化：

$$w_{ik}=w'_{ik}\cdot N\cdot\frac{w_{\mathrm{avg}}}{w'_k} \tag{1.26}$$

其中 w'_{ik} 是归一化前从神经元 i 到神经元 k 的连接权重，w_{ik} 是归一化后的突触权重，w'_k 是汇入神经元 k 的所有权重之和，w_{avg} 是所有突触的平均权重值，N 是驱动输入的数量。

1.5.5 脉冲时序依赖可塑性规则

以上介绍的所有可塑性规则都是基于脉冲发生频率的神经元激活模型，其中假设神经元的活动水平是其产生动作电位的即时频率。因此，这些可塑性规则不适用于脉冲神经网络模型，该模型关注动作电位的精确时间，而非平均放电率。多项研究[129-131]表明，突触强度的增加或减少及其变化幅度取决于突触前后神经元的顺序及时间延迟。这些研究结果指示了脉冲时序依赖可塑性规则（spike timing dependent plasticity，STDP）的“学习窗口”。根据脉冲时序依赖可塑性规则，若输入脉冲时间稍早于输出神经元的脉冲，则两个神经元之间的突触会增强；反之，若输入脉冲时间稍晚，则突触会减弱。理论上，这些学习窗口提供了对赫布学习（Hebbian）的时间解释，其中因果共激活得以加强，而反因果共激活则减弱，具体取决于脉冲产生的时刻。尽管标准脉冲时序依赖可塑性没有包含显式的自我调节，但学习稳定性可以通过学习窗口中的抑制区域实现。下面将讨论两种可以近似观察到生物学数据的计算模型，分别是脉冲时序依赖可塑性的双相规则（Bi-phasic STDP rule）和三相规则（Tri-phasic STDP rule），它们分别在大脑皮层和海马区域被发现，如图 1.12 所示。

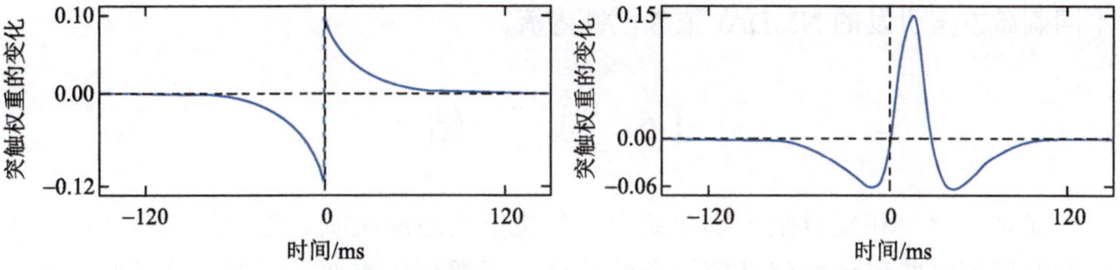

(a) 脉冲时序依赖可塑性的双相规则　(b) 脉冲时序依赖可塑性的三相规则

图 1.12　两种主要的脉冲时序依赖可塑性规则

1. 脉冲时序依赖可塑性的双相规则

脉冲时序依赖可塑性规则依赖于突触前后动作电位之间的时间相关性。突触权重的变化是依据前后神经元发放时间的延迟来计算的。该过程在固定的学习窗口中进行描述，其中 y 轴表示权重变化的程度，x 轴表示前后突触动作电位发生之间的时间延迟。脉冲时序依赖可塑性的双相规则由两条衰减指数曲线组成[132]：一条正向曲线用于增强有序脉冲，另一条负向曲线用于减弱无序脉冲。该规则源自对体外神经元群体的实验研究[129, 133]。脉冲时序依赖可塑性的双相规则由式（1.27）给出。

$$\Delta w(t)=\begin{cases} A_{+}\cdot\exp\left(\dfrac{-\Delta t}{\tau_{+}}\right), & t>0 \\ A_{-}\cdot\exp\left(\dfrac{\Delta t}{\tau_{-}}\right), & t\leqslant 0 \end{cases} \tag{1.27}$$

2. 脉冲时序依赖可塑性的三相规则

脉冲时序依赖可塑性的三相规则学习窗口包括一个窄的增强区域（用于密切相关的活动）及两侧的抑制区域（分别用于最近不相关的活动，以及相关但较晚的活动）。这个学习窗口已经在体外被观察到，且在海马的 CA3 和 CA1 区域之间尤其明显[131]。脉冲时序依赖可塑性的三相规则由式（1.28）给出。

$$\Delta w(t) = A_+ \cdot \exp\left(\frac{-(x-20)^2}{200}\right) - A_- \cdot \exp\left(\frac{-(x-20)^2}{2000}\right) \tag{1.28}$$

尽管上述两种脉冲时序依赖可塑性规则很好地拟合了生物学的发现，但随后的实证研究揭示了脉冲时间、发生频率、刺激持续时间及突触后爆发性与控制海马兴奋性突触传导性之间有更复杂的关系。文献[134]提出了一个更为详细的针对海马 CA1 锥体神经元的单个树突棘的生物物理模型。该模型是一个简洁的钙驱动激酶和磷酸酶动力学模型，用于决定二进制突触权重状态之间的转换，并描述由不同刺激方案引发的 NMDAr 依赖性钙内流。

1.6 总　结

演化、学习和发育是生物系统中三种重要的适应机制。建立这些机制的计算模型对理解这些过程并将其应用于解决现实问题至关重要。需要注意的是，本章描述的模型较为抽象，许多生物细节被省略。基因调控网络的计算模型为基因驱动的神经和形态发育奠定基础，而神经可塑性规则则关注活动相关的发育可塑性。还需注意的是，活动相关的可塑性可视为一种无监督学习，因此，本章未涉及另外两种基本的学习范式，即监督学习[135]和强化学习[136]。

第 2 章　基因调控网络分析

2.1　鲁棒性和可演化性

理解自然演化如何将简单的分子和细胞塑造出巨大的生物多样性和复杂性，是一项极具挑战性的工作。除了环境变化之外，研究者认为可能还有两个重要的原则，即鲁棒性和可演化性，在生物多样性和复杂性的演化过程中发挥了核心作用。

2.1.1　鲁棒性

生物的鲁棒性是指生物体在受到一定程度的内部和外部扰动时，仍能相对保持其功能的能力。由于 DNA 会不断发生突变，生物系统的核心功能对基因突变不敏感是生物体生存的必要条件。与鲁棒性相对的另一个重要特性是可演化性，它指生物体通过演化产生可遗传的新表现型的能力，这种能力有助于生物体在不断变化的环境中生存和繁衍。在过去的几十年里，关于鲁棒性和可演化性的研究已成为系统生物学的主要研究课题之一[137-140]。然而，这一领域的研究仍处于起步阶段，还有许多问题尚未解决[139, 141, 142]。目前，关于鲁棒性和可演化性的量化定义仍然缺乏清晰的标准，各种相关生物机制的起源也尚不明确。可以想象，鲁棒性和可演化性是两个紧密相关的特性。原因很简单，如果没有鲁棒性，基因修补过程可能会带来致命后果，从而阻碍新功能的产生。图 2.1 是一个展示鲁棒性和可演化性关系的典型示意图[137]。为了理解可演化性和鲁棒性的生物机制，本章将介绍一些基本的方法和研究成果，以帮助我们理解计算系统的可演化性，尤其是生物系统中表现型创新的能力。如前所述，可演化性没有唯一的定义，不同的研究重点可能会使用不同的定量标准。在这里，我们关注的是当基因型发生随机突变时，由基因调控网络控制的表现型的创新程度。尽管人们普遍认为鲁棒性与创新性之间存在权衡关系，但即使从狭义的角度来看，定量研究和分析鲁棒性与可演化性之间的关系仍然非常有趣且充满挑战[142]。

生物的鲁棒性可以通过多种机制来实现，如反馈调节、基因型冗余、功能模块化等[137]。在本书研究中，我们将重点探讨不同基因调控网络中的基因型-表现型映射的鲁棒性与可演化性之间的关系。首先，我们对鲁棒性和可演化性进行定性讨论，分析它们在生物系统中常见的权衡关系。其次，我们介绍一些在生物网

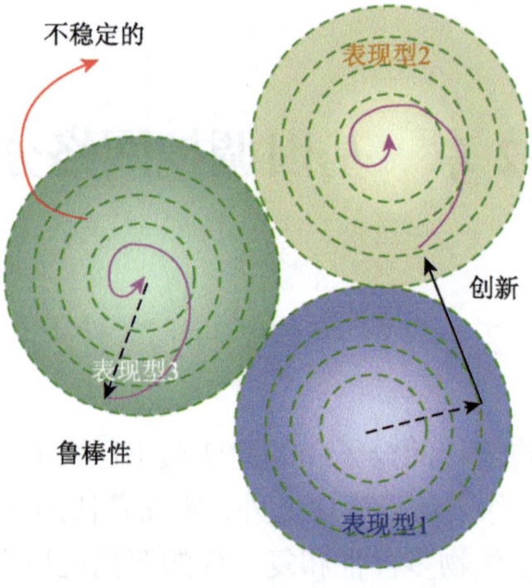

图 2.1　生物系统的鲁棒性与可演化性之间的关系示意图

表现型 1 的基因型发生一次突变后，其状态转变为表现型 2，这表明系统发生了创新，这种变化体现了系统的可演化性。另外，表现型 3 的基因型同样发生了突变，但系统的状态在变化后最终恢复到原来的表现型 3，这意味着系统对这种基因型突变具有鲁棒性。最后，表现型 2 的基因型发生了另一次突变，导致了不可逆的变化[137]

络中广泛存在的模体，并分析它们的基本功能特性。此外，我们还将探讨基因调控网络的连通性与鲁棒性之间的关系。然后，我们使用多目标演化算法，对具有冗余基因型-表现型映射的布尔模型进行描述和演化，以同时最大化其鲁棒性和可演化性。为此，我们为给定的布尔网络定义了一种名为“创新性”的定量指标，用于评估鲁棒性和可演化性。通过分析非支配解，我们发现当基因型-表现型映射固定时，鲁棒性与可演化性之间存在难以调和的权衡关系。最后，我们研究了控制多细胞发育的基因调控网络的鲁棒性与可演化性之间的关系。该网络通过一组微分方程来模拟生物发育过程。与布尔网络得到的结果不同，我们发现，在这种情形下，鲁棒性与可演化性之间不存在硬性权衡。这表明，发育可塑性可能是解决生物系统中鲁棒性与可演化性硬性权衡的关键机制，这对于理解演化、发育（基因调控的神经可塑性）及学习（活动依赖神经可塑性）这三种生物适应机制的原理具有重要的意义。

2.1.2　可演化性

可演化性是生物学和演化计算中的一个重要概念。在生物学中，瓦格纳提出了一个广为接受的可演化性定义[143]。他认为，如果一个生物系统的某些特性表现出基因变异，并且这种变异能够帮助生物体通过获得新功能来适应生存和繁殖，那么这个生物系统就是可演化的。Barnett[144]提出了另一个定义，认为可演化性是指子代比同类更具适合度的概率。Turney[145]也提出了类似的观点，认为如果某个个体的最佳子代的平均适合度优于另一个个体的最佳子代，那么前者就更具有可演化性。文献[144]、[145]中对可演化性的定义依赖于具体的适合度函数。然而，依赖适合度的可演化性度量可能会受到质疑，因为这种度量是针对特定问题的，并不适用于处在不断变化的环境中的系统。为了解决这一局限性，学者们提出了一些不那么依赖于适合度的可演化性定义。例如，Reisinger 等[146]提出，可演化性可以看作在所有漂移率下的演化效率的方差（整个评估阶段的最佳适合度平均值）。他们比较了直接编码和间接编码的可演化性，结果表明，直接编码的可演化性低于基因调控网络等间接编码的可演化性。Izquierdo 和 Fernando[147]基于分层元图探讨了基因转录网络模型的可演化性。他们将这种图的可演化性定义为当转录因子结合序列发生突变时，表现型空间的可导航性。Ciliberti 等[142]研究了离散基因调控模型在创新性（表现型变异性）和鲁棒性之间权衡的可演化性。他们的结论是，鲁棒性可能会削弱短期创新，但鲁棒性是长期创新的必要条件。还有一些研究者探讨了布尔基因型-表现型映射中的创新性与鲁棒性之间的关系[148]。创新性被定义为平均局部变异性，即在基因型突变的情况下，遇到新表现型的概率。随后，他们使用多目标演化算法对映射的连接矩阵进行了演化，结果表明，创新性和鲁棒性之间存在固有的权衡。

2.1.3　鲁棒性与可演化性之间的权衡

自然演化不可能是单一目标的，它不仅仅包括生存能力和繁殖能力。不同演化目标之间的权衡一直存在于演化的历史中，这主要是由于可用的食物、能量和时间有限。下面列举了一些生物系统中的权衡例子。

（1）大脑大小与神经系统组织的演化：能量效率与功能性之间的权衡。许多生物学研究表明，生物的智力水平大致与其大脑的相对大小（例如，大脑重量与体重的比值）成正比。然而，演化出更大的大脑需要付出一定的代价[149]。首先，大脑较大往往意味着更高的能量消耗，因此也需要更多的食物，而食物资源总是有限的。其次，脑容量较大的动物通常寿命较长，这意味着它们可能会经历更极端的环境变化，从而使生存条件更加严峻。例如，在神经系统的演化过程中，能量效率一直是其功能演化的主要限制因素。有趣的是，脑体协同演化的计算结果表明，这种权衡可能会导致在生物逻辑上合理的神经和形体结构的出现[150]。

（2）繁殖与生存（寿命）被认为是两个相互冲突的目标[151]。有证据表明，与没有和雌性果蝇接触过的雄性果蝇相比，和处女雌性果蝇接触过的雄性果蝇寿命较短[152]。在人工演化系统中，这种权衡关系对于演化出最佳寿命同样重要[153]。

（3）子代数量与大小之间存在权衡关系[154]。

（4）在生物信息学和组合生物学的许多研究课题中都发现了权衡问题。例如，在蛋白质序列比对中，最大化匹配碱基数和最小化间隙数可能是两个相互冲突的目标。此外，在构建系统发生树和逆向工程生物基因调控网络时，也必须考虑目标冲突问题[155]。

2.2　网络模体和连通性

2.2.1　典型网络模体及其特性

计算系统生物学的研究表明，发育计算模型有助于我们理解生物发育的基因和细胞机制。其中，对于小型、频繁出现的网络结构（也称为网络模体）的分析受到了广泛关注，并取得了显著成果[156]。生物数据的分析表明，这类模体可以在细菌和酵母中广泛识别，相关文献中有详细说明[157]。研究发现，一些模体可能在演化过程中起到了至关重要的作用。例如，文献[158]分析了反馈回路的作用，发现正反馈回路越多、负反馈回路越少，基因调控系统就越鲁棒。

网络模体是指在生物基因调控网络中出现的频率高于随机预期的子网络。接下来，我们将分析不同类型调控模体的出现情况，如图 2.2 所示的自主调控和前馈回路。下面我们将阐述几个典型网络模体的功能[156]。

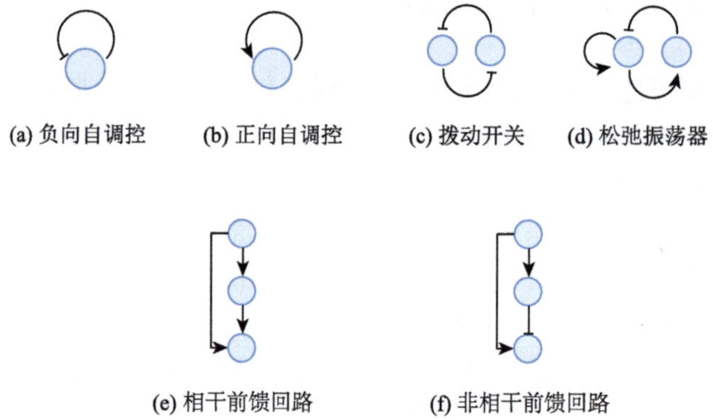

图 2.2　六种典型的网络模体[70]

（1）正向自调控（PAR）会减缓系统的响应时间，并可能导致双稳态，见图 2.3（a）。PAR 可用以下常微分方程进行描述：

$$\dot{x}=\alpha_1 f(x)-\alpha_2 x \tag{2.1}$$

$$f(x)=\frac{\beta x^n}{\theta^n+x^n} \tag{2.2}$$

其中，x 是蛋白质产物的浓度，$\alpha_1>0$，$\alpha_2>0$ 分别是生成率和衰变率，$f(x)$ 是递增希尔函数，θ 是解离常数。

（2）负向自调控（NAR）是指一个基因的调控蛋白（转录因子）直接抑制该基因自身的表达，如图 2.3（b）所示。与不含 NAR 的基因相比，这类基因在相同的稳定状态下能够加快反应时间。NAR 的作用是使稳态迅速上升并逐渐饱和，同时还能增强系统的鲁棒性。一个 NAR 可以用以下常微分方程来描述：

$$\dot{x}=\alpha_1 f(x)-\alpha_2 x \tag{2.3}$$

$$f(x)=\frac{\beta\theta^n}{\theta^n+x^n} \tag{2.4}$$

其中，$f(x)$ 是递减希尔函数。

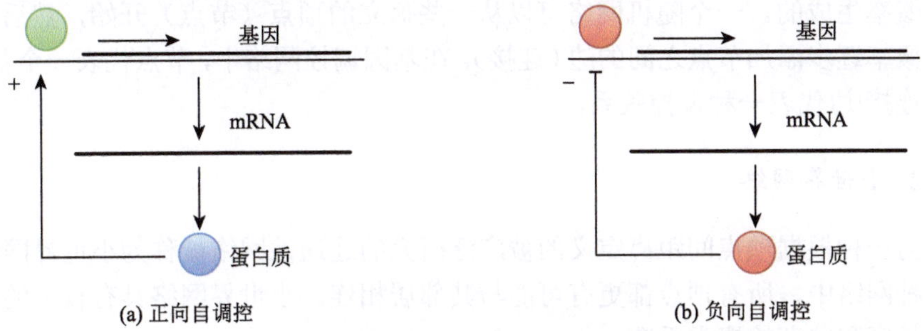

图 2.3　两种最常见的基因调控模体

（3）拨动开关由两个基因之间的交叉抑制组成，并在两种状态之间做出明确的选择。因此，从动力学系统的角度来看，拨动开关具有两种稳定状态（双稳态）。根据外部信号，拨动开关能够在两种表达水平的两种稳定状态之间实现急剧转换。

（4）松弛振荡器涉及两个基因，其中一个基因激活另一个基因的表达，而后者则抑制前者的表达。因此，松弛振荡器由一个正反馈回路和一个负反馈回路组成。

（5）相干前馈回路 1（C1-FFL）的结果是快速趋于稳定状态，但浓度下降缓慢。

（6）非相干前馈回路 1（I1-FFL）可以充当脉冲发生器，能够以超调的方式快速增加浓度，然后趋于稳定状态。

有许多不同类型的前馈回路，其中 C1-FFL 和 I1-FFL 在大肠杆菌和酵母中最为常见。

上述功能分析针对的是孤立的模体，因此这些模体在整个网络中的行为会因其他基因部分的差异而有所不同。因此，我们可以将静态模体与动态模体区分开来。网络的所有可能连接定义了静态网络，而静态网络中的模体即为静态模体。相比之下，在发育过程中真正使用的网络称为动态网络。在发育过程中，至少有一个细胞被激活（即其表达水平高于阈值）。顾名思义，静态模体的数量多于动态模体。

2.2.2 基因调控网络的连通性

许多复杂网络，包括大脑网络和基因调控网络等生物网络，都显示出典型的网络连接类型，如随机网络、小世界网络[159]和无标度网络。

1. 随机网络

在随机网络中，任意两个节点（顶点）之间的连接（边）是按照均匀分布的连接概率生成的。一个随机网络可以从一些孤立的顶点（节点）开始，然后以给定的概率逐步添加节点之间的边（连接）。在基因调控网络中，节点代表一个基因，有向连接/边代表一种调控关系。

2. 小世界网络

另一种根据顶点间距离定义的被广泛研究的连通性网络被称为小世界网络。在这种网络中，所有顶点都更有可能与其邻居相连。小世界网络具有较小的平均路径长度和较高的聚类系数。

两个顶点的连接概率与顶点数量的对数成正比。小世界网络模型根据连接概率和两个顶点的距离来建立连接。因此，如果一对顶点的距离较短，则连接的可能性较大。此外，当两个顶点之间的距离大于某个阈值时，它们之间就不会有连接。算法 1 给出了生成小世界网络的伪代码，其中 p_f 代表 v_i 与 v_j 的连接概率，p_b 代表 v_j 与 v_i 的连接概率。

算法 1：生成小世界网络的伪代码

Input：The number of vertices N，the connection probability p_f and p_b，the distance threshold θ .

Output：The adjacent matrix A.

Initialize $A=\{0\}_{N\times N}$；

Add N initial vertices； # Add connections with probabilities p_f，p_b and the distance threshold θ .

for *Each two vertices* v_i and v_j **do**

$$decay=\begin{cases}0 & |i-j|\geqslant N\times\theta \\ 1-\dfrac{|i-j|}{N\times\theta} & |i-j|< N\times\theta\end{cases}$$

  if *With the probability* $p_f\times decay$ **then**

    Add and edge $e_{i,j}$，set $a_{i,j}=1$；

  end

  if *With the probability* $p_b\times decay$ **then**

Add an edge $e_{i,j}$，set $a_{j,i}=1$；

end

end

return A；

3. 无标度网络

在现实世界的许多网络中，无标度网络是最常见的网络连接方式。在无标度网络中，一些节点的连接数显著多于其他节点。无标度网络的度分布 $p(d)$ 近似地遵循幂律，即 $p^{(d)} \sim k^{-\gamma}$，其中 d 是节点的度，γ 是一个参数，范围一般为 $2 \leqslant \gamma \leqslant 3$。Barabási-Albert 模型是最广为人知的无标度网络生成模型，适用于 $\gamma \approx 3$ 的无向图[160]。

算法 2 提供了生成无标度网络的伪代码，其中 p_α、p_β 和 p_γ 是控制生成网络连通性的三个参数。

算法 2：生成无标度网络的伪代码

Input: The number of vertices N, the connection probability p_α , p_β and p_γ .

Output: The adjacent matrix A.

Initialize $A=\{0\}_{N\times N}$；

Add two initial vertices v_0, v_1；

The current number of nodes $n=2$；

Add an edge $e_{0,1}$，set $a_{0,1}=1$；

While $n<N$ **do**

Calculate the in-degree d_{in} and out-degree d_{out}；#Add connections with probabilities p_α , p_β and p_γ .

if *With the probability* $\frac{p_\alpha}{p_\alpha+p_\beta+p_\gamma}$ **then**

Select an input vertex v_j with the propability $\frac{d_{\text{in}}(v_j)}{m+n}$；

Add new vertex v_{n+1} and the edge $e_{n+1,j}$；

Set $a_{n+1,j}=1$，$n=n+1$；

else if *With the probability* $\frac{p_\beta}{p_\alpha+p_\beta+p_\gamma}$ **then**

Select an input vertex v_j with the propability $\frac{d_{\text{in}}(v_j)}{m+n}$；

Select an input vertex v_i with the propability $\frac{d_{\text{out}}(v_i)}{m+n}$；

if $e_{i,j}$ is not exist **then**

Add new edge $e_{i,j}$；

Set $a_{i,j}=1$；

end

else if *With the probability* $\frac{p_\gamma}{p_\alpha+p_\beta+p_\gamma}$ **then**

```
|   |   Select an input vertex v_i with the propability d_out(v_i)/(m+n);
|   |   Add new new vertex v_{n+1} and edge e_{i,n+1};
|   |   Set a_{i,n+1}=1, n=n+1;
|   end
end
return A;
```

2.3 布尔基因型-表现型映射中的鲁棒性-可演化性权衡

在本节中，我们将研究基于布尔调控网络[148]的基因调控网络中的鲁棒性和可演化性之间的关系。研究方法是通过优化基因型-表现型映射，同时最大化网络的鲁棒性和可演化性。为此，我们首先提出一个布尔模型，该模型的连通性受优化演化过程的影响。其次，基于该模型对鲁棒性和可演化性进行定量定义。最后，我们分析和讨论在鲁棒性和可演化性之间进行权衡的非支配解。

2.3.1 布尔模型

考虑以下从 n 维基因型空间 $G\in\{0,1\}^n$ 到 m 维表现型空间 $P\in\{0,1\}^m$ 的基因型-表现型映射：

$$p_i = f_i^{k_i}(c_{i1}(g_1), c_{i2}(g_2), \cdots, c_{in}(g_n)) \tag{2.5}$$

其中 $p_i\,(i=1,2,\cdots,m)$ 是第 i 个表现型性状，$g_j\,(j=1,2,\cdots,n)$ 是第 j 个基因型，$\boldsymbol{C}=(c_{ij})_{m\times m}$，其中

$$c_{ij}=1 \Leftrightarrow \text{表现型性状}p_i\text{受基因}g_j\text{影响} \tag{2.6}$$

$$c_{ij}=0 \Leftrightarrow \text{表现型性状}p_i\text{独立于基因}g_j \tag{2.7}$$

$f_i^{k_i}(\cdot)$ 是一个具有 k 个 i 输入的布尔函数，其中

$$k_i=\sum_{j=1}^{n} c_{ij} \tag{2.8}$$

称为布尔函数的算术值。

如果 $k_i>1$，即表现型性状 p_i 受一个以上基因型的影响，则称其为多基因性状。相比之下，受基因 g_i 影响的表现型性状的数量由列中元素的总和给出：

$$l_j = \sum_{i=1}^{m} c_{ij} \tag{2.9}$$

如果 $l_j > 1$，则称基因型 g_j 为多向性。在 j 不失一般性的前提下，假定 $\boldsymbol{C}$ 的选择使得所有 $i=1,\cdots,n$，这意味着每个基因至少影响一个表现型性状。

这种映射可以通过基因和表现型性状之间的依赖关系及一组决定表现型性状值的布尔函数来定义。由于基因型和表现型之间的联系决定了某一表现型性状的输入数量，从而也决定了相应布尔函数的输入数量，因此首先要确定基因和表现型性状之间的依赖关系。一旦连接矩阵 $\boldsymbol{C}$ 固定下来，就可以定义布尔函数 $f_i^{k_i}:\{0,1\}^{k_i} \rightarrow \{0,1\}$，然后定义 $i=1,\cdots,m$。

图 2.4 给出了一个有 8 个基因和 4 个表现型性状的基因型-表现型映射示例，其中 4 个表现型的布尔函数的子节点数（arity）分别为 3、6、6 和 2。本例中的连接矩阵如下：

$$\boldsymbol{C} = \begin{pmatrix} 1 & 0 & 0 & 1 & 0 & 0 & 0 & 1 \\ 1 & 1 & 1 & 1 & 1 & 0 & 1 & 0 \\ 0 & 1 & 1 & 0 & 1 & 1 & 1 & 1 \\ 0 & 0 & 1 & 0 & 0 & 0 & 1 & 0 \end{pmatrix} \tag{2.10}$$

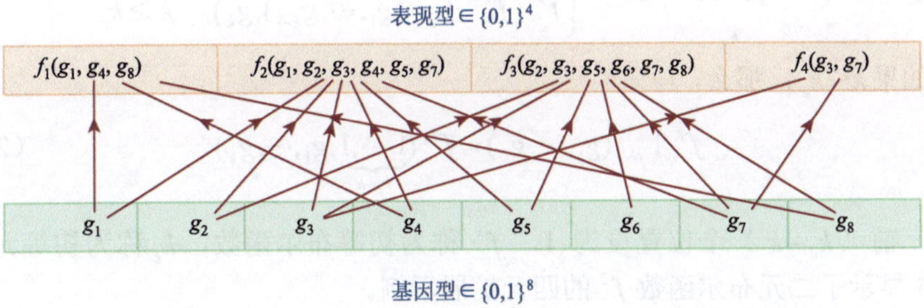

图 2.4 基因型-表现型映射示例（其中基因数为 8，表现型性状数为 4）

下面使用 NSGA-Ⅱ算法[161]对连接矩阵 $\boldsymbol{C}$ 和布尔函数进行演化，以最大限度地提高鲁棒性和可演化性。NSGA-Ⅱ算法是最流行的演化多目标优化算法之一。

2.3.2 布尔模型的编码

多目标演化算法的第一阶段是确定表示基因型-表现型映射模型的方案。在此，我们采用一种编码长度固定且相对紧凑的编码方式。

布尔模型的编码由两部分组成：连接矩阵 $\boldsymbol{C}$ 的编码和布尔函数 f_i 的编码，

$i=1,\cdots,m$。连接矩阵 $\boldsymbol{C}$ 的编码相对简单，因为每个条目 c_{ij} 都可以表示为二进制字符串，从而得到一个固定的编码长度 mn，与 $\boldsymbol{C}$ 的实际值无关。

要找到 f_i 的编码则较为复杂。连接矩阵 $\boldsymbol{C}$ 决定了每个表现型性状 p_i 的输入数 $k_i=\sum_{j=1}^{n}c_{ij}$。例如，由于布尔函数 $f_i^{k_i}:\{0,1\}^{k_i}\to\{0,1\}$，所以在确定了每 2^{k_i} 个输入的相应输出后，输入的布尔函数 $f_i^{k_i}$ 就完全确定了。显然，这种典型编码取决于连接矩阵 $\boldsymbol{C}$ 的实际值。在演化搜索过程中，编码的大小是动态变化的，因此必须设计一套特殊的搜索算子，以确保新生成的解的可行性。

一种更简单的方法是为 $f_i^{k_i}()$ 定义一个与它的参数数量 k_i 无关的编码。为此，假设 $k_i=n$，因为一个表现型性状不能依赖于 n 个以上的基因，然而，这将导致编码长度为 $nm+2^n m$，即使基因型和表现型空间的大小适中，如 $m=8$，$n=16$，染色体的长度也会变得难以控制。为了解决这个问题，可以对布尔模型进行额外的限制，以得到合理的较小编码长度。由于布尔函数的编码 $f_i^{k_i}()$ 及其对 k_i 的依赖最为关键，我们可以定义一类独立于多基因 k_i 的布尔函数。

让 $f^{k_e}\in F^{k_e}$ 表示一个任意布尔函数，其假定性为 k_e。那么对于 $k\geqslant k_e$，f^{k_e} 的 k 元扩展 $f^k\uparrow_{f^{k_e}}:\{0,1\}^k\to\{0,1\}$ 递归定义为

$$f^k\uparrow_{f^{k_e}}(g_1,\cdots,g_k)=\begin{cases}f^{k_e}(g_1,\cdots,g_k), & k=k_e\\ f^{k_e}(f^{k-1}\uparrow_{f^{k_e}}(g_1,\cdots,g_{k-1}),g_k), & k>k_e\end{cases}\tag{2.11}$$

如果 $k<k_e$，那么，

$$f^k\uparrow_{f^{k_e}}(g_1,\cdots,g_k)=f^{k_e}(\underbrace{1,\cdots,1}_{k_e-k},g_1,\cdots,g_k)\tag{2.12}$$

其中，前（k_e-k）个位置设为 1，f^{k_e} 称为初等布尔函数，k_e 称为初等元数。图 2.5 显示了二元布尔函数 f^2 的四元扩展示例。

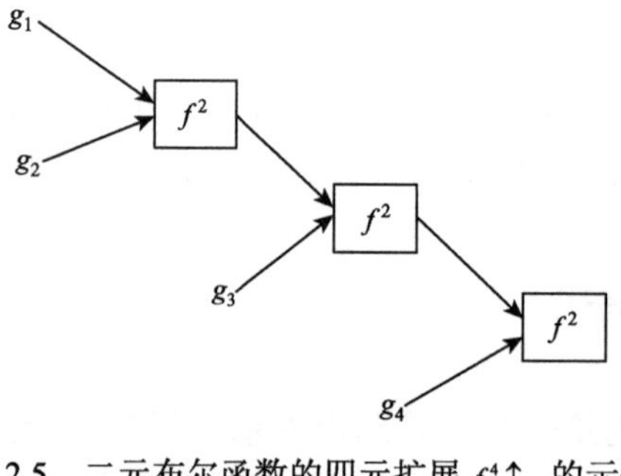

图 2.5　二元布尔函数的四元扩展 $f^4\uparrow_{f^2}$ 的示例

在定义了布尔函数的 k 元扩展 $f^k\uparrow_{f^{k_e}}$ 之后，我们考虑了以下三种不同的布尔函数编码方法，每种方法都能产生合理紧凑的固定编码长度。

1. 多重布尔函数编码

所有的 $f^k\uparrow_{f^{k_e}}$ 都有相同的编码大小 2^{k_e}，这与其实际的元数 k 无关，因为只有基本布尔函数 f^{k_e} 必须编码。因此，通过确定一个固定的基本布尔函数，就可以定义一个限制元数为 k_e 的布尔模型。然后选择每个布尔函数 $f_i := f^k\uparrow_{f_i^{k_e}}$，$i=1,\cdots,m$，其中 k_i 是由连接矩阵 $\boldsymbol{C}$ 相应表现型性状 p_i 决定的多基因性状。请注意，每个表现型函数 f_i 是 k 元拓展的不同布尔函数 $f_i^{k_e}$。这一模型限制将导致编码大小为 $nm+m2^{k_e}$ 位，对于 $k_e=2,3,4$ 来说，这是一个合理的小值。编码结构如下：

连接矩阵				多重布尔函数			
c_{11}	c_{12}	$\cdots$	c_{mn}	$f_1^{k_e}$	$f_2^{k_e}$	$\cdots$	$f_m^{k_e}$

（2.13）

2. 单布尔函数编码

如果将布尔模型限制为单个基本布尔函数，则可以实现更简单的编码。为此，我们为模型确定了一个固定的初等数 k_e，而局部布尔函数则是同一初等布尔函数的 k_i 元扩展：$f_i := f^k\uparrow_{f^{k_e}}$，$i=1,\cdots,m$。这样，编码大小为 $nm+2^{k_e}$ 位。编码结构如下：

连接矩阵				
c_{11}	c_{12}	$\cdots$	c_{mn}	f^{k_e}

（2.14）

3. 多数规则编码

为了进一步简化布尔模型，我们取消了布尔函数 f_i 的明确定义。取而代之的是，我们使用多数规则来确定表现型性状。如果出现相等，则将第一个输入作为多数规则的输出，而不失一般性：

$$f_i(g_{j_1},g_{j_2},\cdots,g_{j_{k_i}})=\begin{cases}1, & \sum_{l=1}^{k_i} g_{j_l}>k_i/2\\ 0, & \sum_{l=1}^{k_i} g_{j_l}<k_i/2\\ g_{j_l(i)}, & \text{其他}\end{cases} \tag{2.15}$$

因此，只需对连接矩阵进行编码：

c_{11}	c_{12}	$\cdots$	c_{mn}

（2.16）

上述不同的编码形式极大地限制了原始模型。因此，这些编码方式都呈现出各自不同的模型。

2.3.3 鲁棒性和创新性的定量度量

1. 局部中立度与局部变异性

目前，对于生物系统的鲁棒性和可演化性，还没有成熟的定量定义。但要严格分析鲁棒性和可演化性的权衡关系，这样的定义至关重要。在此，我们将鲁棒性定义为局部中立度，将可演化性定义为布尔网络模拟的基因调控网络的最大局部变异性。

给定基因型-表现型映射（布尔网络）ϕ：$G \to P$ 和基因型集合 G 上的邻接关系 N，则映射 ϕ 的局部中立度 $V_\phi(g)$ 定义如下[162]：

$$V_\phi(g) := \frac{|\{g' \in G : \phi(g) = \phi(g') \wedge N(g,g')\}|}{|\{g' \in G : N(g,g')\}|} \tag{2.17}$$

同样，给定基因型-表现型映射 ϕ：$G \to P$ 和基因型集合 G 上的邻接关系 N，映射 ϕ 在基因型 g 上的局部变异性 $\delta_\phi(g)$ 定义为

$$\delta_\phi(g) := \frac{|\{g' \in G : \phi(g) \neq \phi(g') \wedge N(g,g')\}|}{|\{g' \in G : N(g,g')\}|} \tag{2.18}$$

上文定义的变异性 δ 捕捉到了非中立邻域中唯一表现型的分数，这可以通过集合符号来实现。因此，根据定义 $\forall g \in G, v_\phi(g) + \delta_\phi(g) \leqslant 1$ 成立。图 2.6 举例说明了如何计算局部中立度和局部变异性。

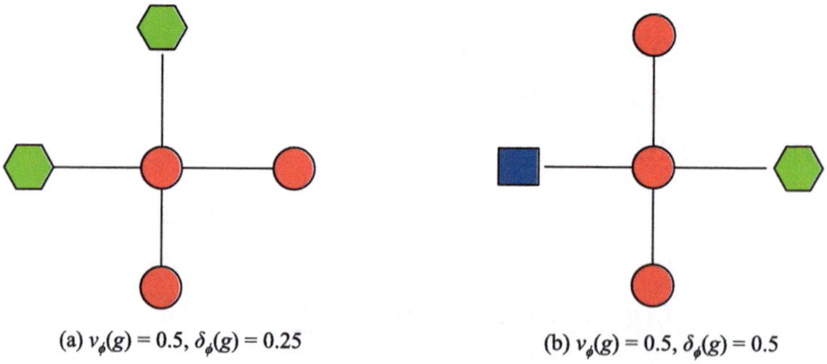

图 2.6 计算局部中立度和局部变异性的两个示例

圆圈、正方形和六边形表示不同的表现型，线条表示基因型的局部邻近

目前，许多研究讨论了局部中立度的定义。然而，局部中立度的测量主要集

中在单一基因型或映射到同一表现型的中立集上。由于我们的目的是评估整个基因型空间中的不同中立性特征，我们采用局部中立度来计算基因型-表现型映射的平均中立度。这可以通过随机抽样基因型并平均其局部中立度来实现。较高的平均中立度意味着许多基因型具有较高的局部中立度，因此它表示映射提供了大量的中立突变或中立区域。在中立度较高的基因型空间中，突变更有可能是中立的而非有害的。因此，种群在中立网络上往往倾向于向中立度高的区域漂移，从而演化出更强的鲁棒性。因此，平均中立度可以用来衡量突变鲁棒性。

2. 中立度与均匀熵的关系

为了更深入地了解中立度和熵之间的关系，我们通过研究可达状态的香农均匀度（均匀熵）来引入另一种创新的衡量标准。在计算熵时，我们从基因型空间中随机抽取基因型，并将其映射到相应的表现型上。对每个表现型的出现频率进行计数和归一化，以确保通过随机选择一个基因型找到第 i 个表现型的概率（p_i）。香农均匀度的计算方法如下[163]：

$$E = \frac{H}{H_{\max}} \tag{2.19}$$

$$H = -\sum_{i=1}^{S} p_i \ln p_i \tag{2.20}$$

$$H_{\max} = \ln S \tag{2.21}$$

其中，H 是香农多样性指数，$H_{\max}$ 是香农多样性指数的最大值，S 是不同表现型的数量。

较高的均匀熵意味着估计的表现型分布极不均匀，因此演化搜索中发现新表现型的成功率较低。相反，如果均匀熵较低，则表现型分布较为均匀，通过对基因型进行随机抽样，可以以接近相同的概率找到所有表现型。

2.3.4　基因型-表现型映射的多目标优化

与单目标优化相比，基于帕累托的多目标优化的最大区别在于选择方法。在这里，我们采用快速精英非支配排序遗传算法（NSGA-II）[164]进行环境选择。该算法包括四个主要步骤。首先，将父代种群和子代种群合并，因此 NSGA-Ⅱ是一种精英算法。其次，根据非支配等级对合并种群进行排序。在排序过程中，合并种群中的非支配解会被分配等级 1，属于第一个非支配前沿。这些个体会被暂时从群体中移除，其余群体中的非支配个体会被识别出来，这些个体属于群体的第二个非支配前沿，并被分配一个等级 2。假设总共可以识别出 R 个非支配前沿，则重复这一过程，直到合并种群中的所有个体都被分配到从 1 到 R 的等级。在这里，等级越小，该解的质量越好。然后，计算反映特定解邻域拥挤程度的拥挤距离。第 i 个解 s_i^j 在第 j 个（$j=1,\cdots,R$）非支配前沿中的拥挤距离通过欧氏距离计算：

$$d_i^j=\sum_{k=1}^{m}\left|f_k\left(s_{i-1}^j\right)-f_k\left(s_{i+1}^j\right)\right| \tag{2.22}$$

其中，m 是多目标优化问题的目标数，s_{i-1}^j 和 s_{i+1}^j 是解 s_i^j 的两个相邻解。

在每个非支配前沿的两个极端解都会被赋予一个较大的拥挤距离。在这里，拥挤距离越大，解 s_i^j 周围的拥挤程度就越低，该解在选择中就越受青睐。因此，同一非支配前沿上的解将根据拥挤距离从大到小排序。至此，合并群体已完全排序完毕。最后，从排序后的合并种群中选取前半部分个体作为下一代的父代。

2.3.5 实验分析

1. 中立性与变异性之间的权衡

在实验中，我们对布尔模型的不同编码方法进行了检验，重点关注平均变异性和平均中立度。图 2.7 概括了一个包含 50 个个体的种群运行 100 代后的非支配解。可以看出，所得结果在很大程度上取决于编码方法。采用多重布尔函数编码的随机初始种群在目标空间中的分布不均匀。

尽管 $\overline{v}>0.6$ 的映射接近理论上的帕累托前沿，但它们与真正的帕累托前沿 $\overline{v}_\phi+\overline{\delta}_\phi=1$ 仍有很大差距。经过 100 代的演化之后，映射在理论权衡面上逐渐趋于均匀分布，这与单一布尔函数编码的情况不同。随机初始化的种群几乎位于理论帕累托前沿的一部分，其中 $\overline{v}<0.5$ 。多目标优化完成后，映射会沿着帕累托前沿的这一部分更均匀地分布。只有少数几个映射位于 $\overline{v}<0.5$ 的帕累托前沿部分，并且这些解之间的距离趋于均匀。然而，在 $0.2<\overline{v}<0.5$ 时，没有找到帕累托最优解。对于多数规则编码，初始化的映射形成了一个紧凑的集群，演化搜索找到了 $0.5<\overline{v}<0.8$ 的帕累托最优映射。简而言之，不同编码方法的演化优化能够找到的所有基因型-表现型映射位于真正的帕累托前沿 $\overline{v}_\phi+\overline{\delta}_\phi=1$ 。最优解分布在帕累托前沿的不同区域。只有使用多重布尔函数编码，演化算法才能找到完整的帕累托最优前沿。

这些结果表明，不同的布尔函数编码方法在实现各种基因型-表现型映射方面表现出不同的能力。多重布尔函数编码能够近似覆盖最广泛的理论帕累托前沿范围，因为它对原始布尔模型的限制最少。例如，基因型-表现型映射 $\phi:\{0,1\}^{16}\to\{0,1\}^8$ 有一个变异性 $\overline{\delta}_\phi=1$，中立度 $\overline{v}_\phi=0$ 。虽然它的冗余度为 2^8，但这种映射缺乏中立性。这意味着基因型空间的结构使得映射到相同表现型的基因型永远不会相邻，所以每一次点突变都会产生一个新的表现型。因此，我们可以认为这样的映射具有低鲁棒性和高可演化性。

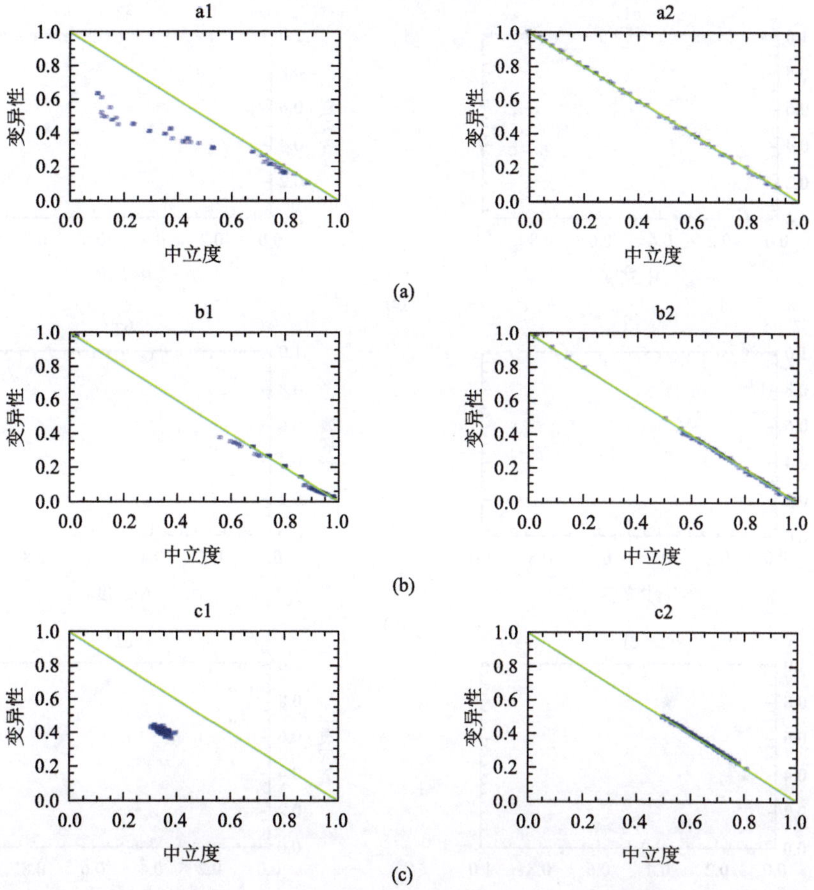

图 2.7　通过同时最大化平均中立度 $\bar{v}_{\phi}$ 和平均变异性 $\bar{\delta}_{\phi}$ 得到的布尔模型（$n=16$，$m=8$）的非支配解

布尔模型采用了不同的编码技术：（a）基本算术值为 2 的多重布尔函数编码；（b）基本算术值为 2 的单布尔函数编码；（c）多数规则编码。左图显示了 50 个随机初始化的基因型-表现型映射的结果（$n=16, m=8$）。右图显示的是 100 代演化后的基因型-表现型映射的近似帕累托最优集。虚线表示根据中立度定义确定的理论帕累托前沿。不同的编码方法导致了帕累托最优集的不同近似分布

另一方面，中立度 $\bar{\delta}_{\phi} \geqslant 0.9$ 和变异性 $\bar{v}_{\phi} \leqslant 0.1$ 的映射可以通过多重布尔函数编码和单布尔函数编码来实现。在这种情况下，几乎所有的单点突变都是中立的，并且不会导致表现型的变化。因此，这种映射可以被认为具有高鲁棒性和较低的可演化性。

2. 中立度与均匀熵之间的权衡

实验采用了不同的编码方式，结果如图 2.8 所示。不同编码的结果略有差异，这些差异主要体现在随机初始化种群在目标空间的分布方式上。经过 200 代的演

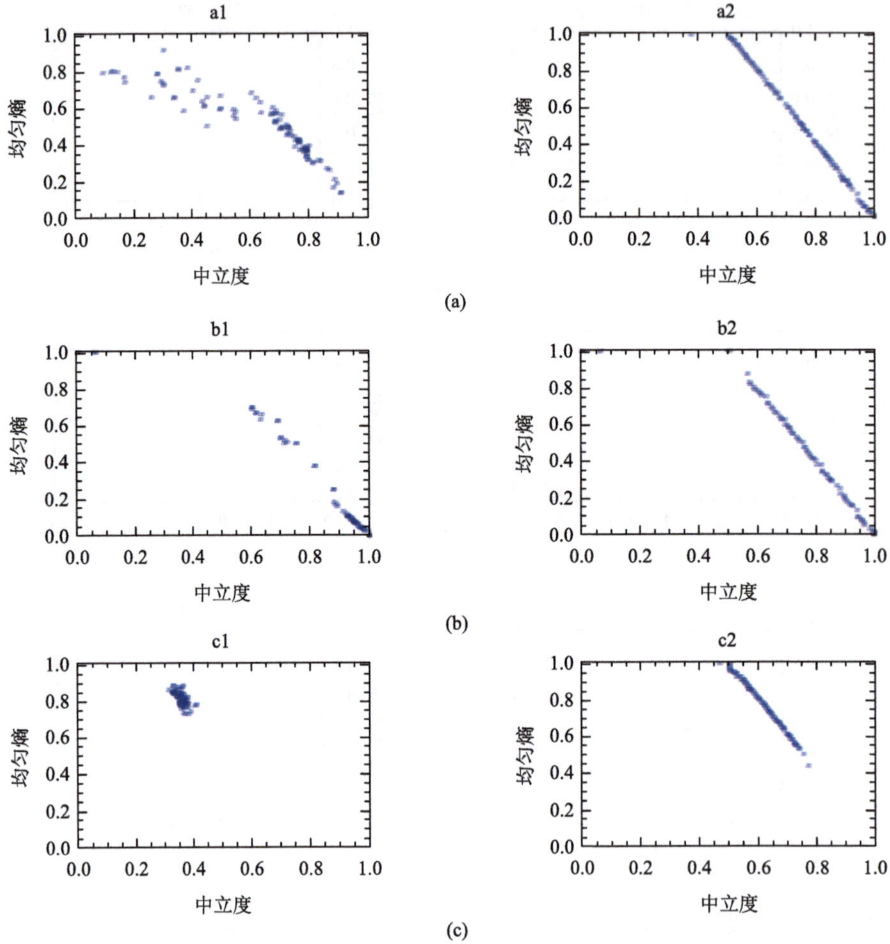

图 2.8 布尔模型的多目标优化评估（$n = 16$，$m = 8$），最大化平均中立度和均匀熵

该模型采用了不同的编码技术：（a）初值为 2 的多重布尔函数编码；（b）初值为 2 的单布尔函数编码；（c）多数规则编码。所有三种编码技术左侧的子图显示了 75 个随机初始化的基因型-表现型映射（$n = 16$ 和 $m = 8$），而右侧的子图则绘制了 100 代后近似的帕累托最优基因型-表现型映射集。不同编码方法得出的帕累托最优集的近似结果相似

化后，结果趋于一致。使用单布尔函数和多重布尔函数编码的映射形成了一个分布良好的帕累托前沿。用多数规则编码的映射只覆盖了帕累托前沿的一部分，中立度不超过 0.8。之前的实验中也观察到这一现象，可以归因于多数规则对原始布尔模型的强约束。

结果表明，由布尔模型实现的基因型-表现型映射可以在一定的中立度阈值内提供高熵。然而，这一观察结果是否源于熵和中立度的定义，是否适用于任意基因型-表现型映射，或者是布尔模型的特有属性，还有待进一步阐明。此外，对观察到的中立度阈值如何依赖于其他模型参数进行研究也很有意思。我们假设这个阈值

由映射的冗余度决定。在我们的实验中，映射的冗余度为 $2^{16}:2^{8}$，但我们尚未进行进一步的实验来验证这一假设。

当把中立度作为突变鲁棒性的衡量标准时，这个阈值非常重要。我们的研究结果表明，高熵只能保证到一定的平均中立度，随着熵的降低，越来越多的表现型无法通过基因型-表现型映射进入演化系统。因此，有必要讨论鲁棒性概念是否适用于恒定或非射性的映射。换句话说，给定两个冗余的基因型-表现型映射 ϕ_1 和 ϕ_2，它们都定义在相同的基因型和表现型空间上。那么问题来了，图像较小的映射 ϕ_1（即 $\left|\{\phi_1(g)|g\in G\}\right| < \left|\{\phi_2(g)|g\in G\}\right|$）是否必然是突变鲁棒性较高的映射。我们认为，在定义鲁棒性时，必须考虑非单射基因型-表现型映射。

3. 基因型-表现型映射的可视化分析

为了更好地理解布尔模型如何能够实现这些不同的映射，我们分析了在最大化局部中立度和局部变异性时模型的基本参数。这些参数包括连接矩阵 $\boldsymbol{C}$ 和布尔函数 f_i，$i=1,\cdots,m$。图 2.9 展示了三种不同编码方法的编码结构示例。然而，从可视化的编码结构中难以识别出重要特征或模式。由于模型的自由度很高，深入分析参数变得非常困难。文献[165]提出了一种统计方法来解释多数规则编码的参数结构。

在图 2.9 中，每个图像都对应于基因型-表现型映射的连接矩阵 $\boldsymbol{C}$ 及（如有必要）表现型函数集的实现。图 2.9（a）中的结果是在采用二元性的多重布尔函数编码时得到的。左侧数组表示连接矩阵，右侧数组表示表现型函数 f_i，其中 $i=1,\cdots,m$。第 i 行描述了基本布尔函数 f_2 的真值表。图 2.9（b）给出了以基本算术数 2 编码的单布尔函数的结果，其中左侧数组显示了连接矩阵，右侧数组描述了基本布尔函数 f_i^2 的真值表。当采用多数规则编码时，数组表示连接矩阵，见图 2.9（c）。在所有描述中，黑色的单元表示为 1，而白色的单元表示为 0。连接矩阵中的条目，$c_{ij}=1$ 表示表现型性状 p_i 依赖于基因 g_j。因此，基因 g_j 的多向性由第 j 列的总和给出，而表现型性状 p_i 的多向性由第 i 行的总和给出。

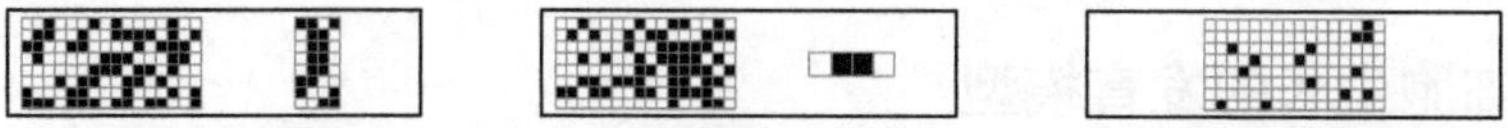

(a) 多重布尔函数编码　(b) 单布尔函数编码　(c) 多数规则编码

图 2.9　不同编码方法产生的布尔模型（$n=16$，$m=8$）参数的可视化

2.3.6　讨论

上述研究表明，帕累托优化方法可以用于分析模拟演化系统中由一类冗余布尔函数表示的鲁棒性-可演化性权衡。引入鲁棒性和创新性的定量指标，通过优化

基因型-表现型映射来最大化这两个指标，从而明确鲁棒性和创新性之间的定量权衡关系。这种权衡关系表明，没有一种单一的表示方法能够同时最大化鲁棒性和创新性。因此，最佳的表示方法取决于环境。在快速变化的环境中，具备更强创新能力的表示方法能够提高生存概率，因而更受青睐；而在缓慢变化的环境中，更强的鲁棒性可能有助于系统获得更高的适合度。

2.4 演化发育系统的可演化性

2.4.1 概述

本节分析了布尔基因型-表现型映射中的创新性和鲁棒性之间的关系，通过使用多目标优化算法同时最大化鲁棒性和可演化性，然后分析获得的非支配解。结果表明，无论编码方案和布尔函数的差异如何，鲁棒性和可演化性之间始终存在难以权衡的问题，这表明布尔网络可能不是一个生物学合理的基因型-表现型映射模型。这并不奇怪，因为布尔网络是静态模型，未能涵盖生物系统中极为重要的发育可塑性。

接下来，我们将探讨 1.3 节中介绍的模型的鲁棒性-可演化性关系，相关结果已在文献[166]中报道。该细胞生长模型使用一组连续非线性微分方程来表示基因调控网络，其表现型通过调控蛋白和功能蛋白浓度的方程状态来描述。此外，本节提出了一种独立于任何特定适合度函数的可演化性度量，它适用于基于微分方程的基因调控模型。通过这种可演化性度量，研究在极限环等调控动态演化过程中细胞生长模型的可演化性变化。结果表明，与使用布尔网络表示的静态模型相比，针对细胞生长的基因调控网络模型在可演化性和鲁棒性之间不再存在显著的权衡关系，即使没有明确的可演化性选择压力，可演化性也会稳步提高，尤其在突变步长较小时。

2.4.2 细胞生长的发育模型

1. 自然环境

细胞生长的发育模型与 1.3 节中介绍的模型类似，每个细胞由一个三维球体表示，包含一个虚拟 DNA。细胞位于一个有边界的三维环境中，可在其中分裂、迁移并相互作用。为了模拟转录因子（TFs）的扩散，模拟环境被分割成若干个立方体。在模拟中，转录因子的浓度定义在立方体的顶点上，立方体内任意一点的浓度通过相邻八个顶点浓度的线性插值来近似计算。

2. 基因组结构

细胞生长的虚拟 DNA 由多个基因组成，每个基因又由多个结构单元（SUs）和多个调控单元（RUs）组成。结构单元定义了细胞的特定功能，如细胞分裂、细胞死亡或转录因子（TFs）的产生，而调控单元（激活型或抑制型）则决定了它们与染色体中下一个调控单元之间的结构单元是否会被表达，即所编码的功能是否会被执行。TF 激活还是抑制基因取决于 TF 与 RU 的亲和值之间的匹配程度。每个 SU 有 9 个实值位点，指定了所编码的细胞功能的属性。每个 RU 由八个位点组成，这些位点分别编码一个 Sigmoid 函数的参数，即 θ、σ 和 C，并定义 RU 的亲和力属性，包括亲和力值 a^{RU} 和亲和力范围 ε。参数的确切含义将在下一小节中说明。图 2.10（a）展示了基因组的结构，包含一个 RU 和一个 SU 的位点。同样，图 2.10（b）提供了用于产生 TF 的 SU 的具体细节。需要指出的是，在当前模型中 SU 和 RU 中的一些基因位点尚未被使用，一个有效的基因应从一个或多个 RU 开始，并接续一个或多个 SU。也就是说，以 SU 开头或以 RU 结尾的基因不会被转录，它们被视为非编码基因。

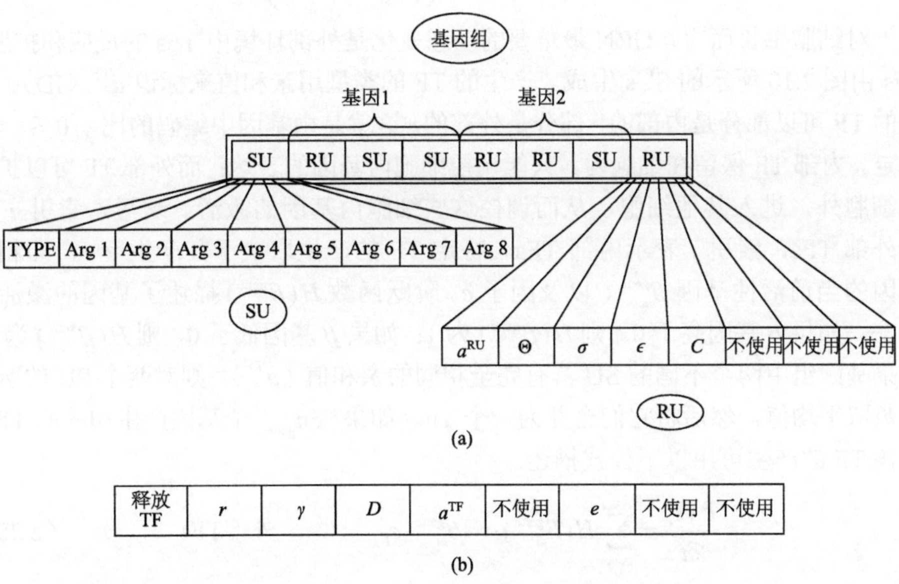

图 2.10　（a）基因组结构，（b）SU 中编码产生转录因子的细胞功能的位点

3. 演化的基因调控网络

图 2.10（a）所示的虚拟 DNA 中的基因调控网络控制着所考虑系统的细胞生长。一个 SU 的激活水平由其所有 RUs 的活性值总和（β_1^{gene}）决定：

$$\beta_l^{\text{gene}} = \sum_{l=1}^{n_{\text{RU}}} \beta_l^{\text{RU}} \tag{2.23}$$

其中，n_{RU} 是第 l 个基因的 RU 数量。如果激活水平 β_l^{gene} 大于零，则该基因被激活，其细胞功能得到表达（执行）。

一个 RU 的激活水平由所有内部转录因子（用索引 j 表示）和外部转录因子（用索引 i 表示）的基因调控水平之和决定：

$$\beta^{\text{RU}} = f_{\text{nl}}^{\text{RU}}\left(\sum_{i=1}^{n_{\text{TF}}} f_{\text{aff}}^{\text{RU}}(d_{\text{aff},i}) \cdot c_i^{\text{TF}} + \sum_{j=1}^{n_{\text{TF}}} f_{\text{aff}}^{\text{RU}}(d_{\text{aff},j}) \cdot c_j^{\text{TF}}\right) \tag{2.24}$$

其中，c_i^{TF} 和 c_j^{TF} 分别是外部和内部 TFs 的浓度。d_{aff} 是 RU 和 TF 亲和值的匹配度：

$$d_{\text{aff}} = \min(\text{abs}(a^{\text{RU}} - a^{\text{TF}}), 1 - \text{abs}(a^{\text{RU}} - a^{\text{TF}})) \tag{2.25}$$

而 $f_{\text{aff}}^{\text{RU}}(d_{\text{aff}})$ 是亲和函数：

$$f_{\text{aff}}^{\text{RU}}(d_{\text{aff}}) = \mathrm{e}^{-0.5 \cdot (d_{\text{aff}}/\varepsilon)^2} \tag{2.26}$$

最后，$f_{\text{nl}}^{\text{RU}}(z)$ 是一个非线性激活函数：

$$f_{\text{nl}}^{\text{RU}}(z) = 2 \cdot (2 \cdot \sigma - 1)\left(\frac{1}{1 + \mathrm{e}^{(-30 \cdot C \cdot (z) - \Theta)}}\right) - 1 \tag{2.27}$$

对细胞生长而言，GRN 最重要的动态变化是外部环境中 TFs 的反应和扩散。TFs 由图 2.10 所示的 SUs 生成。产生的 TF 的类型用亲和值来标识 a^{TF}（ID）。产生的 TF 可以部分是内部的，部分是外部的，这就是由基因中编码的比率 $0 \leqslant e \leqslant 1$ 指定。内部 TF 保留在细胞内，只能调控细胞内基因的表达；而外部 TF 可以扩散到细胞外，进入其他细胞，从而调控这些细胞内基因的激活。这里，索引 i 表示外部 TFs，索引 j 表示内部 TFs。特定 TF 的产生取决于其产生率 r，即相应基因的当前活性基因 β_m^{gene}，以及因子 e。阶跃函数 $H(\beta^{\text{gene}})$ 描述了基因的激活函数——如果 β 基因高于 0，则 $H(\beta^{\text{gene}})$ 为 1；如果 β 基因低于 0，则 $H(\beta^{\text{gene}})$ 为 0。如果基因组中两个不同的 SU 具有完全相同的亲和值（a^{TF}），则对两个 SU 的所有参数取平均值，然后将它们合并为一个 TF。如果有 $n_{\text{gene},i}$ 个基因产生相同的 TF，则该 TF 的产生可用以下公式描述：

$$\frac{\partial \text{TF}_i}{\partial t} = \sum_{m=1}^{n_{\text{gene},i}} H(\beta_m^{\text{gene}}) \cdot r_i \cdot \beta_m^{\text{gene}} \cdot e_i \qquad \text{外部TFs} \tag{2.28}$$

$$\frac{\partial \text{TF}_j}{\partial t} = \sum_{m=1}^{n_{\text{gene},j}} H(\beta_m^{\text{gene}}) \cdot r_j \cdot \beta_m^{\text{gene}} \cdot (1 - e_j) \qquad \text{内部TFs} \tag{2.29}$$

$$\frac{\partial \text{TF}_j}{\partial t} = \sum_{m=1}^{n_{\text{gene},j}} H(\beta_m^{\text{gene}}) \cdot r_j \cdot \beta_m^{\text{gene}} \cdot (1 - e_j) - \gamma_j \cdot \text{TF}_j \tag{2.30}$$

考虑所产生蛋白质的衰变率 γ，内部 TF 的浓度可描述如下：

$$\frac{\partial \mathrm{TF}_i}{\partial t}=\sum_{m=1}^{n_{\mathrm{gene},i}} H(\beta_m^{\mathrm{gene}})\cdot r_i\cdot\beta_m^{\mathrm{gene}}\cdot e_i-\gamma_i\cdot\mathrm{TF}_i+D_i\cdot\nabla\mathrm{TF}_i \tag{2.31}$$

因此，我们可以看到，在这个模型中，多细胞生长受一组耦合非线性微分方程的动态控制。

4. 基因变异

为了使 GRN 能够正确控制细胞生长，我们采用了一种演化策略的变体来演化 GRN 的参数。与典型的演化策略一样，亲代群体包含 μ 个个体，这些个体经过突变和重组，产生了由 λ 个个体组成的子代群体。除了突变和重组外，还引入了其他生物学上合理的基因变异，包括基因复制、缺失和转座。根据预先确定的概率，突变和重组产生的子代将使用基因操作符之一，即复制、缺失或转座。

基因复制是演化过程中许多重大转变的主要驱动力之一[167, 168]。在基因复制中，随机选择一段基因并将其复制后插入基因组的随机位置。在基因转座中，随机选择的一段基因从其当前位置移动到另一个随机选择的位置。删除算子则是简单地删除一个随机选择的基因片段。图 2.11 举例说明了基因复制和基因转座的过程。

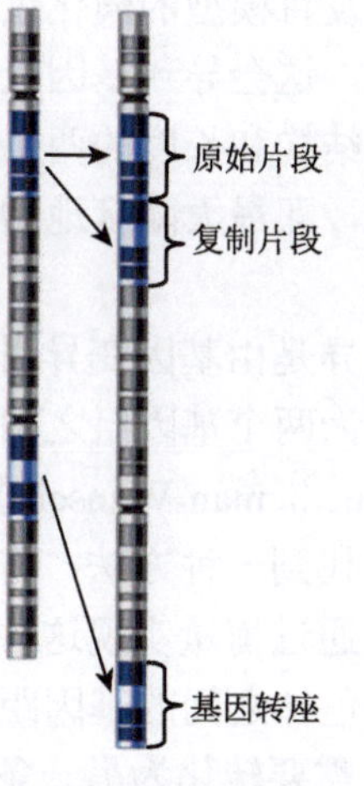

图 2.11　基因复制和基因转座示意图

2.4.3 不依赖适合度函数的可演化性度量

为了研究 2.4.2 节所述的发育模型中鲁棒性和可演化性之间的关系，我们首先需要定义独立于特定演化任务的鲁棒性和可演化性的定量指标。如前所述，大多数现有的可演化性指标或多或少依赖于适合度。还需要注意的是，现有的可演化性度量方法大多是针对离散的二整型（静态）或发育型（动态）表征提出的[142, 148]。相比之下，本节研究的发育模型更为复杂，因为该模型的基因型和表现型空间都是连续的，具有无限多的状态。因此，所定义的可演化性度量应能够应对这种模型带来的复杂性。Wagner[143]提出的定性定义是一个独立于适合度的可演化性衡量标准的良好起点，该定义强调了两个方面。定义的第一个方面可以在所有演化算法中自动实现，即所有个体都表现出基因变异，并且模拟选择过程能够改变这些特性。第二个方面则为衡量可演化性提供了启示：一个可演化的系统必须能够通过基因变化获得新的功能，这些功能可能有助于生物体的生存和繁殖。那什么是计算发育模型中的新功能，以及如何量化功能的创新程度？根据瓦格纳的定义，我们假设可演化性应当是一个反映基因型变化时表现型相对变化的指标。为此，我们需要针对给定的基因变异，分别定义基因型和表现型的距离度量。

1. 基因型距离的定义

为了定义基因型距离，我们首先需要在基因型空间中指定所谓的“最近邻”。“最近邻”是根据生成子代个体时所使用的遗传算子来定义的[166]。测量两个基因型之间距离的最简单方法是将两个基因组视为具有连续值的向量，并计算两个向量之间的欧氏距离。然而，在发育模型的演化过程中，不仅会出现高斯突变，还会出现基因复制、缺失和转座，这会导致基因组长度的差异。Murata等[43]提出了一种方法，用于计算具有不同结构和长度的两个基因组之间的欧氏距离。其基本思想类似于成对基因序列比对，即最大限度地增加匹配数，同时最小化间隙（错配）数。

假设两个基因组之间的差异是由基因变异引起的，从一个基因组变为另一个基因组所需的基因变异数量即为两个基因组之间的基因型距离。正如文献[169]所建议的，可以通过将改进的 Needleman-Wunsch 算法[170]与动态规划相结合，来计算基因距离。首先，我们需要找到一种方法，将一条染色体转换为任意长度的另一条染色体。其次，我们可以通过衡量实现这种转换所需的突变、基因复制和基因转座的数量，来评估两条染色体之间的基因距离。

假设一条染色体“ABC”需要转化为另一条染色体“ABABC”。要找出两者之间的基因距离，我们首先需要定义每个单个元素之间所有可能的距离。在这个例子中，两个字母之间的距离 $d(\cdot,\cdot)$ 可以根据字母顺序定义，例如，$d(A,B)=1$，$d(A,C)=2$。然后，可以创建一个配准矩阵 $\boldsymbol{R}$，其中每列表示第一条染色体中的一个元素，每行表示目标染色体中的一个元素。如图 2.12 所示，第一行额外添加了一个初始化为零的行。该矩阵中的元素将被计算为距离，从而帮助我们找到最佳配对。矩阵中的元素按以下步骤逐行计算。

首先，对于每个元素 (i,j)，需要最小化以下代价函数：

$$\min_k(d_{i,j}+r_{i-2,k}+V_k) \tag{2.32}$$

其中，$k\in[1,\cdots,N]$，N 是第一条染色体的大小，$r_{i-1,k}$ 是矩阵 $\boldsymbol{R}$ 中 $(i-1,k)$ 的元素，V_k 代表差异惩罚，当 $k=j-1$ 时设置为 $V_k=0$，否则设置为 $V_k=p$。p 的选择由设计者指定，稍后将详细说明。在本例中，我们将其设置为 0.5，如图 2.12（a）所示。

其次，如图 2.12（a）所示，将找到的最小值插入 $\boldsymbol{R}$ 中相应的位置（i,j），并生成从该位置到单元格（i_1,k）的指针。对整行的每个元素都重复上述步骤，为每个单元格分配一个值和一个指针。一旦完成了整个配位矩阵的计算，我们就可以通过从最后一行的最小值单元格开始，沿着指针找到第一行的路径，从而确定最佳配对。两条染色体 C_1 和 C_2 的配对成本可以计算如下：

$$E(C_1,C_2)=\frac{\sum_i d_i^*}{M}+\sum V_k^* \tag{2.33}$$

其中，C_1 和 C_2 是两条染色体，M 是目标染色体的长度，d_i^* 是第 i 个元素距离，V_k^* 是路径上第 k 个差异惩罚。将染色体 C_1 与染色体 C_2 配对的成本可能不同于将 C_2 与 C_1 配对的成本，部分原因是两条染色体的长度不同。因此，将两条染色体之间的基因型距离 D 定义为以下公式中的平均值是合理的：

$$D(C_1,C_2)=E(C_1,C_2)+E(C_2,C_1) \tag{2.34}$$

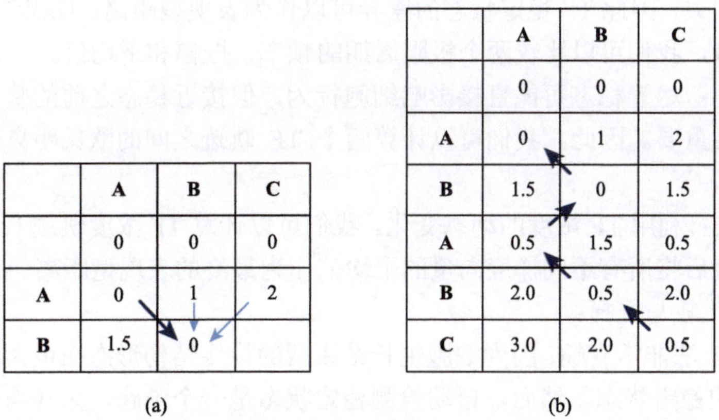

图 2.12　回溯和计算两条不同长度染色体“ABC”（a）和“ABABC”（b）之间基因型距离的示例

① 新条目的值由前一行中元素的最小值，加上当前行元素与当前列元素之间的距离，再加上可能存在的差异惩罚构成。给定示例中的最短路径用较粗的箭头表示。②箭头表示所给示例的回溯矩阵

在上述示例中，字符“ABC”代表虚拟 DNA 中的基因单元，如调控单元（RU）和结构单元（SU）。需要注意的是，上述定义的距离只适用于两个 RU 之间或两个 SU 之间的对齐。因此，RU 和 SU 之间的对齐将永远不会发生。如果惩罚值 p 很小，算法会倾向于匹配距离较近的元素，从而需要使用更多的转置步骤。相反，

如果惩罚值较大，算法将倾向于匹配距离较远的元素，以获得更长的局部排列，从而避免出现过多的重复或换位。惩罚值的选择实际上是一个多目标优化问题，因为根据 p 值的不同，会产生更多或更少的转置排列。

2. 表现型距离的定义

对于本节使用的细胞生长的发育模型，有多种定义系统表现型的选择。例如，可以将生长过程结束后细胞结构的最终形态（形状）作为表现型。另一种选择是将由给定基因组引发的细胞行为（如细胞分裂和细胞死亡）视为表现型。然而，细胞行为通常是任务特定的，而任务又取决于适合度。因此，我们提出了一种适用于发育系统的通用可演化性度量方法，它可以度量细胞行为的可演化性。为此，我们使用基因调控网络（GRN）的动态特性作为表现型，因为它与特定的适合度函数无关。与 GRN 动态相关的两种属性可作为发育模型的表现型，即基因的活性和转录因子（TF）的浓度梯度。最终，我们决定使用转录因子的浓度作为表现型，因为转录因子在调节细胞行为方面起着至关重要的作用。

然而，当采用 TF 浓度作为发育模型的表现型时，计算表现型距离并不容易，可能有以下几种不同的计算方法。

方法一：由于两个基因组中相应 TF 的最终稳定状态可能与细胞系统的最终行为直接相关，因此 TF 稳定状态的差异可以作为表现型距离。如果 TF 浓度表现出振荡行为，我们可以比较两个极限周期的频率、振幅和平均值。

方法二：尽管稳态可能直接影响细胞行为，但接近稳态之前的整个动态过程也可能非常重要。因此，我们可以计算两个 TF 轨迹之间的欧氏距离作为表现型距离。

方法三：利用 TF 浓度的动态变化。我们可以计算 TF 浓度轨迹上多个点的梯度差异，最后将所有不同梯度向量的平均值作为最终的表现型距离。

方法的比较与选择：

第一种方法非常有趣，因为细胞生长结束后的最终结构形态在很大程度上取决于 GRN 的稳定状态。然而，自动检测稳定状态是一个难题，尤其当最终状态是高维空间中的极限环时。

第二种方法看似简单，但它仅适用于比较单个点（一个细胞）中的 TF 动态，因此不适合用于多细胞生物的表现型距离计算。

值得注意的是，TF 的梯度场与环境中的具体位置无关。相反，梯度只取决于所有 TF 的当前状态，并定义了该状态在下一个时间步中的变化方向。因此，我们可以通过比较 TF 浓度梯度之间的差异来计算表现型距离。这种测量方法非常通用，适用于所有由常微分方程描述的 GRN 控制的细胞生长模型。

由于计算整个状态空间的梯度是不切实际的，因此我们需要将表示 TF 浓度的状态变量进行离散化，并在网格上均匀分布，这些网格的细化程度需要由用户指定。例如，每个状态的样本点数设为 $n_{\text{sample}}=5$ ，这意味着我们需要比较 $n=n_{\text{sample}}^{2n_{\text{TF}}}$ 采样点上整个梯度的差值，因为有 $2n_{\text{TF}}$ 因为既有内部 TFs，也有外部 TFs。此外，采样范围需要确定每个 TF 点的边界框，其中包括状态空间中两个表现型的生长过程轨迹。

如果个体中存在多个细胞，则可以设置一个较大的边界框以覆盖所有细胞的轨迹。这个边界框的上下限可以通过在整个发育过程中观察到的最小值和最大值来确定。

细胞发育模型中比较TFs梯度的表现型距离计算过程可以分为以下四个步骤。

（1）计算相应TF：通过在生长过程中若干时间点比较两种表现型的TF，计算出两种表现型对应的TF。

（2）确定取样范围：找出在整个生长过程中两种表现型的所有细胞中TF浓度的最大值和最小值，以此确定所有TF的取样范围。

（3）划分网格：将每个TF的取样范围划分为n_s个等间隔的网格点，并将这些样本点作为比较表现型差异的采样点。

（4）计算梯度差：在指定的网格上，分别计算两个梯度场并获得它们的差值。然后对所有采样点的差值向量求平均，得到的梯度差平均向量即为表现型距离。每个向量值表示一个TF的表现型差异。

上述计算的表现型距离不仅与适合度无关，还与生长过程的持续时间和细胞间的物理相互作用无关。这一度量方法揭示了基因组在特定动态行为中的能力差异。由于基因组网络动力控制着细胞系统的整个发育过程，因此这种度量方法非常通用，并且能够准确描述基因组的基本细胞行为。

3. 与适合度无关的可演化性度量方法

根据上文定义的基因型距离和表现型距离，我们现在可以定义一个与适合度无关的可演化性度量。这个度量本质上基于一组突变体（即通过随机突变产生的新个体）的统计离散度来计算。然后，计算所有产生的突变体与原始个体在表现型和基因型上的差异。接着，我们可以根据这些距离的分布来定义可演化性。图 2.13 举例说明了三种典型的离散类型，它们代表了可演化性与鲁棒性权衡的不同情况。大多数演化特性都可以用上述定义的可演化性来分析。例如，图 2.13（a）显示了一个鲁棒个体的例子，因为它的大多数突变体都集中在离散分布的下部区域，无论基因型的变化是大是小，表现型的变化都很小。相比之下，图 2.13（b）中的例子显示，所有突变体在可演化性分布中均匀分布，这意味着该个体具有很高的可演化性，因为它既能产生鲁棒的子代，也能产生具有创新能力的子代。最后，从图 2.13（c）中可以看出，该个体的大多数突变体都表现出较强

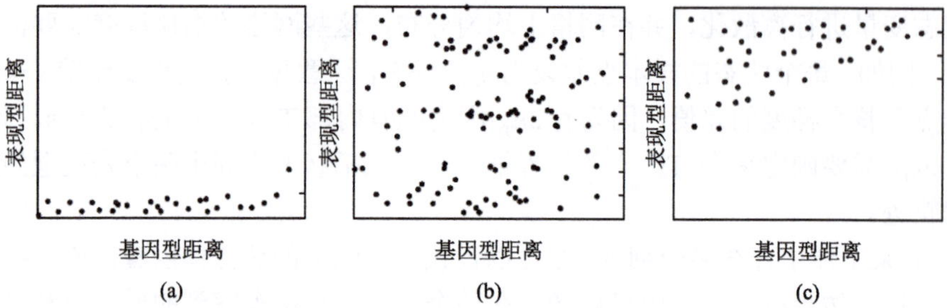

图 2.13 （a）非常鲁棒的个体，（b）既鲁棒又创新的可演化个体，（c）高度创新的个体

的创新能力。位于离散图的左上方，表示基因型的较小变化会引起表现型的较大变化。因此，可以认为该个体具有很强的创新能力。

从上述例子中可以看出，个体的可演化性不能简单地通过计算表现型与基因型距离的比值来确定。为了更准确地表示个体的可演化性，有必要使用定量指标来比较突变体的分布情况。为此，我们可以采用描述性统计[171]中的五数概括的四分位数间距。五数概括通常以箱线图的形式表示。四分位数间距（IQR）是第一四分位数和第三四分位数之间的距离，在箱线图中通常表现为一个矩形框。第一四分位数表示下方 25%的数据点所在的位置，而第三四分位数表示上方 75%的数据点所在的位置，这意味着 50%的数据点位于 IQR 中。最终的可演化性指标 E 可以定义为表现型距离 $\mathrm{IQR_p}$ 与基因型距离 $\mathrm{IQR_g}$ 的乘积：

$$E=\mathrm{IQR_p}\cdot\mathrm{IQR_g} \tag{2.35}$$

这种乘积表示了个体突变后突变体的分布区域，见图 2.14。如上所述，每个图形只适用于一个转录因子。因此，可演化性的度量应该是一个与表现型距离向量大小相同的向量，该向量的平均值可作为衡量可演化性的总体指标。

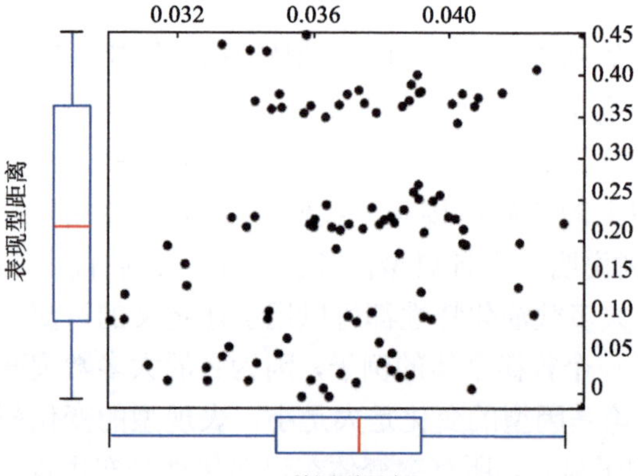

图 2.14 所有基因型距离和表现型距离的箱线图的可演化性

4. 基于多样性的可演化性度量标准

统计离散度为可演化性提供了一个有效的度量标准，而使用多样性指数来定义可演化性也是一种自然的方法，仍然基于基因型-表现型距离。在这里，我们使用两种常用的多样性度量方法，即辛普森多样性指数法和香农多样性指数法，以分析演化过程中发育的可演化性的变化。

2.4.4 转录因子（TF）动态分析

在本节中，我们将说明如何定量评估特定个体的可演化性。此外，我们还利用所提出的可演化性指标，研究种群的可演化性在演化极限环中是如何变化的。有趣的是，我们发现即使在演化极限环中，可演化性并不直接处于选择压力之下，它仍然可演化，这证实了文献[147]、[148]、[172]中的发现。

1. 实验设置

在模拟中，使用 2.4.2 节所述的演化算法对发育模型进行演化，以实现极限环。在模拟中，亲代种群数量为 40 个，子代种群数量为 100 个。适合度函数是将 TF 浓度的时间序列与正弦函数进行比较来定义的，正弦函数设定了所需的极限环频率[148]。由于在极限环演化过程中频率是关键因素，而振幅的影响较小，因此我们将 TF 浓度归一化为零均值，并使其在−1～1 变化：

$$X_k^* = \frac{1}{X_{\max}} \cdot (X_k - X_{\text{mean}}) \tag{2.36}$$

$$S_k = \sin\left(6\pi \frac{k}{N}\right) \tag{2.37}$$

最后，我们使用下面的均方误差作为拟合函数：

$$E = \frac{1}{N} \cdot \sum_{k=0}^{N-1} (X_k^* - S_k)^2 - 1.0 \tag{2.38}$$

因此，最小适合度值为−1。

使用龙格-库塔（Runge-Kutta）法求解基因调控网络的微分方程，步长设为 0.25。每个个体的发育时间为 300 次迭代。换句话说，公式（2.38）中的 $N = 300$。演化过程持续 500 代，每种设置独立运行 50 次。在此，我们报告三组演化实验的结果以进行比较。在第一组模拟中，我们将 RU 的最大数量限制为 6 个，SU 的最大数量限制为 3 个。在此设置下，基因变异仅使用突变和基因转座。换言之，在这些演化实验中，基因组长度保持不变。正如文献[173]所指出的，这种复杂性的 GRN 应足以产生持续振荡。第一组演化实验中未采用精英策略。在第二组模拟中，所有参数设置与第一组相同，唯一的区别是，三个精英个体总是被传递到下一代的亲代群体中。在第三组模拟中，除了基因突变和基因转座外，基因复制和基因缺失也被用于基因变异。然而，为了减少总的模拟时间，RU 和 SU 的最大数量限制为 20 个。图 2.15（a）～（c）分别显示了三种设置中每 20 代 50 次实验的最佳适合度。可以看出，精英策略显著提高了极限环演化的收敛性。然而，尽管具有可变基因组长度的个体在适合度上表现出优于固定基因组长度的个体的趋势，但增加 RU 和 SU 的数量并未显著改善表现。50 次独立运行中最佳个体的 TF 动态演化如图 2.16 所示。

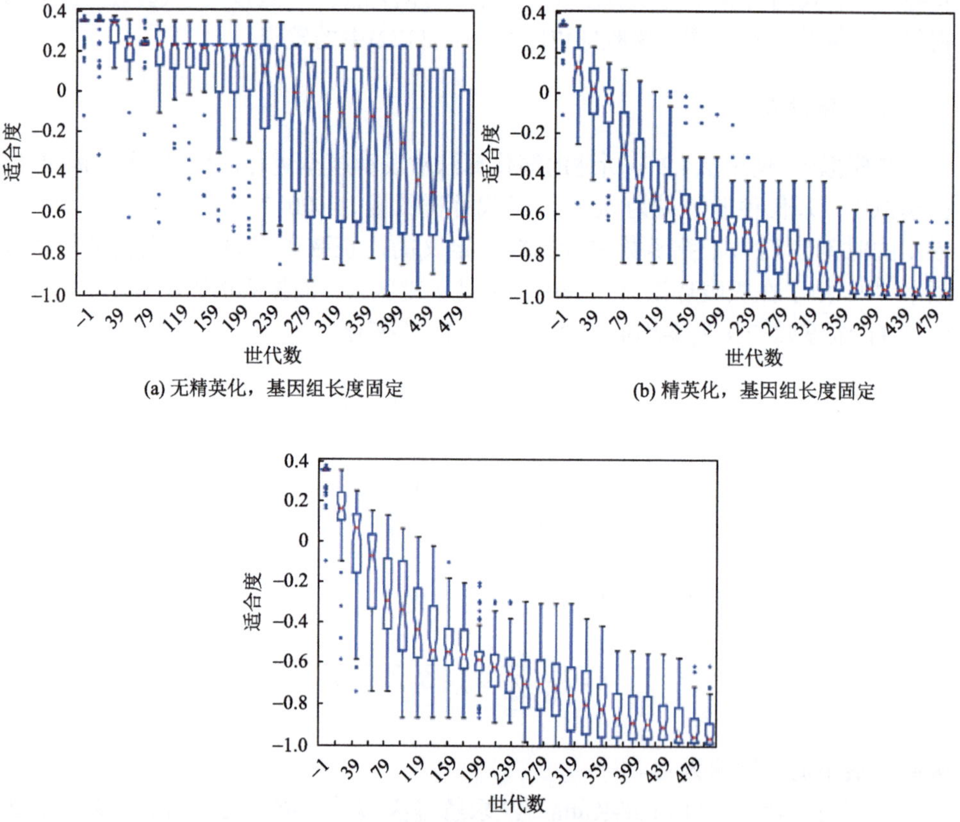

(a) 无精英化，基因组长度固定

(b) 精英化，基因组长度固定

(c) 精英化，基因组长度可变

图 2.15　50 次独立运行的最佳适合度方框图

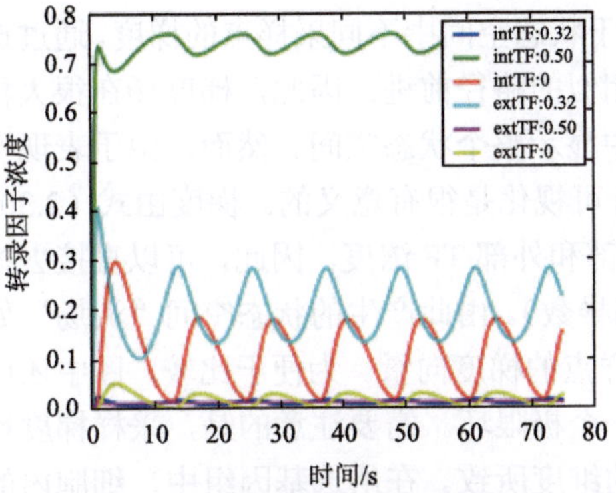

(a) 无精英化，基因组长度固定

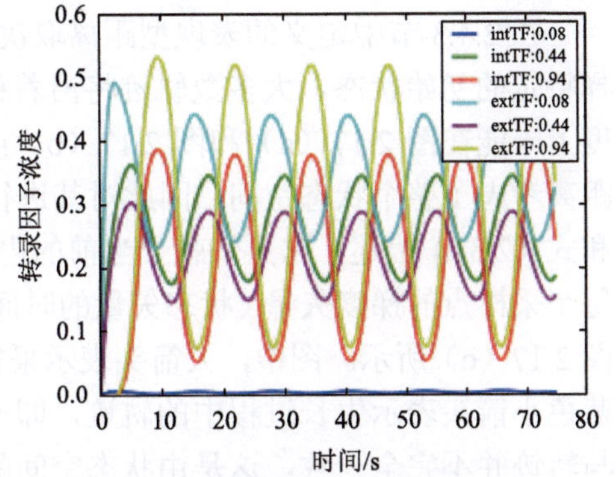

(b) 精英化，基因组长度固定

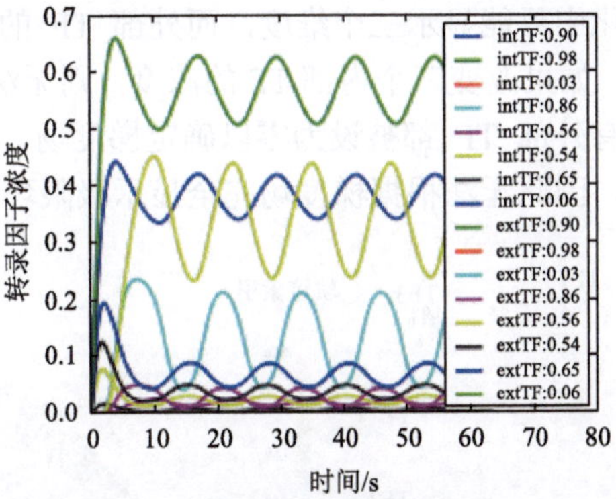

(c) 精英化，基因组长度可变

图 2.16　50 次独立运行中最佳个体的 TF 动态演化

2. TF 轨迹的状态空间分析

如 2.4.3 节所述，我们使用 TF 的梯度作为表现型来研究发育模型的可演化性。我们分析了演化过程中发现的最佳个体（具有 3 个 SU 和 6 个 RU）的状态空间轨迹。由于我们使用梯度场来计算可演化性，因此对整个空间中 TF 的梯度场进行可视化非常重要。获得梯度场的一个简单方法是改变内部 TF 的初始状态，让个体从所有这些初始状态中发展，而外部 TF 的初始值始终被设置为零。由此产生的所有轨迹将为我们提供有关 GRN 动力学梯度场的线索。上述最佳个体的梯度场如图 2.17（a）所示。每个点（彩色小点）表示所有内部 TF 在一个生长（发育）时间步内的状态。相同颜色的点属于同一轨迹，与初始状态无关。所有轨迹最终汇聚到同一个极限周期。黑色箭头表示每个生长时间步的梯度。图 2.17（b）显示了图 2.17（a）中相同初始状态下外部 TF 的轨迹。显然，所有轨迹都从原点开始，因为外部 TF 始终初始化为零。因此，外部 TF 的不同轨迹是由内部 TF 的不同初始状态引起的。与内部 TF 类似，所有外部 TF 的轨迹最终也汇聚到同一个极限环。

在 2.4.3 节中定义的表现型距离取决于状态空间中不同采样点的梯度。通过选择特定的初始状态，大多数轨迹将沿着相似的路径前进。因此，梯度场在很大程度上未能在图 2.17（a）和图 2.17（b）中显示整个状态空间。然而，由于表现型距离考虑了整个状态空间，因此对其进行可视化是很有意义的。梯度由式（2.30）和式（2.31）描述，它只依赖于当前的内部和外部 TF 浓度。因此，可以直接去掉每个采样点的梯度矢量（状态矢量的时间导数）。由此产生的状态空间“流场”如图 2.17（c）所示。图中，大箭头表示采样点的梯度向量。为便于比较，图中还用蓝色小箭头表示生长过程中的轨迹，即一个极限环。需要注意的是，采样梯度场与轨迹并不完全一致，这是由状态空间的维度所致。在所选基因组中，细胞内的内部 TF 有三个浓度值，而细胞中心的外部 TF 也有三个浓度值。因此，状态空间是六维的。在可视化中只能显示三个维度，而外部 TF 的浓度会在整个发育过程中发生变化。例如，如果改变三个内部 TF 的浓度，则无法确定三个外部 TF 的浓度。在本例中，所有外部 TF 都被设为零以确定梯度场。然而，结果只是整个状态空间的一个投影，因此无法根据梯度场完全显示极限环。

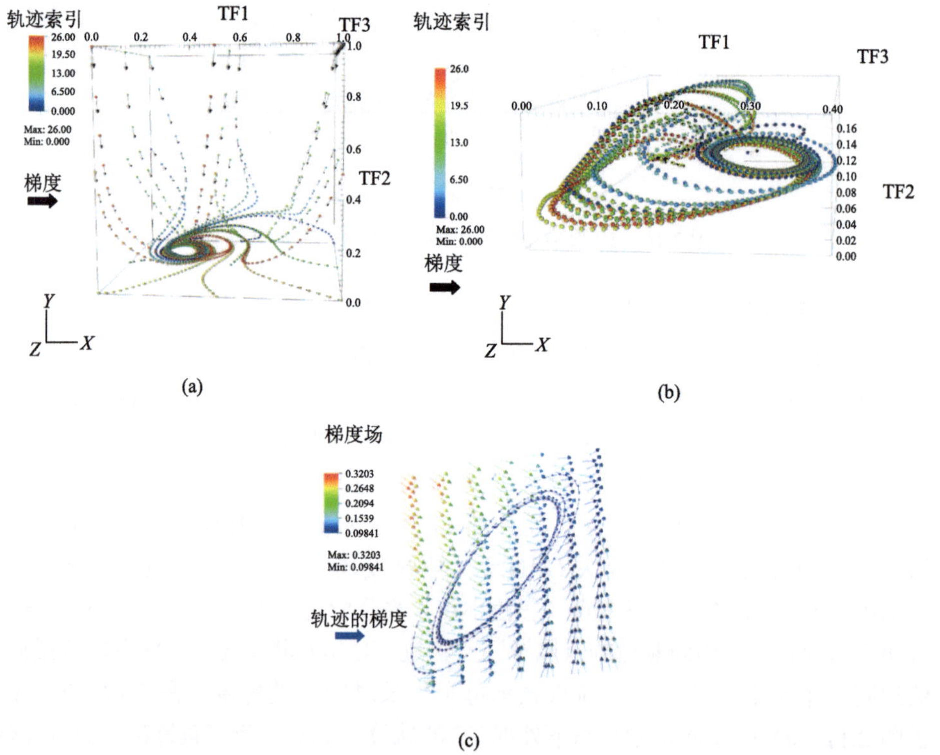

图 2.17　（a）三个内部 TF 在不同初始状态下的状态空间轨迹。（b）三个外部 TF 在不同初始状态下的状态空间轨迹。（c）采样状态空间梯度场与生长过程真实轨迹的比较

2.4.5 可演化性的演化

为了研究系统的可演化性在演化过程中如何变化，我们需要展示 TF 的可演化性图，以显示基因型和表现型距离之间的关系。在此，我们展示了两个个体的可演化性图，一个是随机初始化的个体（第 1 代），其基因组包含 3 个 SU 和 6 个 RU，另一个是在固定基因组的演化运行中，第 284 代获得的最佳个体，其 TF 动态已在上文中进行了研究。两个个体的 3 个内部 TF 和 3 个外部 TF 的可演化性图分别如图 2.18 和图 2.19 所示。在图中，每个点代表来自相应个体的一个突变体，突变步长为 0.1。通过比较图 2.18 和图 2.19，我们可以发现，相对于基因型距离的类似分布，第 284 代突变体的表现型分布远大于初始个体的表现型分布。图 2.20 和图 2.21 分别显示了步长为 0.001 的可演化性图，同样得出了相同的结论。为了更定量地检验可演化性的变化，我们在图 2.22 中再次用箱线图再次展示了两个个体的 TF3 的可演化性图。从图中可以清楚地观察到，在相同的基因型距离下，表现型距离增加。根据 TF3 计算出的两个个体的可演化性度量分别为 3.91×10^{-5} 和 1.04×10^{-3}。

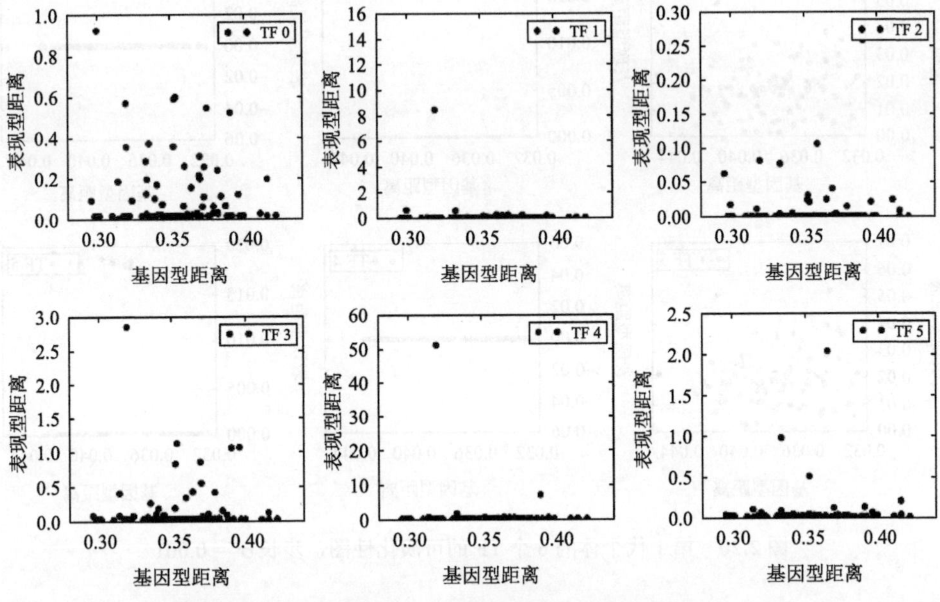

图 2.18　第 1 代个体的 6 个 TF 的可演化性图，步长 $\sigma = 0.1$

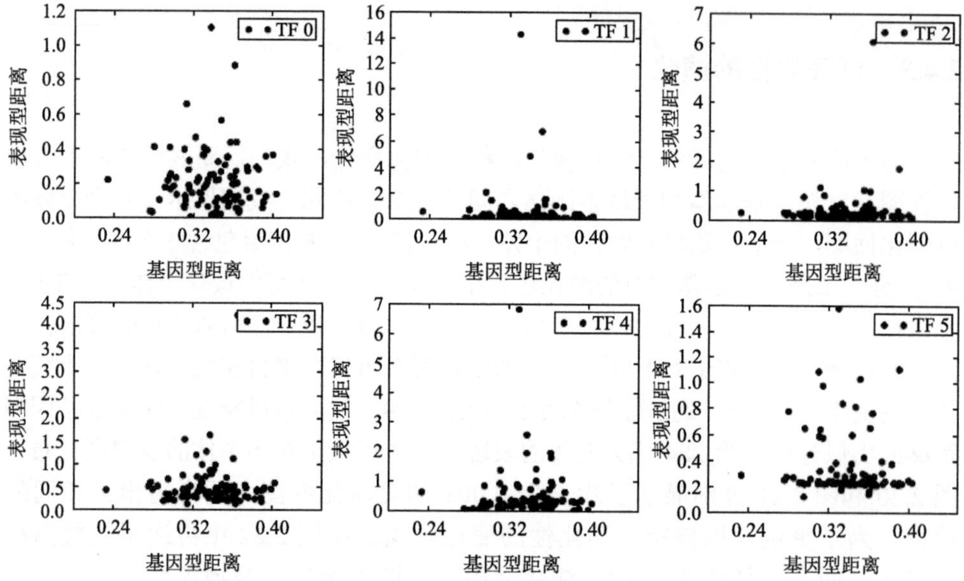

图 2.19 第 284 代最佳个体的 6 个 TF 的可演化性图，步长 $\sigma = 0.1$

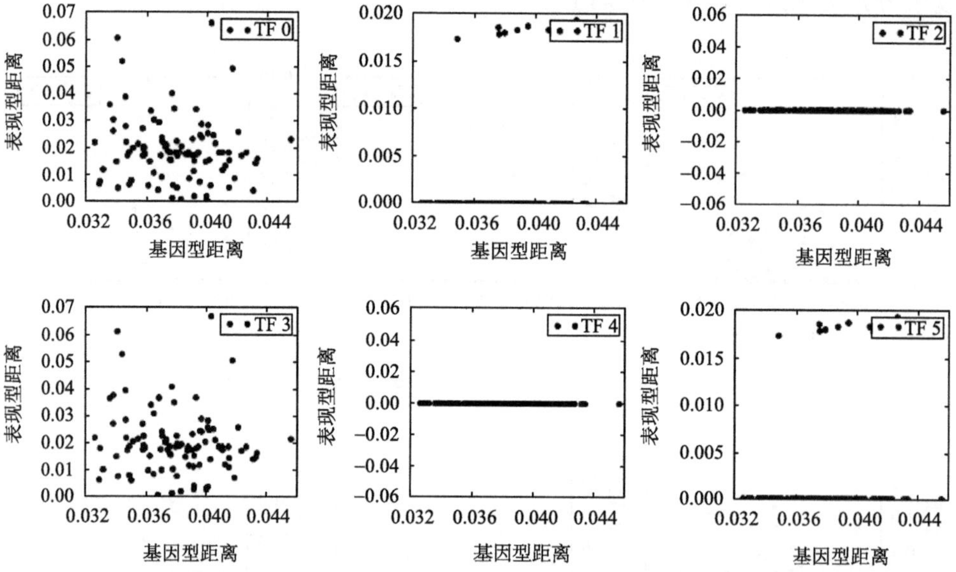

图 2.20 第 1 代个体的 6 个 TF 的可演化性图，步长 $\sigma = 0.001$

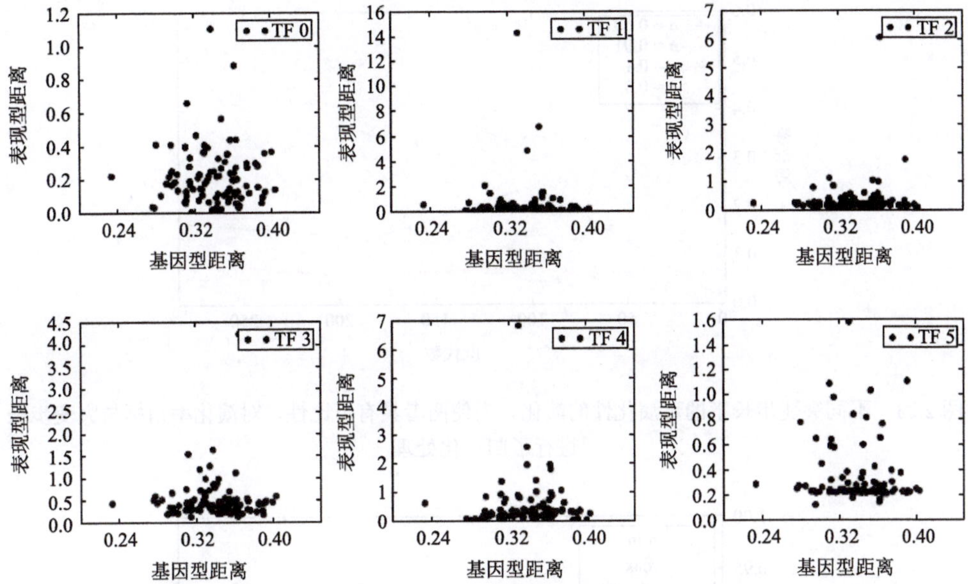

图 2.21　第 284 代最佳个体的 6 个 TF 的可演化性图，步长 $\sigma = 0.001$

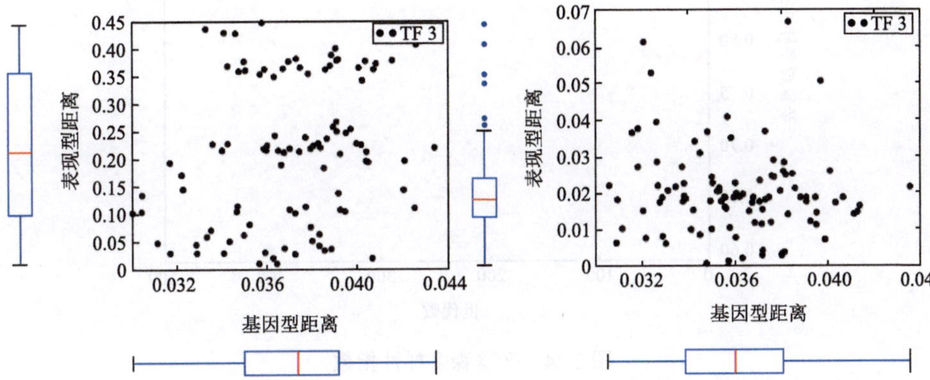

图 2.22　TF3 在第 1 代和第 284 代的可演化性图对比

这些发现非常有趣，因为它们可能表明，即使在没有对可演化性施加明确选择压力的情况下，也能观察到可演化性的演化。为了进一步验证这一假设，我们计算了第 1 代、第 100 代、第 200 代和第 284 代所有 TF 在不同突变步长下的可演化性，并将其绘制在图 2.23 中。需要注意的是，为了使结果具有可比性，演化率是根据所使用的突变步长进行了归一化处理。尽管存在一些例外情况，但总体而言，在所有这些设置中，都可以观察到可演化性随代次增加的趋势。辛普森多样性指数如图 2.24 所示。

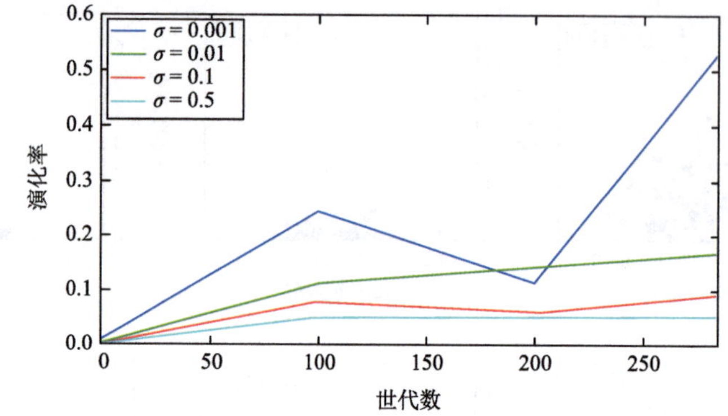

图 2.23　不同突变步长下的可演化性的演化。为使两者具有可比性，对演化率指标与突变步长进行了归一化处理

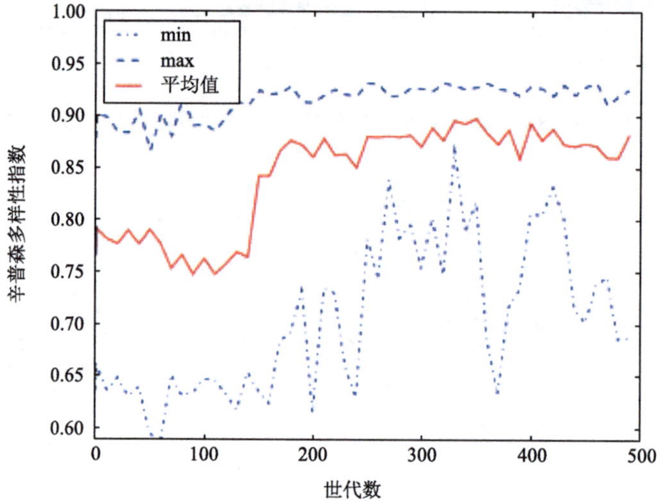

图 2.24　辛普森多样性指数

2.4.6　讨论

我们提出了一种与特定适合度函数无关的定量可演化性测量方法。该可演化性测量方法具有通用性，因为它适用于所有基于一组微分方程来模拟个体发育所依赖的基因调控网络的发育模型。我们提出了计算基因型距离和表现型距离的方法。根据大量个体突变体计算出的这些距离比率，基因型距离和表现型距离的四分位距（IQR）的乘积被用作个体可演化性的衡量标准。基于 IQR 的衡量标准能够同时考虑个体的创新能力和鲁棒性，而这两者对于可演化性而言至关重要。通

过这种可演化性度量方法，我们发现演化为极限环的发育系统的可演化性在稳步提高，这表明即使没有特定的选择压力，可演化性也能够自发演化。然而，基于 IQR 的可演化性度量存在一个弱点，即它无法区分突变体均匀分布在图的对角线上的情况与突变体均匀分布在整个图中的情况。在前一种情况下，中立度可能仍然不足，因为鲁棒性是可演化性的一个重要因素。因此，可以考虑其他测量方法，例如基于这里定义的基因型和表现型距离的辛普森多样性指数[163]。

2.5 总 结

本章讨论了生物基因调控网络的两个基本概念：鲁棒性和可演化性，以及二者之间的关系。我们分别演化了两种基因调控网络的鲁棒性和可演化性：一种是使用布尔网络表示的静态模型，即在基因型-表现型映射中不模拟发育过程；另一种是通过虚拟 DNA 模拟多细胞生长的动态基因调控网络。实证结果表明，静态基因调控网络在鲁棒性和可演化性之间存在显著的权衡，而使用常微分方程模拟的细胞生长基因调控网络则可以缓解这种权衡，这表明发育可塑性在生物系统新功能演化中的重要性。

第 3 章 基因调控动态特性的演化合成

3.1 引 言

基因调控网络在生物系统的演化与发育中扮演着核心角色。为了更深入地理解自然演化，探究基因调控网络的结构与动态至关重要。实现这一目标主要有两种方式。一方面，大量的基因表达微阵列数据的可获得性，使得使用数学方法重构特定功能的基因调控网络成为可能[174, 175]。在建立基因调控网络的数学模型时，面临两个主要挑战。首先，微阵列数据通常带有较大的噪声，并且这些数据可能是在不同实验室、不同条件下收集的。其次，模型的维度，即涉及的基因数量非常庞大，而实际数据记录的数量通常较为有限（少于 10 个）。另一方面，复杂的基因调控网络中常常存在少量子网络，这些子网络被称为网络模体。作为调控网络的基本构建模块，这些网络模体能够通过观察其结构与功能，帮助分析整个网络的动态。研究和分析这些调控模体已被证明有助于在系统生物学中理解复杂生物网络的功能[70, 156]。

尽管大多数研究集中在分析网络模体的动态上，本章的重点是探讨在计算机模拟（in silico）环境中，是否可以演化出具有给定网络模体结构的预期动态，或者从简单网络模体演化出更复杂的调控动态。为此，我们采用演化算法来优化模体的参数、给定数量基因节点之间的调控关系或不同模体之间的连通性。尽管从直观上看，演化出给定模体的预期动态似乎很直接，但实际上，演化出特定的动态（如未受阻尼的振荡，即极限环）并非易事。此外，虽然能够演化出有限范围的振荡周期，但一旦产生未受阻尼振荡，演化出的调控动态对于网络模体参数的扰动具有较强的鲁棒性，尽管这可能取决于初始条件。

现有文献中已有多种关于计算机模拟演化基因调控网络动态的研究。双稳态开关和振荡器的演化通常基于若干预定义的基本生化反应[176]，其中适合度函数是基于实际输出与半周期期望振幅 A_1 和整周期期望振幅 A_2 之间的差异。然而，有学者指出，Francois 和 Hakim[176]的研究结果在复现时存在困难，这表明持续振荡的成功演化对实验设置非常敏感[177]。为了应对此问题，文献[177]提出了一种基于相关性的适合度函数，但尚未明确这种方法是否能够更容易演化出振荡器。同样，Paladugu 等提出了两种不同的适合度函数来演化振荡[178]，其中一种方法与 Francois 和 Hakim 的研究一致，另一种则基于生成霍普夫（Hopf）分岔的条件。

Knabe 等[179]使用 Biosys 模型[180]来演化振荡动态。在成功演化给定模体的调控动力学之后，下一步是通过耦合单个模体（如自主调控、前馈回路和反馈回路）来生成更复杂的调控结构[156]。基本调控模体的耦合在自然演化中创造更复杂且稳健的行为方面至关重要。例如，文献[181]表明，正反馈回路对于生成多稳定性是必不可少的。同样，一致耦合的反馈回路被证明可以增强布尔网络中对状态扰动的鲁棒性[182]。此外，具有更多正反馈回路和较少负反馈回路的网络被发现可能更为稳健[183]。正负反馈回路的相互连接可以实现更广范围且灵活调节频率的振荡动力学，并且其振幅几乎保持恒定[184]。最后，顺式调控逻辑在调控动力学和基因调控网络的功能中扮演着关键角色[185]。这些网络由竞争性结合的激活因子和抑制因子组成，能够更鲁棒地进行控制。

本章展示如何利用演化算法来演化典型的基因调控动力学[85]。我们首先演化给定基因模体的参数，以产生双稳态和振荡等预期的调控动态。其次，我们演化调控关系（激活或抑制）和调控逻辑（不同调控关系的组合方式），以生成稳健的振荡动态。最后，我们检验演化算法是否能够通过耦合基本模体来演化出更复杂的调控动态，从而验证了通过修饰基本调控模体可以演化出复杂行为的假设[186]。

3.2　基因开关和振荡器的演化参数

3.2.1　计算模型

基因表达可以简化为两个主要步骤：转录和翻译。在转录过程中，DNA 被转录为 mRNA；在翻译过程中，蛋白质由 mRNA 合成。结构基因是否被表达（激活）或抑制，取决于调控网络中一系列相互作用的结果。

当一个基因的表达能够被它自身产生的蛋白质调控（激活或抑制），这种现象称为自（主）调控。带有自调控的基因表达可以用以下数学模型进行描述：

$$\frac{\mathrm{d}[R]}{\mathrm{d}t}=-\gamma_R[R]+\alpha_R H([P]) \tag{3.1}$$

$$\frac{\mathrm{d}[P]}{\mathrm{d}t}=-\gamma_P[P]+\alpha_P[R] \tag{3.2}$$

其中，$[R]$和$[P]$分别是 mRNA 和蛋白质的浓度，γ_R和γ_P分别是 mRNA 和蛋白质的衰减速率，α_R和α_P分别是 mRNA 和蛋白质的合成率，$H(X)$是希尔函数。如果自调控是抑制性的，也被称为负向自调控，希尔函数可以表示为

$$H_r(x)=\frac{\beta}{\theta^n+x^n} \tag{3.3}$$

如果自调控是激励性的，则希尔函数可以写成

$$H_a(x)=\frac{\beta x^n}{\theta^n+x^n} \tag{3.4}$$

式中 β 为激活系数，θ 为阈值，n 为希尔系数。

本章将研究三种网络模体：正向自调控（PAR）、带有正向自调控的拨动开关和松弛振荡器，它们分别如图 3.1（a）～（c）所示。

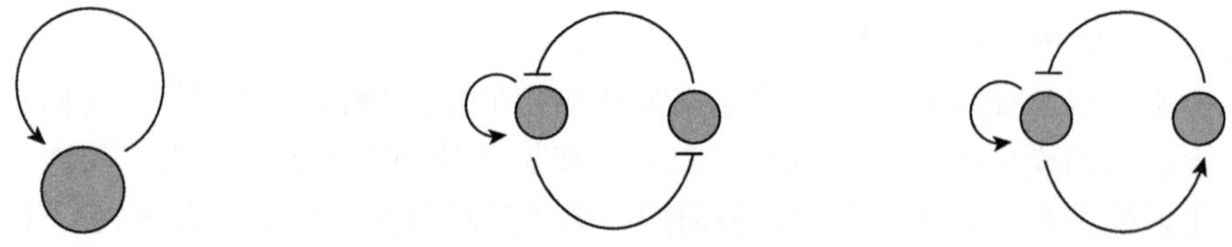

(a) 正向自调控（PAR）　(b) 带有正向自调控（PAR）的拨动开关　(c) 松弛振荡器

图 3.1　三种常见的调控模体

为便于理解，我们再次提供这三种模体的数学模型。首先，正向自调控（PAR）的数学模型可表示为

$$\dot{x}_1=-a_{11}x_1+a_{12}H_a(x_2) \tag{3.5}$$

$$\dot{x}_2=a_{21}x_1-a_{22}x_2 \tag{3.6}$$

其中，x_1 是 mRNA 的浓度，x_2 是蛋白质的浓度。

将多个调控输入组合到特定基因的启动子上有多种方法，这会导致数学模型的形式略有不同。有研究[156]建议使用逻辑函数，如逻辑与（AND）或逻辑或（OR）来组合多个调控输入。在这里，我们假设调控输入是加性的。在这种情况下，带有正向自调控（PAR）的拨动开关的动态可表示为

$$\dot{x}_1=-a_{11}x_1+a_{12}H_a(x_2) \tag{3.7}$$

$$\dot{x}_2=a_{21}x_1-a_{22}x_2+a_{23}H_r(x_3) \tag{3.8}$$

$$\dot{x}_3=a_{32}H_r(x_2)-a_{33}x_3 \tag{3.9}$$

其中 x_1 代表 mRNA 的浓度，x_2、x_3 代表两种蛋白质的浓度。

此外，振荡模体可以被描述为

$$\dot{x}_1=-a_{11}x_1+a_{12}H_a(x_2) \tag{3.10}$$

$$\dot{x}_2=a_{21}x_1-a_{22}x_2+a_{23}H_r(x_3) \tag{3.11}$$

$$\dot{x}_3=a_{32}H_a(x_2)-a_{33}x_3 \tag{3.12}$$

与拨动开关类似，x_1 表示 mRNA 的浓度，x_2、x_3 表示两种蛋白质的浓度。

3.2.2　基因调控动态特性的综合演化

1. 参数优化的演化策略

演化策略在优化实值参数方面非常有效。因此，我们采用了一种典型的演化策略来优化期望的动态行为，因为调控模体的结构是给定的，仅参数在演化。在典型的演化策略中，通过向决策变量（基因调控网络模型中的参数）添加一个服从 $N(0,\sigma_i^2)$ 特定分布的随机数来进行变异。步长 σ_i 也被编码在基因型中，并同样会发生变异。所采用的演化策略可描述如下：

$$\boldsymbol{x}(t)=\boldsymbol{x}(t-1)+\tilde{z} \tag{3.13}$$

$$\sigma_i(t)=\sigma_i(t-1)\exp(\tau' z)\exp(\tau z_i);i=1,\cdots,n \tag{3.14}$$

式中，$\boldsymbol{x}$ 是一个需要被演化的 n 维决策向量，$\tilde{z}$ 是一个与 $\boldsymbol{x}$ 同维度的随机数向量，其中 $\tilde{z}\sim N(0;s(t)^2)$ 表示均值为 0，方差为 $s(t)^2$ 的正态分布。z 和 z_i 是服从正态分布的随机数。参数 t 、t_0 和 s_i 被称为策略参数，其中 s_i 根据方程（3.14）进行变异，而 t 、t_0 是如下定义的常数：

$$\tau=\left(\sqrt{2\sqrt{n}}\right)^{-1};\ \tau'=\left(\sqrt{2n}\right)^{-1} \tag{3.15}$$

在本书研究中，采用了 (μ,λ)-ES 选择策略。在演化过程中，所有参数都被编码到基因组中，并受到演化的影响。这些参数包括 PAR 模型中的四个衰减和合成速率及切换和振荡模型中的七个速率，还有激活系数（β）、阈值（θ）和希尔系数（n）。实验中采用了(50, 300)-ES。所有待演化的参数都在 0～4 随机初始化。根据参数的物理意义，设置下限为 0，但未设置上限。初始步长设为 0.1。在所有模拟中，每种情况运行 1000 代。

2. 适合度定义

为了演化 PAR 的双稳态动力学，调控模型的初始状态在 0～4 的范围内随机设置。PAR 的蛋白质浓度 x_2 的目标函数如下：

$$x_2^d(\infty)=\begin{cases}0, & x_2(0)<2;\\ 4, & x_2(0)\geqslant 2;\end{cases} \tag{3.16}$$

拨动开关模体的初始状态也同样设置在 0～4 的范围，并且蛋白质浓度 x_3 的目标函数与方程（3.16）定义类似。

在演化振荡中，x_3 的目标函数由正弦函数定义如下：

$$x_3^d(t)=\sin(2\pi t/T)+1.0 \tag{3.17}$$

其中，t 是时间点，T 是期望振荡的周期。

振荡的演化并非易事。正如文献[177]中所指出的，当网络的结构和参数同时演化时，获得期望的调控动态的成功率非常低。即便在本实验中，网络模体的结构是预先定义的，成功演化出极限环依然面临挑战。我们将在讨论实验结果时进一步探讨这一问题。

3. 双稳态演化

图 3.2 中显示了 PAR 双稳态演化中的平均适合度（虚线）和最佳适合度（实线）。演化优化完成后，我们使用 50 个随机初始化状态来验证基因系统的调控动态。图 3.3（a）绘制了 x_1 和 x_2 的状态空间轨迹，图 3.3（b）显示了状态 x_2 随时间的变化。结果表明，演化获得的双稳态行为对初始状态的变化不敏感。

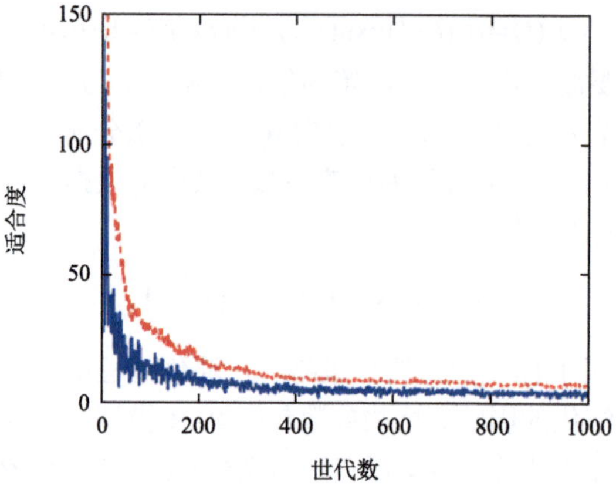

图 3.2　在演化正向自调控中的双稳态过程中的平均适合度和最佳适合度

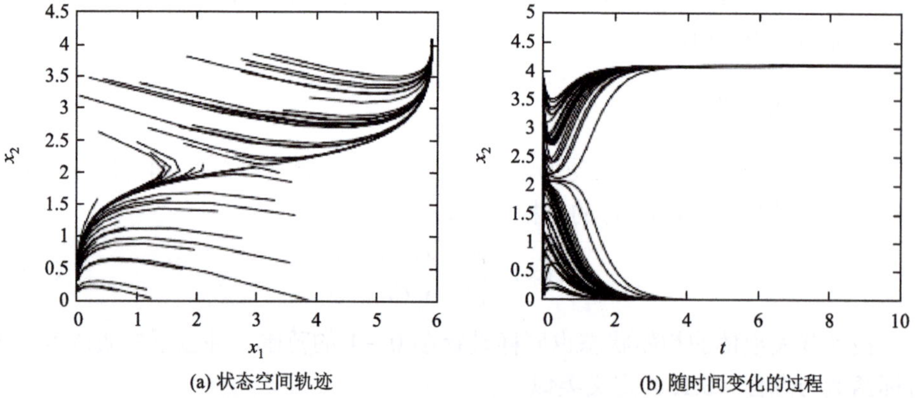

图 3.3　正向自调控在不同初始状态下的动态演化表现

此外，所有测试运行中，双稳态的演化都取得了成功。在演化正向自调控的拨动开关中获得了类似的结果。其状态空间轨迹和时间过程分别如图 3.4（a）和（b）所示。

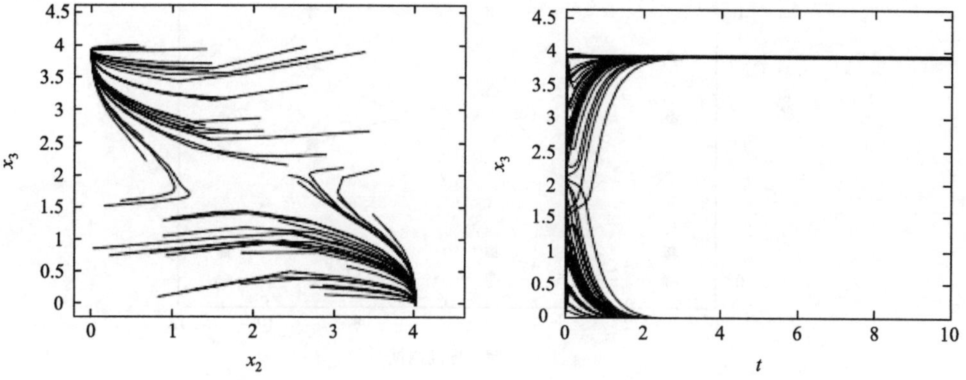

(a) 状态空间轨迹　　(b) 随时间变化的过程

图 3.4　演化获得的带 PAR 的拨动开关在不同初始状态下的动力学特性

3.2.3　可持续基因振荡的可演化性

在初始实验中，演化策略在 10 次独立运行中成功实现了一个极限环。随后，我们检查了 6 种不同的期望振荡周期 T 和 4 种不同编码方案下希尔系数 n 的成功率：

$$n = N \times g_n \tag{3.18}$$

其中，g_n 是编码染色体中希尔系数的基因，$N \geqslant 1$ 是调整该基因编码范围的常数。显然，如果 $N = \infty$，则希尔函数将变成阶跃函数，不管 g_n 如何变化。我们在实验中，进行了 $N = 1, 5, 10$ 和∞的模拟。不同 N 值的成功率如图 3.5 所示，其中“0”表示在 10 次独立运行中未能成功，而“1”表示在所有 10 次运行中成功演化出稳定振荡。值得注意的是，在许多不成功的运行中，状态（x_3）确实发生振荡，但最终变得渐近稳定，例如在图 3.6 中。在这种情况下，我们不将其视为成功运行。

从图 3.5 可以看出，希尔系数越大，通过演化获得无衰减振荡的难度越小。当希尔函数变为阶跃函数（$n = \infty$）时，振荡周期为 3～9 的期望振荡成功率达到了 100%。然而，我们发现演化策略（ES）在获得更大的 n 以促进持续振荡方面存在困难，尽管在演化过程中未设定希尔系数 n 的上限。这个问题可能归因于本研究中所使用的适合度函数。与演化开关动态不同，较低的适合度值并不总是能导致稳定的振荡。

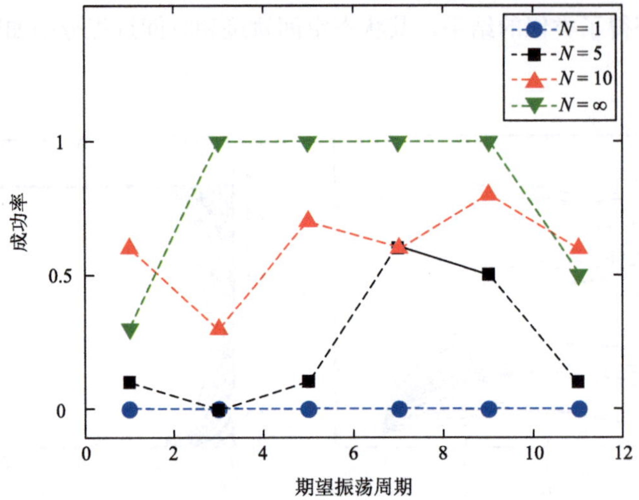

图 3.5　不同 T 和 N 下演化稳定振荡的成功率

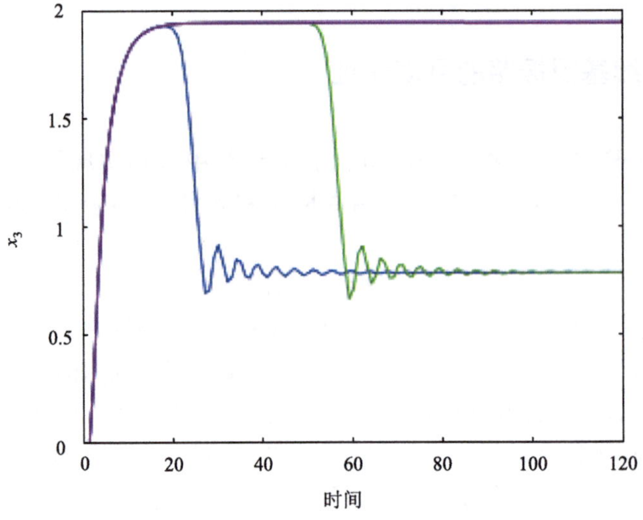

图 3.6　$N = 5$，$T = 7$ 时的演化阻尼振荡

对于成功演化获得的振荡器，在演化优化完成后，我们首先验证振荡动态对不同初始状态的鲁棒性。对两个独立运行中演化获得的振荡器（$N = 10$ 和期望振荡周期 $T = 5$）进行了 5 个不同初始状态的测试。尽管演化获得的调控动态看起来相似，但它们在初始状态 $x_1(0) = 1.0$，2.0，3.0，4.0，5.0 时的行为不同，如图 3.7（a）中，所有 5 个初始状态均导致稳定

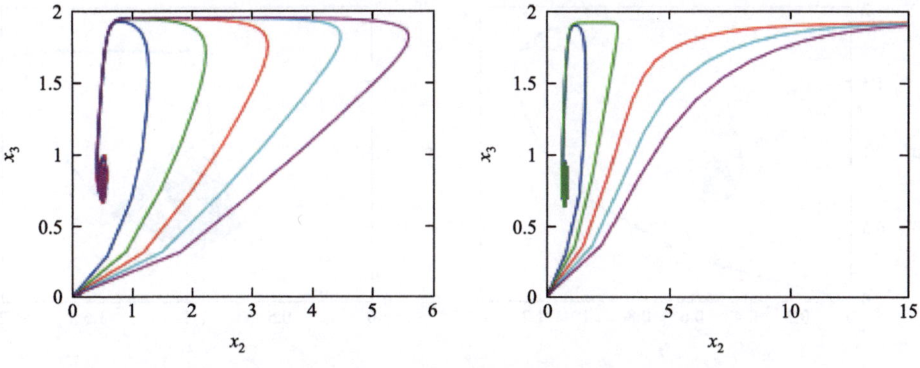

图 3.7　在两次独立运行中演化获得的两个振荡器（期望振荡周期 $T=5$，$N=10$）

（a）演化获得的振荡器对所有 5 个初始状态均显示出无衰减的振荡行为，（b）振荡器仅在 2 个初始状态下显示出极限环

的振荡，而在图 3.7（b）中，5 个初始状态中只有 2 个通过演化成功获得了稳定振荡的调控动态。

接下来，我们研究演化获得的振荡器是否能够接近期望的振荡周期。对于两个振荡器，期望振荡周期分别为 $T=5$（$N=10$）和 $T=9$（$N=\infty$），它们的 x_3 随时间变化的过程分别如图 3.8（a）和（b）所示。从图中可以看出，演化获得的振荡与期望的振荡周期大致相同。这两个振荡器的状态空间轨迹分别绘制在图 3.9（a）和（b）中。

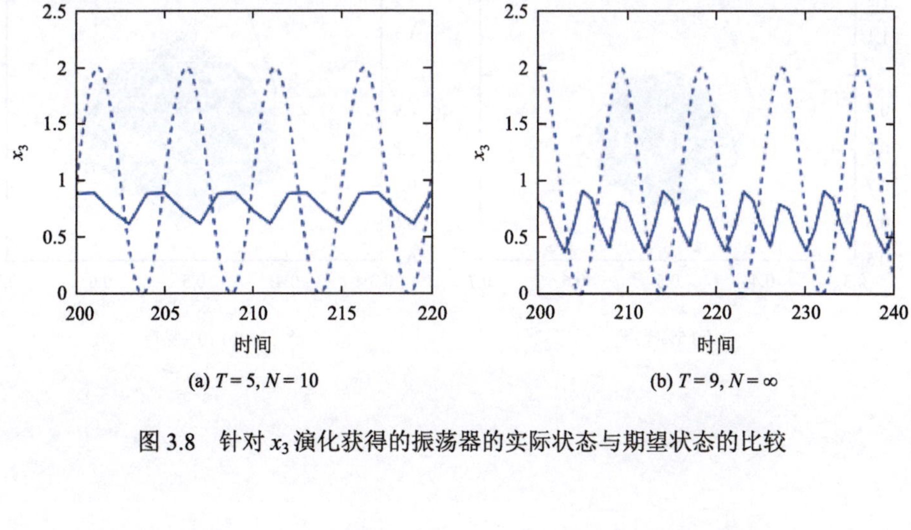

(a) $T=5, N=10$　　(b) $T=9, N=\infty$

图 3.8　针对 x_3 演化获得的振荡器的实际状态与期望状态的比较

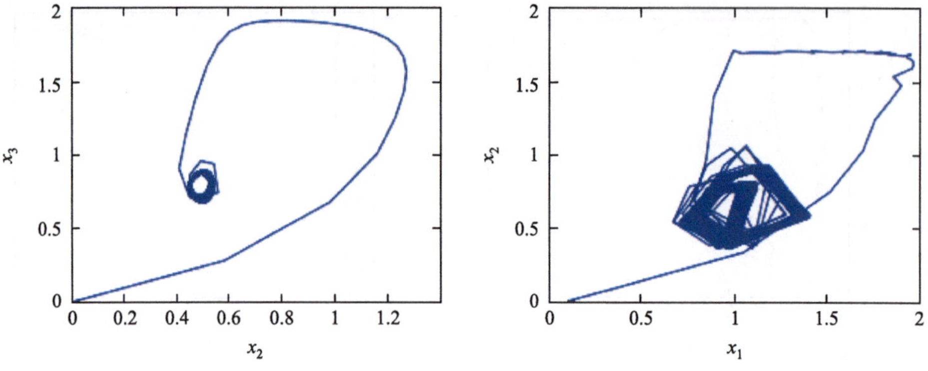

(a) $N=10, T=5$　　(b) $N=\infty, T=9$

图 3.9　演化获得的振荡器的振荡动态

在本节中，我们比较了演化振荡器对希尔系数参数扰动的鲁棒性。演化结束后，我们将不同幅度的噪声（5%～20%）添加到振荡器的参数中，其中一个希尔系数为 $n=10.7$，另一个希尔系数为 $n=\infty$。在存在参数噪声的情况下，两个振荡器的状态空间动态分别如图 3.10（$n=10.7$）和图 3.11（$n=\infty$）所示，而 x_3 随时间变化的过程分别在图 3.12 和图 3.13 中显示。从这些结果可以得出结论：演化振荡器在参数扰动下表现出一定的鲁棒性。然而，希尔系数为无穷大的振荡器比希尔系数较小的振荡器显示出更强的鲁棒性。

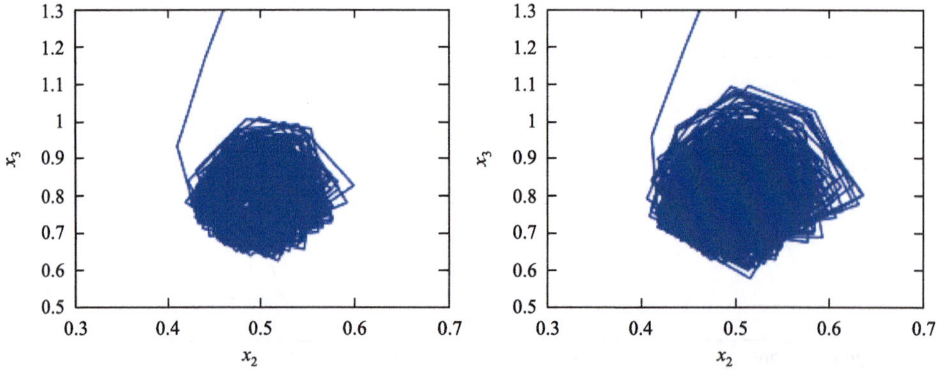

(a) 5%噪声　　(b) 10%噪声

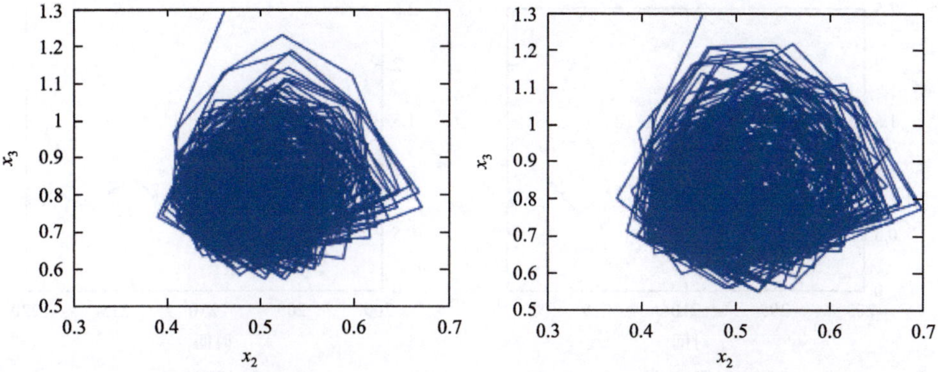

(c) 15%噪声 (d) 20%噪声

图 3.10 演化振荡器的参数（$n = 10.7$）在不同噪声水平下受到干扰时的振荡动态

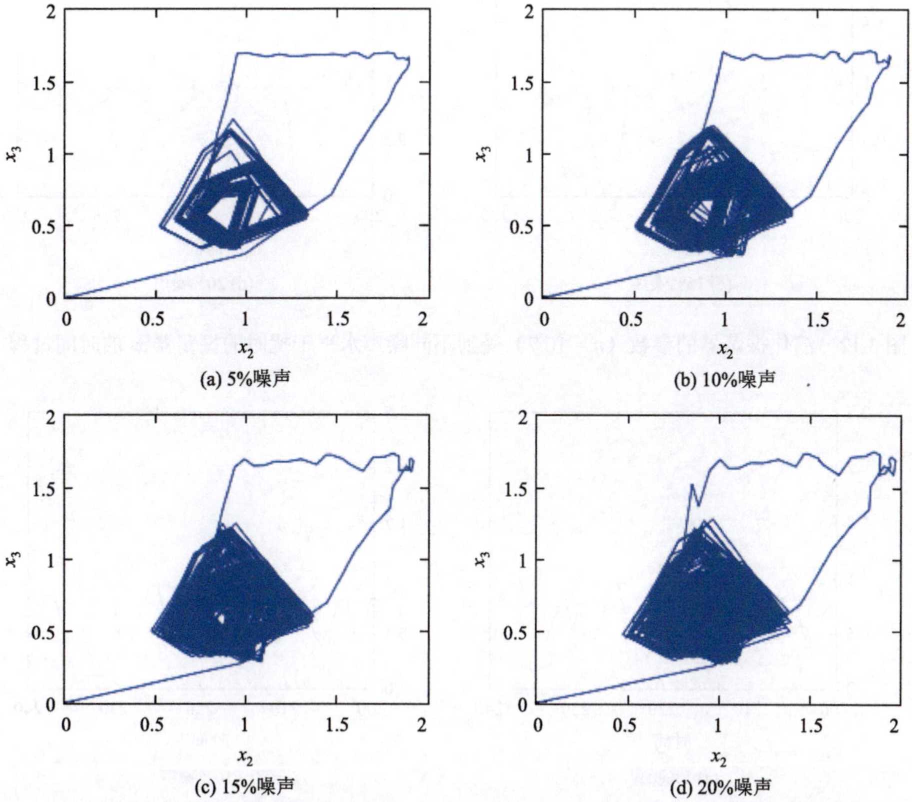

(a) 5%噪声 (b) 10%噪声

(c) 15%噪声 (d) 20%噪声

图 3.11 演化振荡器的参数（$n = \infty$）受到不同噪声水平干扰时的振荡动态

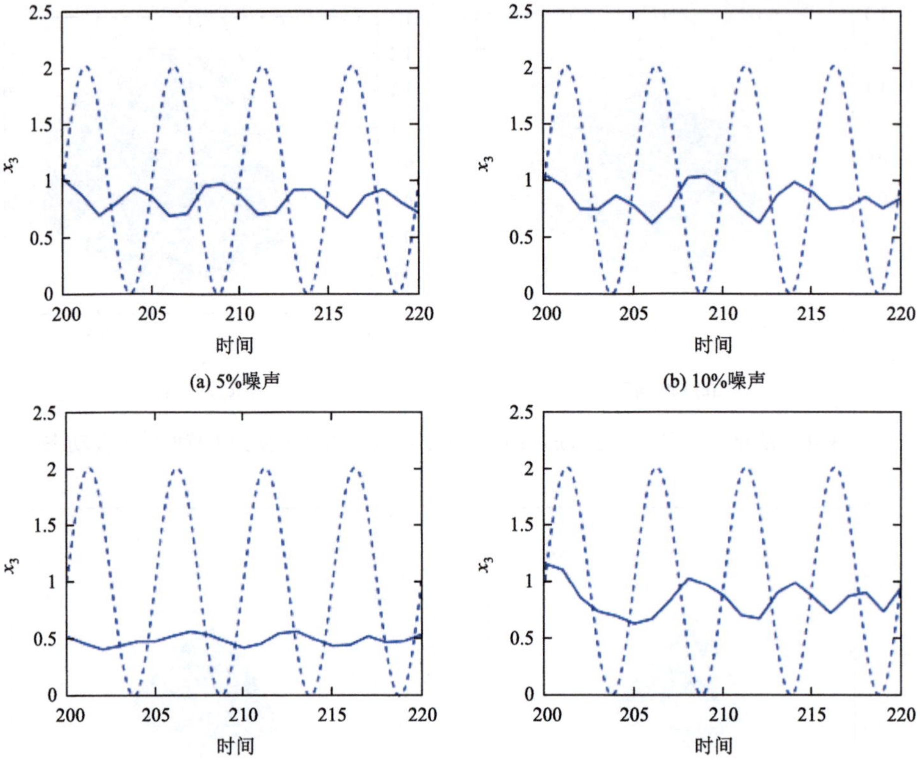

(a) 5%噪声　(b) 10%噪声　(c) 15%噪声　(d) 20%噪声

图 3.12　演化振荡器的参数（$n = 10.7$）受到不同噪声水平干扰时的振荡器 x_3 的时间过程

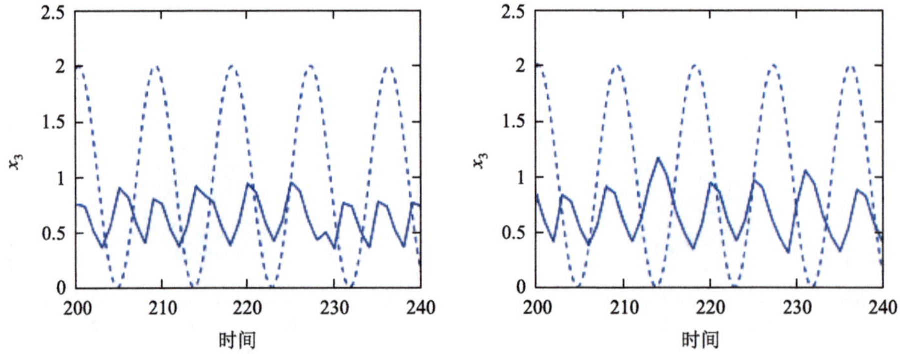

(a) 5%噪声　(b) 10%噪声

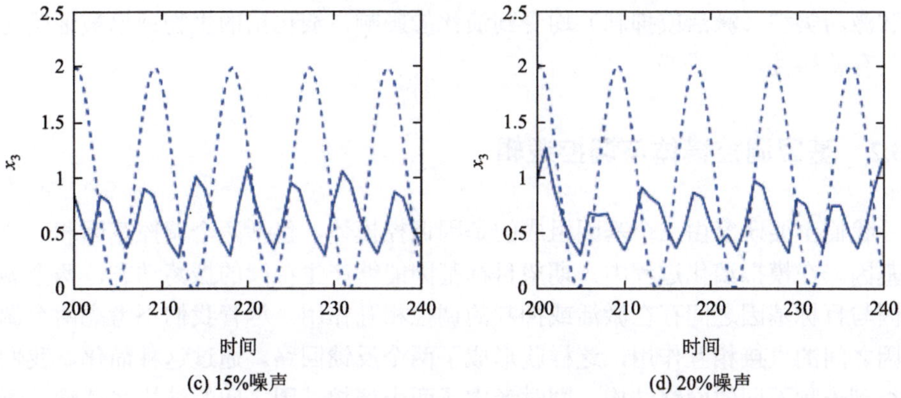

图 3.13　演化振荡器的参数（$n=\infty$）受到不同噪声水平干扰时的振荡器 x_3 的时间过程

在本节中，我们通过模拟研究了启动子调控逻辑及反馈回路耦合在演化振荡动态中的作用。研究分为两个阶段。第一阶段，我们分析了两个给定的调控模体的结构对参数扰动和初始状态变化的鲁棒性。第二阶段，我们演化了一些调控模体的组成部分及其调控逻辑。结果表明，鲁棒的模体在没有施加明确的鲁棒性选择压力的情况下，自发地从模拟演化中出现，这表明对参数和调控动态扰动的鲁棒性是一种演化的涌现特性，这与其他研究的发现[187]一致。

3.3　调控逻辑的演化

3.3.1　概述

在前面的章节中，我们展示了演化算法如何通过演化给定结构的模体参数来塑造典型的调控动态。在本节中，我们将重点关注演化基因组内启动子调控逻辑，这一逻辑在基因调控网络的动态和功能中起着重要作用。Yuh 等对海胆发育中基因的启动子调控逻辑进行了实验分析[188]。他们的研究表明，基因网络中由竞争性结合的激活因子和抑制因子组成的网络能够更稳健地进行调控。

除了对网络模体的分析，通过模拟合成典型的调控动态，我们还可以洞察自然如何塑造调控模体的演化。Francois 和 Hakim[176]利用一些预定义的基本生化反应演化出双稳态和振荡动态，并采用调控模型输出与半整数和整数周期处的期望幅度之间的差异作为适合度函数。Paladugu 等[178]则使用基于霍普夫分岔条件的适合度函数，以更容易地演化出持续振荡。此外，在另一项研究[189]中利用基因调控网络演化生物钟，以应对周期性环境刺激。在该研究中，每个基因的调控单元数量和激活类型（激活或抑制）均受到演化的影响，演化出的生物钟已被证明对扰动具有鲁棒性。

3.3.2 基因调控模体与调控逻辑

我们主要研究由三个基因组成的基因调控模体，包括两个调控基因和一个目标基因。在模拟演化过程中，期望目标基因能够产生持续的振荡动态。两个调控基因与目标基因之间存在激活或抑制的调控相互作用，尽管我们不考虑两个调控基因之间的直接相互作用，这样就形成了两个反馈回路。通过这种简化，我们可以得到十种不同的网络结构，同时考虑了两个调控基因之间的结构对称性。每个模体都有两个反馈回路：一个是正反馈回路，另一个是负反馈回路。进一步的简化是，其中一个调控基因与目标基因之间的调控关系是固定的。因此，我们可以形成四种不同的基因调控模体，如图 3.14 所示。

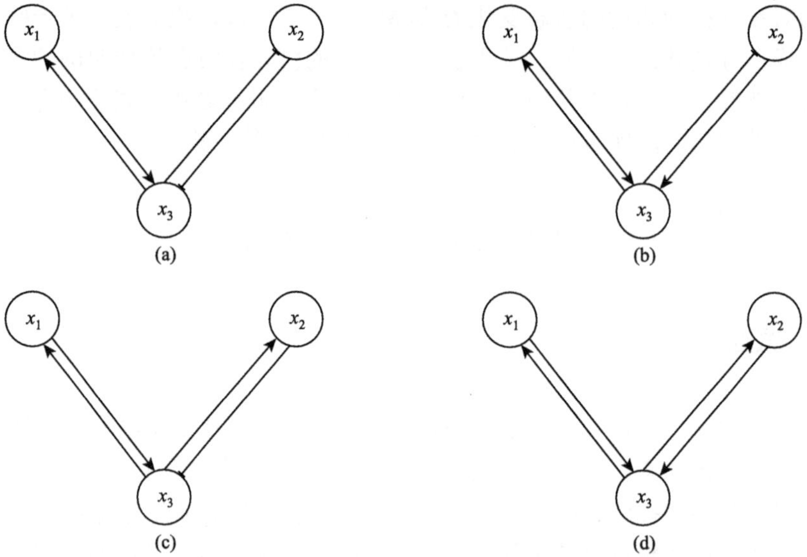

图 3.14 四种基因调控模体。在模体（b）和（d）中，目标基因受到一致的调控，而在模体（a）和（c）中，目标基因受到不一致的调控

在图 3.14（b）和图 3.14（d）中，目标基因始终由两个激活的调控基因调控，这类模体被称为持续调控模体（CRM）。相较之下，在图 3.14（a）和图 3.14（c）中，目标基因的调控是不一致的，被称为非持续调控模体（IRM）。此外，在图 3.14（a）和图 3.14（d）中，两个正反馈回路是耦合在一起的，而在图 3.14（b）

和图 3.14（c）中，一个正反馈回路与一个负反馈回路交织在一起。

在这里，基因调控模体的动态使用一组微分方程描述。例如，图 3.14（b）中持续调控模体（CRM）的调控动态可以通过以下常微分方程（ODEs）来描述：

$$\dot{x}_1 = a_{13}H_{13}(x_3) - a_{11}x_1 \tag{3.19}$$

$$\dot{x}_2 = a_{23}H_{23}(x_3) - a_{22}x_2 \tag{3.20}$$

$$\dot{x}_3 = a_3L(H_{31}(x_1), H_{32}(x_2)) - a_{33}x_3 \tag{3.21}$$

其中，x_1 和 x_2 是调控基因的蛋白质浓度，x_3 是目标基因的蛋白质浓度，a_{11}、a_{22} 和 a_{33} 是蛋白质的衰减速率，a_{13}、a_{23} 和 a_3 是代表基因-蛋白质相互作用强度的参数。持续调控模体（CRM）由三个激活调控和一个抑制调控组成，通过不同的希尔函数进行区分。激活的希尔函数，例如 H_{13}，可以描述如下：

$$H_{13}(x_3) = \frac{\beta x_3^n}{\theta_1^n + x_3^n} \tag{3.22}$$

相比之下，抑制的希尔函数，例如 H_{23}，可以表示为

$$H_{23}(x_3) = \frac{\beta}{1 + (x_3/\theta_2)^n} \tag{3.23}$$

在式(3.21)中，H_{31} 和 H_{32} 都是类似于 H_{13} 的激活希尔函数，而 $L(H_{31}(x_1); H_{32}(x_2))$ 是一个逻辑函数，将两个调控基因的调控活性结合起来。其他调控模体的动态可以通过根据模体中的耦合结构改变希尔函数的类型来类似地描述。例如，在图 3.14（c）中的非持续调控模体中，H_{23} 应该是激活的，而 H_{32} 应该是抑制的。

一个假设是，各种转录因子独立地结合到目标基因的结合位点上。我们接下来考虑了两种情况。第一，需要两种转录因子来激活目标基因的表达；第二，两个调控基因中的任意一个都足以激活目标基因的表达。在第一种情况下，我们使用模糊逻辑的“与（AND）”运算——Zadeh 的“与（AND）”运算或概率的“与（AND）”运算[190]来描述：

$$\text{Zadeh的“与”运算}: L(x,y) = \min(x,y) \tag{3.24}$$

$$\text{概率的“与”运算}：L(x,y) = xy \tag{3.25}$$

对于第二种情况，采用了以下 Zadeh 的“或(OR)”运算或概率的“或(OR)”运算：

$$\text{Zadeh的“或”运算}: L(x,y) = \max(x,y) \tag{3.26}$$

$$\text{概率的“或”运算}：L(x,y) = x + y - xy \tag{3.27}$$

此外，我们还考虑了用逻辑函数进行求和运算的情况，它可以看作是概率“与”和概率“或”的组合：

$$\text{组合运算}：L(x,y) = \frac{1}{2}(x+y) \tag{3.28}$$

3.3.3 调控模体的演化

与前一节类似，我们采用经典的演化策略（ES）来演化调控模体中的参数，并使用混合演化算法来演化模体的结构、调控逻辑和参数。

1. 基因表示与变异

在第一阶段中，我们使用具有单个全局步长的 ES 作为自适应策略参数，演化了具有预定义调控逻辑和调控结构的两个模体的参数[4]。在 ES 中，每个个体的基因组由两条染色体组成。第一条染色体包含12个实值位点，包括3个代表蛋白质-蛋白质相互作用强度的参数、3个衰减参数、4个用于希尔函数的调节阈值、1个用于最大基因表达水平的参数，以及1个希尔系数的参数。第二条染色体则只有一个位点，即策略参数。

在第二阶段演化模体的结构和调控逻辑时，除了第一阶段使用的两个实值染色体外，每个基因组还增加了一个二进制染色体。该二进制染色体由两个位点组成，这两个位点分别代表模体中调控基因 2 与目标基因之间的相互作用，以及编码两个调控基因活动的调控逻辑。在两个阶段使用的表示方案如图 3.15（a）和（b）所示。在图 3.15（b）和（c）中，c_{23} 表示从目标基因（g_3）到调控基因 1（g_1）的激活（$c_{23}=1$）或抑制（$c_{23}=0$）的调控相互作用。类似地，c_{32} 表示从调控基因（g_2）到目标基因（g_3）的激活或抑制调控。如果 c_{23} 和 c_{32} 都是激活的，或者都是抑制的，则 g_2 和 g_3 形成正反馈回路。否则，g_2 和 g_3 形成负反馈回路。

用于编码调控逻辑的两个二进制位（l_1; l_2）可以解码成一个介于 0 和 3 之间的整数，该整数代表 Zadeh 的“与”逻辑（0）、概率的“与”逻辑（1）、概率的“或”逻辑（2）和求和逻辑（3）。这个表示中排除了 Zadeh 的“或”逻辑，因为我们在第一阶段从未成功演化出任何持续振荡。

在第一阶段演化基因调控网络模型中的实值参数时，采用了高斯突变和离散重组进行基因变异。在第二阶段，对编码调控逻辑和调控基因 2 与目标基因之间相互作用的二进制染色体应用了交叉和位翻转突变。

a_{11}	a_{22}	a_{33}	a_{13}	a_{23}	a_3	β	θ_1	θ_2	θ_3	θ_4	n

σ

(a) 仅参数的演化

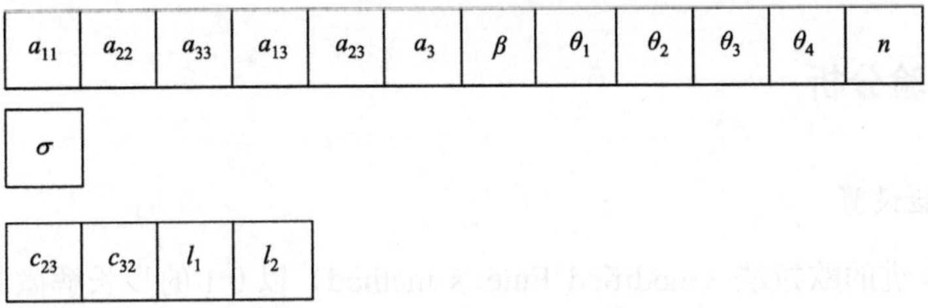

(b) 调控逻辑、基因之间的相互作用及参数的演化

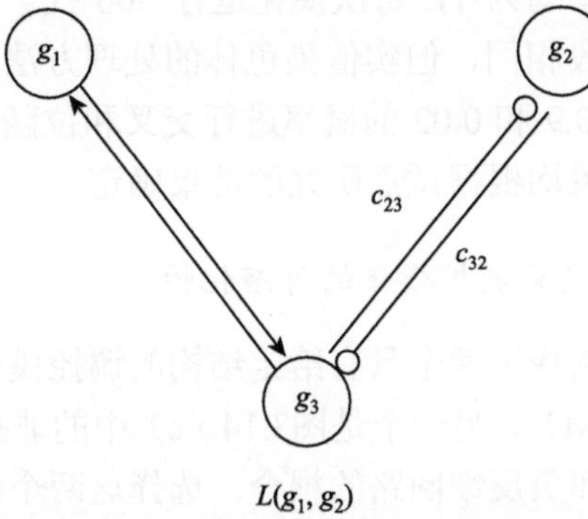

(c) 一个通用的调控模体，其调控基因2与目标基因之间的相互作用在演化中确定

图 3.15　基于基因调控网络的持续振荡的计算演化的基因表示

2. 适合度函数和选择策略

为了演化极限环（持续振荡），采用正弦函数来定义目标基因的期望状态：

$$x_3^d(t) = \sin(2\pi t / T) + 1.0 \tag{3.29}$$

其中，x_3^d 表示目标基因的蛋白质浓度的期望状态，T 表示极限环的期望周期，振幅任意设置为 1.0。采用以下适合度函数来最小化目标基因（x_3）的实际状态与期望状态之间的差异：

$$f = \sum_{t=0}^{N} (x_3(t) - x_3^d(t))^2 \tag{3.30}$$

其中，N 是在求解调控模体动态过程中模拟的时间步数。

对于演化策略，通常不建议使用精英策略，以避免陷入局部最优解。然而，研究发现，精英策略实际上可以有效改善演化基因模体振荡动力学的收敛性能。因此，在接下来的所有模拟中，我们都采用了精英策略。

3.3.4 实验分析

1. 实验设置

使用改进的欧拉法（modified Euler's method）以 0.1 的步长解微分方程。在模拟中，所有调控参数随机初始化为 0～4，初始的演化策略（ES）步长设置为 0.5。父代和子代种群的大小分别为 60 和 400。在第一阶段的参数优化中，应用高斯变异和离散重组，概率均为 1，每次演化运行 500 代。在第二阶段，结构和参数优化的参数与第一阶段相同，但实值染色体的处理方法有所改变，交叉和位翻转突变的概率分别设为 0.9 和 0.02 的概率进行交叉和位翻转突变。每次演化也运行 500 代。所有上述设置均根据试点研究的结果确定。

2. 通过参数优化预定义调控模体的可演化性

在第一阶段，我们选择了两个具有给定结构的调控模体：一个是图3.14（b）中的持续调控模体（CRM），另一个是图3.14（c）中的非持续调控模体（IRM），两者都具有正反馈回路和负反馈回路的耦合。选择这两个模体的主要原因是有研究表明，负反馈回路与正反馈回路的结合能够产生更鲁棒和灵活的振荡。对于这两个模体，我们考虑了在方程（3.24）～方程（3.28）中描述的5种不同的逻辑操作，因此总共有10种不同的模体。

为了评估这两种不同模体的可演化性，我们尝试演化不同期望周期的持续振荡，即 $T=\{1,2\cdots,12\}$。对于每个期望周期，进行 10 次独立运行，然后计算成功演化出持续振荡的运行次数。如果在 400 个时间步内振荡幅度的变化小于 1%，则认为持续振荡的演化成功。持续调控模体（CRM）和非持续调控模体（IRM）的演化结果分别如图 3.16 和图 3.17 所示。

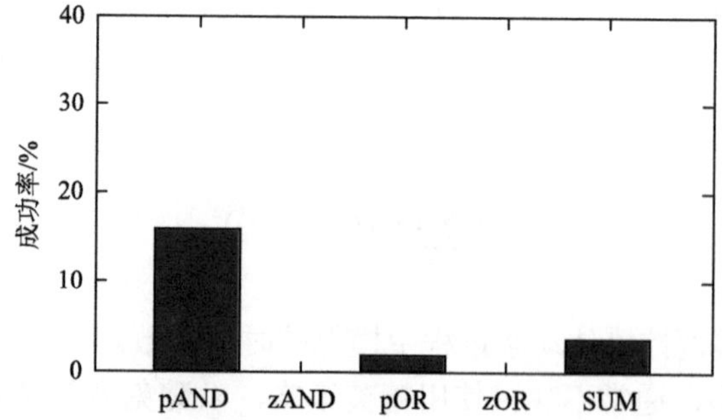

图 3.16　持续调控模体（CRM）在 5 种不同逻辑操作下，分别演化出期望周期为 $T=\{1,2,\cdots,12\}$ 的极限环（稳定振荡）的成功率

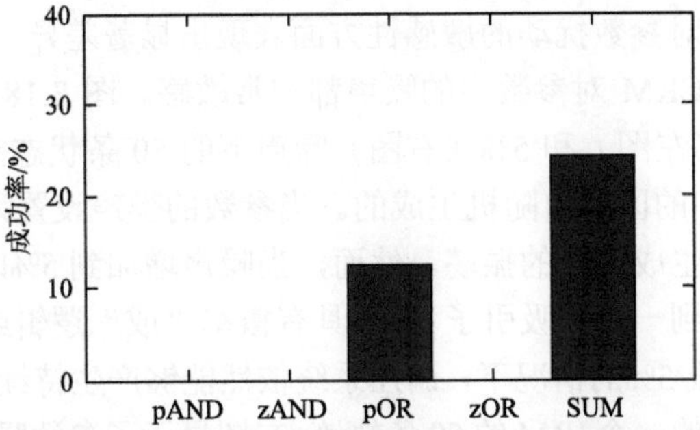

图 3.17　非持续调控模体（IRM）在 5 种不同逻辑操作下，分别演化出期望周期为 $T=\{1,2,\cdots,12\}$ 的极限环的成功率

从图 3.16 和图 3.17 可以看出，持续调控模体（CRM）和非持续调控模体（IRM）的成功率差异显著。在所有 CRM 中，使用概率“与”逻辑和求和逻辑的模体分别具有最高和次高的平均成功率。相比之下，在所有 IRM 中，使用求和逻辑和概率“或”逻辑的模体则显示出最高的成功百分比。总体而言，演化持续振荡的成功率较低。然而，与前一节中研究的网络模体相比，对 CRM 和 IRM 的高希尔系数并不是必要的。从这些结果中可以观察到，在至少 120 次独立运行中，成功演化出了使用概率“与”、概率“或”和求和逻辑的 CRM，以及使用概率“或”和求和逻辑的 IRM。其中，使用求和逻辑的 IRM 显示出最高的成功率。

3. 演化获得的调控模体的鲁棒性分析

在本小节中，我们通过改变蛋白质初始浓度或扰动调控模体的参数来检验演化出的振荡动力学的鲁棒性。我们特别关注模体动态对蛋白质初始浓度扰动的鲁棒性，因为初始浓度的扰动在一定程度上反映了模体外基因的影响。在演化过程中，三种蛋白质的初始浓度被设定为（1, 1, 0）。为了研究演化出的振荡的鲁棒性，我们将初始浓度随机设置为0~4。结果发现，当演化出的概率“与”CRM 的初始状态被随机初始化时，目标基因的状态收敛到一个点吸引子，而不是产生极限环。相反，当初始状态设定为（1, 1, 0）时，所有 16 个演化出的模体均显示出持续振荡。对于使用求和逻辑的 CRM，在四次运行中成功演化出了持续振荡。在鲁棒性测试中，这四个模体在状态随机初始化为 0～4 时，都能够保持其极限环。从这些结果可以得出结论：使用求和逻辑的 CRM 的持续振荡对初始浓度的扰动相比于使用概率“与”逻辑的 CRM 的持续振荡更不敏感。

对于 IRM 来说，结果有所不同。在所有 29 次成功地使用求和逻辑的 IRM 运行中，以及 15 次成功地使用概率“或”逻辑的 IRM 运行中，所有随机初始化的状态均收敛到演化出的极限环。这表明，IRM 的演化振荡动力学对基因初始状态的变化具有鲁棒性。

不同的模式在对参数扰动的敏感性方面表现出显著差异。无论是使用概率逻辑还是求和逻辑，CRM 对参数中的噪声都非常敏感。图 3.18 显示了具有求和逻辑的 CRM 在 1%（左图）和 5%（右图）噪声下的 50 条状态空间轨迹。这 50 个初始状态是在[0, 4]的区间内随机生成的。当参数的噪声设置为 1%时，该模式仍能对所有初始状态生成持续的振荡。然而，当噪声增加到 5%时，振荡开始衰减，系统状态最终收敛到一个点吸引子。对于具有概率“或”逻辑或求和逻辑的 IRM，在参数噪声为 1%或 5%的情况下，调控系统依然能够产生持续的振荡。图 3.19 展示了使用求和逻辑的一个 IRM 的 50 条轨迹，左图显示了参数噪声为 1%时的结果，右图则显示了参数噪声为 5%时的结果。显然，在这两种情况下，调控模体均能够保持稳定的振荡。总的来说，以上结果表明，使用求和逻辑或概率“或”的 IRM 对初始浓度和调控参数具有较强的鲁棒性。

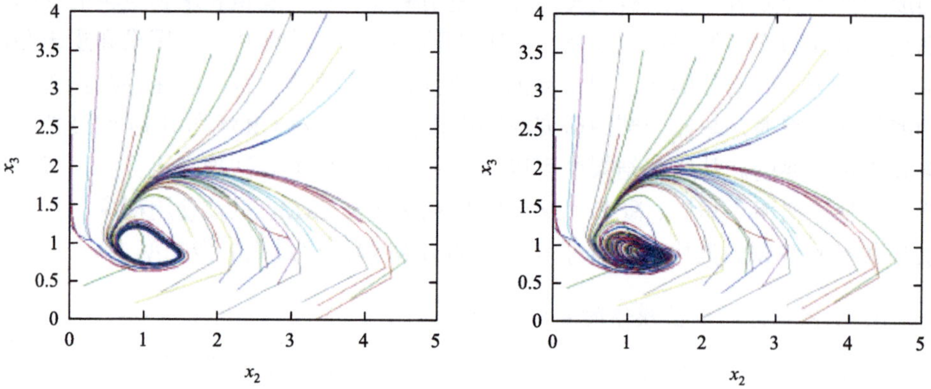

(a) 1%噪声　　(b) 5%噪声

图 3.18　存在参数扰动的情况下 CRM 的状态空间轨迹

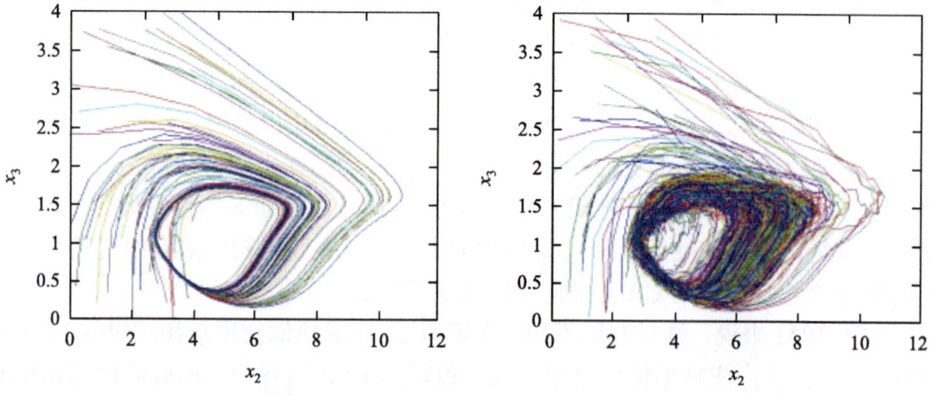

(a) 1%噪声　　(b) 5%噪声

图 3.19　IRM 在参数存在噪声的情况下的状态空间轨迹

4. 鲁棒模体的演化涌现

在演化和分析具有给定调控逻辑和结构的调控模体之后，研究部分模体结构和调控逻辑在没有明确选择鲁棒性的情况下是否能够在计算机模拟的演化中出现鲁棒的调控模体是一个有趣的问题。为回答这个问题，进行了两组模拟实验。在第一组模拟实验中，调控模体的结构（调控基因 2 与目标基因之间的相互作用）和调控逻辑与调控模体的参数一起演化，以产生具有期望周期 $T=\{4,5\cdots,18\}$ 的稳定振荡。针对每个期望周期，进行了 20 次独立运行。成功演化出极限环的运行中所得到的模体结构和逻辑运算符分别在图 3.20（a）和（b）中呈现。在 300 次运行中，总共有 65 次成功演化出极限环，成功率为 21.7%。结果显示，在 65 次成功运行中，IRM（结构‘10’）使用求和逻辑作为调控逻辑，且在前一节中被证明是最鲁棒的模体，在其中的 63 次成功运行中出现。

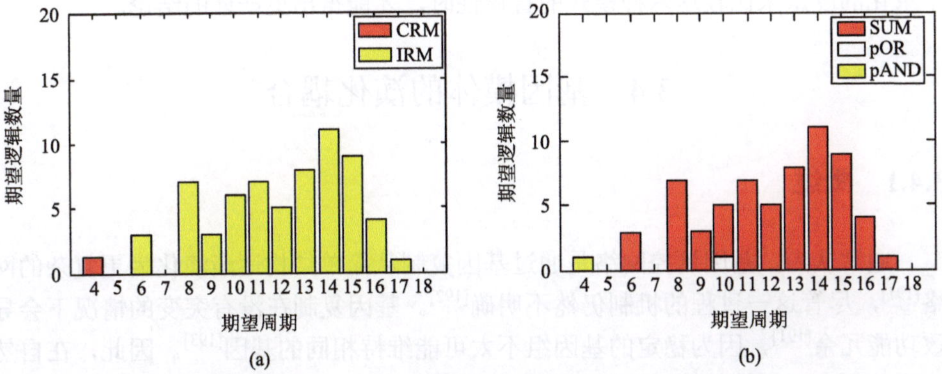

图 3.20　未加入噪声的情况下，成功运行中演化的模体（a）和调控逻辑运算符（b）

在第二组模拟中，所有实验设置与第一组相同，唯一的区别是在演化过程中向参数添加了 5%的噪声。这样做的目的是研究噪声对系统可演化性的影响。结果显示的模体结构和调控逻辑运算符分别在图 3.21（a）和（b）中绘制。在总共 300 次运行中，有 79 次成功演化出了极限环，成功率为 26.3%。这表明在演化过程中向参数添加一定水平的噪声增强了系统的可演化性。使用求和逻辑的 IRM 在 79 次成功运行中出现了 78 次。

上述结果中出现的一个问题是，为什么在所有的 600 次演化运行中，使用概率“或”逻辑的 IRM 只演化出一次，尽管它也被证明对初始状态和调控参数的变化不敏感。我们的假设是，与使用求和逻辑的 IRM 相比，使用概率“或”逻辑的 IRM 可能不够鲁棒，这一点在一定程度上可以通过以下事实得到部分验证：在演化具有固定结构的参数时，使用求和逻辑的 IRM 在 120 次独立运行中成功实现了

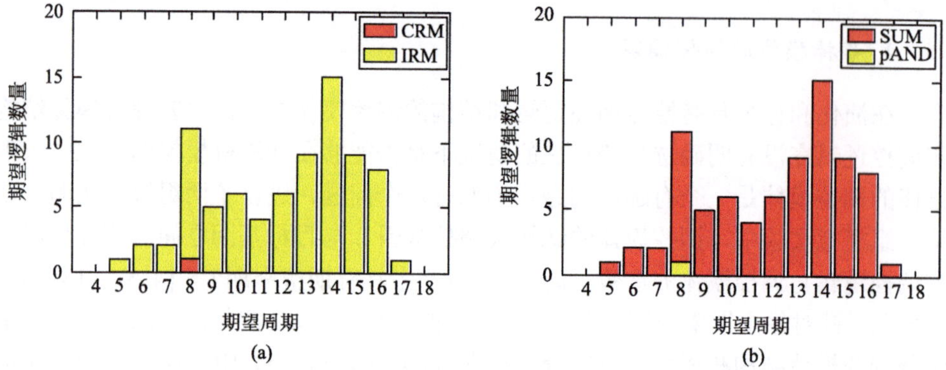

图 3.21　在演化过程中添加了 5%参数噪声的情况下，成功运行中演化的模体（a）和调控逻辑运算符（b）

29 次持续振荡，而使用概率“或”逻辑的 IRM 成功了 15 次。然而，只有在有一个量化的度量来比较这两种模式的鲁棒性时，才能得出更严谨的结论。

3.4　基因模体的演化耦合

3.4.1　概述

通常认为，基因调控网络是通过基因复制从简单结构逐渐演化为更复杂的网络[191]，尽管这一过程的机制仍然不明确[192]。基因复制在没有突变的情况下会导致功能冗余[191]，因为稳定的基因组不太可能维持相同的基因[193]。因此，在自然演化过程中，相同的基因通常会发生分化[191]。

生成具有多稳态性的模式（如拨动开关）需要正反馈回路[181, 194]，而生化系统中产生振荡则需要负反馈回路[194]。生物系统还利用负反馈回路来提高鲁棒性[173]，通常由相互连接的正反馈和负反馈回路组成[184]。因此，简单模体的组合（如拨动开关和振荡器）对系统生物学具有重要意义。因此，本节在前一节对调控结构和逻辑演变的基础上，进一步探讨耦合模体在计算机模拟演化中的能力。具体来说，我们将考虑对基因振荡器和拨动开关进行演化耦合。

3.4.2　基因模体

1. 基因振荡器

一个振荡的基因调控网络可以用常微分方程建模，且通常采用希尔函数来描述激活或抑制相互作用，定义为

$$H_{ij}^{a}(x_j)=\frac{\beta x_j^n}{\theta_i^n+x_j^n} \tag{3.31}$$

$$H_{ij}^{r}(x_j)=\frac{\beta}{1+(x_j/\theta_i)^n} \tag{3.32}$$

其中 i 和 j 代表基因相互作用对，x_j 代表基因 j 的浓度，n 是希尔系数，β 是产生速率，θ_i 是基因 i 的阈值。

将多个基因组合成单个基因的逻辑可以使用逻辑门进行建模，如前一节讨论的那样，定义了两个基因 x 和 y 的状态的组合：

$$L(x,y)=\frac{1}{2}(x+y) \tag{3.33}$$

最简单的振荡模体由三个基因组成，如图 3.22（a）所示，可以用以下常微分方程描述：

$$\dot{x}_1=a_{12}H_{12}^{a}(x_2)-a_{11}x_1 \tag{3.34}$$

$$\dot{x}_2=a_{23}L(H_{21}^{a}(x_1),H_{23}^{a}(x_3))-a_{22}x_2 \tag{3.35}$$

$$\dot{x}_3=a_{32}H_{32}^{r}(x_2)-a_{33}x_3 \tag{3.36}$$

在本节中，所有基因都使用 NAR 描述，即在每个方程中的第二项均为负号，x_2 是目标基因，并且使用求和逻辑函数来结合来自两个调控基因 x_1 和 x_3 的相互作用。

含三个基因的网络展示了振荡动力学，如图 3.22（a）所示，而且不受系统初始状态的影响。

2. 拨动开关

图 3.22（b）示出了一个双基因拨动开关，可以用以下方程对其进行建模：

$$\dot{x}_4=b_{12}H_{45}^{a}(x_4)-b_{11}x_4 \tag{3.37}$$

$$\dot{x}_5=b_{21}x_4-b_{22}x_{5i} \tag{3.38}$$

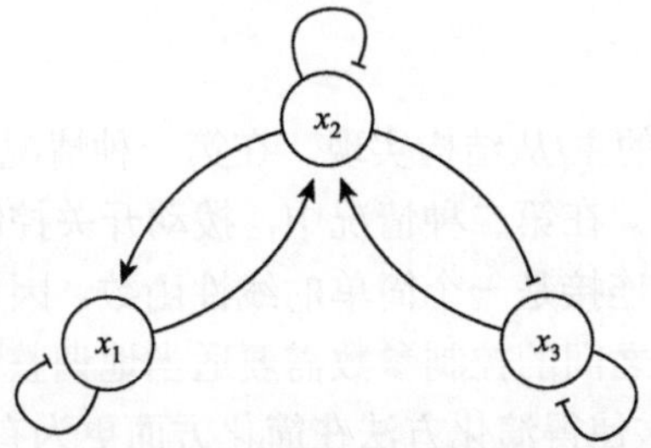

(a) 一个自我持续的振荡

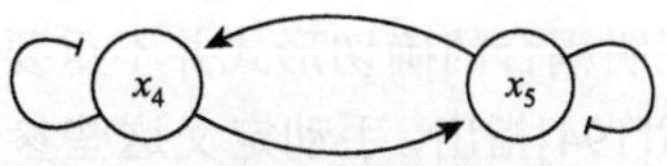

(b) 一个拨动开关

图 3.22　两个基因模体

箭头和横线表示激活和抑制相互作用

其中，$\dot{x}_n$ 表示 x_n 的时间导数，b_{nm} 是未知的调控参数，而 $H_{45}^a(x_4)$ 由方程（3.31）描述。在这个系统中，x_5 是目标基因，并受到 x_4 的调控，如图 3.22（b）所示。方程（3.37）和（3.38）中的第二项表示系统通过参数 b_{11} 和 b_{22} 的负反馈调控，分别作用于目标基因和调控基因。

这个双基因系统展示了无论系统的初始条件如何，其都会收敛到两个稳定状态之一，如图 3.23（c）所示，然而，初始状态将决定状态收敛到哪一个稳定点。存在两个稳定点导致在相平面观察时形成双稳态，参见图 3.23（d）。相平面清楚地显示了状态轨迹朝向其中一个稳定点的路径取决于基因模体的初始状态。

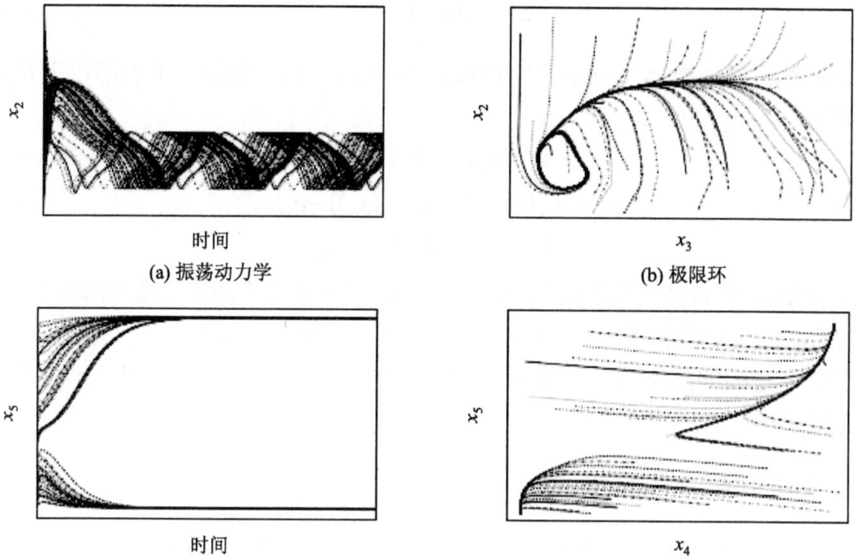

(a) 振荡动力学　(b) 极限环　(c) 拨动开关动力学　(d) 双稳定性

图 3.23　经典的基因动力学

3.4.3　耦合模体调控的动态演化

两个网络模体的连接可以通过两种不同的主/从结构实现。在第一种情况下，振荡模体控制拨动开关，如图 3.24（a）所示。在第二种情况中，拨动开关控制振荡器，如图 3.24（b）所示。两个模体之间的连接是一个简单的线性函数，因为已经证明耦合的确切形式并不重要，然而，模体之间的控制参数需要适当地调整[194]。文献[194]指出，手动定义这些参数很困难。这使得演化方法在简化方面更为有利，因为它允许算法通过优化适合度函数来调整这些值。连接函数如下所示：

$$M_{ij}=c_0x_j+c_1 \tag{3.39}$$

式中，M_{ij} 为基因 x_j 到基因 x_i 的连接，c_n 为连接参数。将 M_{ij} 加入到表示 $\dot{x}_i$ 的方

程中，双稳定性模体的动态将会变成

$$\dot{x}_4 = b_{12}H_{45}(x_4) + b_{11}x_4 + M_{42} \tag{3.40}$$

其中，

$$M_{42} = c_0x_2 + c_1 \tag{3.41}$$

为了确保自持振荡和双稳定性结合，这两个网络模体被分别演化。一旦这两个模体的动态成功演化，我们固定 a_{mn} 和 b_{mn} 的值，只演化两个模体之间的连接参数，即 c_0 和 c_1。这样，主基因直接控制从基因，而主基因的原始动态保持不变。

3.4.4 仿真分析

所有实验中使用的参数设置如下，包括演化拨动开关和振荡器的参数，以及连接两个模体的参数：父代大小 $\mu = 50$，子代大小 $\lambda = 300$，交叉概率 $\sigma_{\text{Cross}} = 0.9$，翻转变异概率 $\sigma_{\text{Flip}} = 0.02$，高斯变异概率 $\sigma_{\text{Gaussian}} = 1$，欧拉解算器中的步长 $h_{\text{Euler}} = 0.1$，世代数设定为 100，演化策略的初始步长 $\sigma = 0.1$。这些参数设置也用于演化连接，从而从图 3.24（a）所示的网络中产生更复杂的动态。

1. 振荡器控制拨动开关

正如我们之前讨论的，有两种不同的方式可以将振荡器和拨动开关耦合。让我们探讨一种结合了 CRM 和求和逻辑以产生双节律性的情况，如图 3.24（a）所示。预期 CRM 与振荡器耦合将导致围绕拨动开关的一个稳定点产生振荡。在相平面上，这种基因回路能够在双稳态的稳定点周围形成极限环，如图 3.25 所示。通过使用以下期望状态的适合度函数产生这些动态：

$$x_d = 2\sin(2\pi t / T) + 1 \tag{3.42}$$

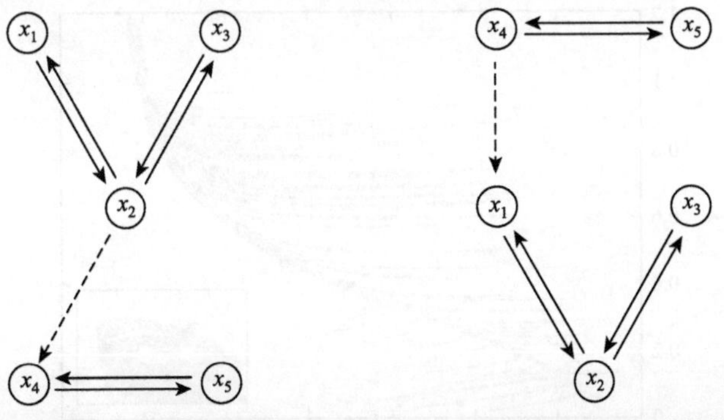

(a) 连接设置一：振荡器控制拨动开关　　(b) 连接设置二：拨动开关控制振荡器

图 3.24　两个网络模体之间的连接

实线箭头表示基因之间的激活或抑制调控连接，虚线表示网络模体之间可能的耦合。请注意，简单的线性连接是单向交互

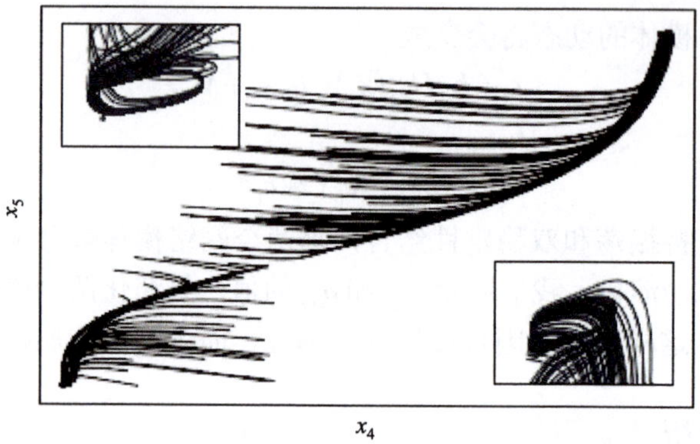

图 3.25　使用带有求和逻辑的 CRM 产生的双节律性

放大的子图显示了在双稳定性的下限和上限稳定点周围形成的极限环

多种振荡动态[195]与控制参数密切相关，并且与双节律性的出现紧密联系。研究表明，通过扰动控制参数，可以使系统从一个稳定状态转变为双节律性状态下的任一极限环。这些极限环在周期和振幅上存在差异。类似的特性在丘脑神经元中也得以体现，这些神经元能够根据膜电位的状态表现出不同的振荡周期[196, 197]。对这些神经元的相平面分析揭示了多个兴奋性阈值[195]，这些阈值的存在导致了双节律性的产生。神经元对振荡模式中不同扰动的敏感性各不相同，从而引发了对稳定极限环的不同吸引强度[195]。因此，与图 3.25 中的下极限环相比，上极限环的吸引区域更大。已有研究证明，在适当条件下，系统可以在两个极限环之间可逆地转变[195]。

在第二种耦合情况中，使用带有求和逻辑的 IRM 使得仅在拨动开关的上稳定状态周围产生一个极限环，如图 3.26 所示，并且是通过以下方式产生的：

$$x_d = 5\sin(2\pi t / T) + 1 \tag{3.43}$$

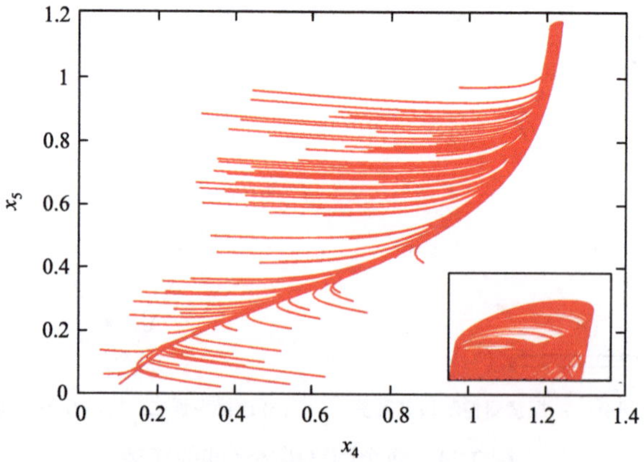

图 3.26　当振荡器与拨动开关耦合时，在双稳态中的上稳定点周围形成一个极限环，插图清楚地显示了上稳定点周围的极限环

上述公式定义了图 3.24（a）中从属网络中连接基因的期望状态。使用这种设置和概率“或”逻辑，拨动开关的稳定状态会分裂，导致两个稳定状态的双峰。在相空间图中，可以清晰地看到两条双稳态线，如图 3.27 所示。这些动态是通过生成双节律性所需的相同期望状态和适合度函数来实现的。然而，由于在此使用了不同的随机数来运行代码，产生了不同的动态。

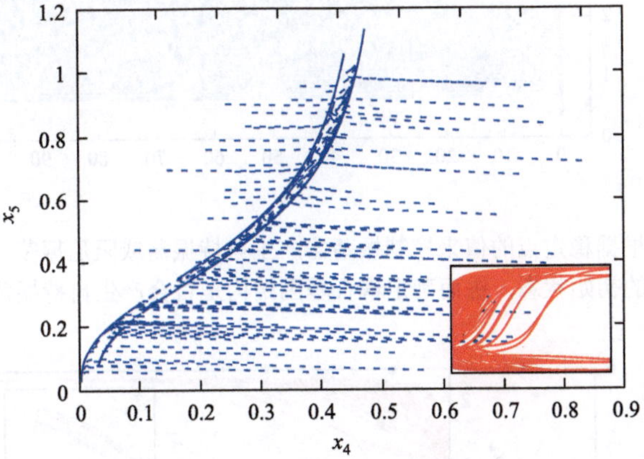

图 3.27 振荡器和拨动开关之间的耦合导致稳定点的分裂，形成了一个双重双稳态，插图显示了拨动开关中稳定点的分裂

2. 拨动开关控制振荡器

在第二种情况下，拨动开关与振荡器耦合，如图 3.24（b）所示。通过使用包含三个基因的网络的 CRM 和求和逻辑，耦合的基因结构可以让稳定点决定振荡的特性。上稳定点导致阻尼振荡的平衡状态，而下稳定点则引发自持振荡，如图 3.28 所示。在耦合电路中，拨动开关决定了其自身的初始状态，从而决定了振荡是自持还是阻尼。用于控制振荡特性的适合度函数中的期望状态如下：

$$x_d = 2\sin(2\pi t / T) \tag{3.44}$$

与图 3.28 中所示动态相同的网络设置，通过简单更改期望状态，也可以实现振荡的永久变化，如方程（3.45）所示。不同于仅确定是否产生自持振荡，这种配置能够决定振荡的幅度和周期，如图 3.29 所示。

$$x_d = \begin{cases} 2\sin(2\pi t / T), & x_{4i} < 0.5 \\ \sin(2\pi t / T), & x_{4i} \geqslant 0.5 \end{cases} \tag{3.45}$$

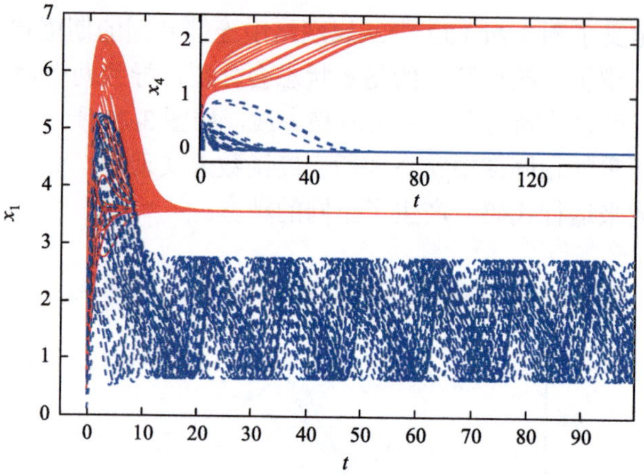

图 3.28 拨动开关根据稳定点的值来控制振荡器产生自持振荡或阻尼振荡，从而确定拨动开关的初始状态，进而确定耦合基因结构是否会产生自持振荡

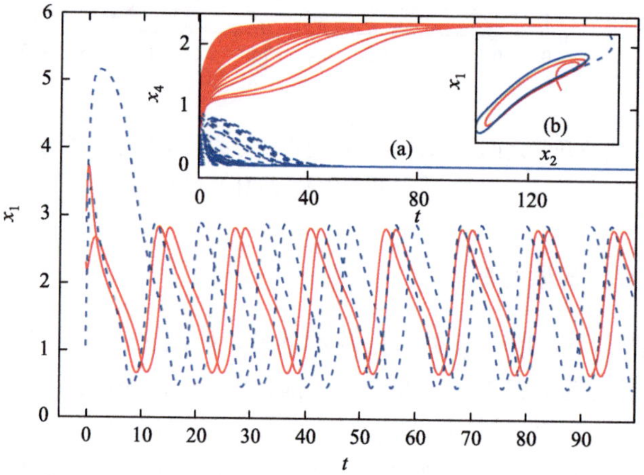

图 3.29 通过耦合基因网络模式，产生振荡特性取决于开关状态的动态。为了清晰起见，仅展示了每个稳定状态下的两种振荡情况，并通过插图显示了这些振荡形成的极限环，每种情况一个以便清楚展示

3.4.5 讨论

我们观察到，在两种耦合方案中，两个网络模体的组合显示出明确的连接偏好。对于振荡器控制开关的情况，我们观察到振荡器的负反馈回路与开关中调控基因的耦合表现出较强的偏好。当使用两种不同的目标函数优化耦合参数时，得到了类似的连接结果。在上述实验中，我们仅观察到了双节奏网络动态，

而在 Gonze[194]及 Thomas 和 Jin[198]的研究中，采用这种耦合方案还观察到了围绕单一稳定状态的振荡。在文献[194]中，还观察到了拨动开关在稳定状态之间的周期性切换现象。相比之下，文献[198]中未观察到这种现象，尽管其使用了类似的模体组合技术。

在开关控制振荡器的情况下，我们观察到明显的连接偏好，主要表现为倾向于耦合振荡器网络中的正反馈回路，并更倾向于从开关网络中的调控基因到目标基因的连接。与其他耦合方案相比，我们没有观察到振荡器的负反馈回路与开关调控基因之间的连接，且仅在一种情况下观察到振荡器的负反馈回路与开关目标基因之间的耦合。这些结果表明，网络模体之间的耦合对正反馈回路或负反馈回路的偏好可能取决于耦合方案，而非目标函数设置。

3.5　s.coelicolor 转录调控网络的演化重构

3.5.1　概述

在前面的章节中，我们提供了几个例子，展示了演化算法在计算机中合成重要调控网络模体的能力。建模基因调控网络的另一个重要目标是根据基因表达的时间序列数据逆向构建关键的生物基因调控网络，这仍然是计算和系统生物学中的一个重大挑战。关键在于，推断算法必须能够准确且有效地推断出大量基因之间的连接。

可以通过基因表达谱推断调控网络[199, 200]。从时间序列数据中重建网络对于理解生物系统至关重要，并且可以为系统生物学和生物信息学领域之间的整合提供接口[60]。利用计算技术对实验数据进行网络逆向工程，可以揭示网络结构、调控模体、鲁棒性、可演化性及调控靶点的预测[140]。然而，实验约束导致了此类问题的欠确定性，即缺乏足够的时间序列数据来统计重构大型网络[201]。尽管在过去几十年中取得了显著进展，但从表达数据中重构基因调控网络仍然面临着巨大挑战。

迄今为止，由于网络重构的高复杂性，研究主要集中在非常小的基因调控网络上[202]。对于实际应用[203]，仍需取得更大的突破，因为真实的基因调控网络通常包含数千个基因，这对当前算法的能力和计算效率提出了更严峻的挑战。因此，迫切需要能够从不同实验条件下生成的时间序列数据中高效重构包含数百个基因的大型生物网络的算法。

接下来，我们介绍了一种基于多目标优化算法的演化框架，用于从实验时间序列数据重构 s. coelicolor（PhoP 网络）中负责产生抗生素的基因调控途径[100, 204]。我们将展示这种方法如何以极高的准确性复现实验表达谱，并且所确定的调控关系与文献中已知的实验观察结果高度一致（尽管在建模过程中并未使用这些已知信息）。

3.5.2 PhoP 网络和基因表达数据

通用网络推断算法（general network inference algorithm，GENIAL）应用于 s.coelicolor 中与产生抗生素相关的 PhoP 网络，该网络包含 911 个基因[205]。STREAM 团队 SysMO 实验 1 提供了大量 s.coelicolor 基因表达的时间序列数据。在多达 32 个时间点的情况下，使用 911 个基因[205]对 PhoP 网络进行逆向工程仍然是一个高度欠定的大规模问题。此外，由于实验数据中本身存在噪声进一步增加了问题的复杂性。

3.5.3 通用网络推断算法

通用网络推断算法（GENIAL）是一种基于时间序列基因表达数据（包括单次测量数据）进行网络连通性和连接参数化逆向工程的通用算法。该算法基于常微分方程（ODEs），通过多目标演化算法识别先前未知的调控连接。

1. 模拟基因调控

所有基因的动态表达都是使用常微分方程进行建模的：

$$\frac{\mathrm{d}x_i^a}{\mathrm{d}t}=\frac{\omega_{ij}(x_j)^{n_{ij}}}{(\phi_{ij})^{n_{ij}}+(x_j)^{n_{ij}}}-\gamma_i x_i^a \tag{3.46a}$$

$$\frac{\mathrm{d}x_i^r}{\mathrm{d}t}=\frac{\omega_{ij}}{1+(x_j/\phi_{ij})^{n_{ij}}}-\gamma_i x_i^r \tag{3.46b}$$

其中，x^a（x^r）对应于激活（或抑制），ω、n、ϕ和γ是待演化的连接参数。连接参数对应于调控权重（ω）、相互作用的非线性程度（n）、相互作用的阈值（ϕ）和由x_i产生的蛋白质随时间的降解（γ）。

2. 多目标演化算法

基于时间序列表达数据，采用多目标演化算法重构基因调控网络（GRN）。具体而言，采用了精英非支配排序遗传算法（NSGA-Ⅱ），因为该算法在众多实际应用中表现出色。从时间序列数据中逆向工程网络的常见目标是最小化模型基因表达谱与数据之间的平方误差和（SSE）。此外，通过多目标化的过程将单一目标问题转化为多目标问题，从而更好地解决复杂的优化问题。多目标化方法已成功应用于 GRN 参数推断，并证明能够更好地探索参数空间。在此，重建问题表述为以下双目标优化问题：

$$F_1 = \sum_{t=0}^{N} (\tilde{g}_i(t) - x_i^a(t))^2 \tag{3.47a}$$

$$F_2 = \sum_{t=0}^{N} (\tilde{g}_i(t) - x_i^r(t))^2 \tag{3.47b}$$

其中，N 是数据点的数量，$\tilde{g}_i(t)$ 是基因 i 在时间 t 的实验确定的表达水平的归一化值，而 $x_i^a(t)$ 和 $x_i^r(t)$ 由求解方程（3.46）确定。注意，尽管目标表示方式不同，但优化问题保持不变。所有候选解（参数集）由降维的决策变量组成，即方程（3.46）中的四个实值参数 ω、n、ϕ 和 γ。这种表示方式能间接地优化调控模式，从而将问题中的决策变量数量从包括调控模式在内的五个［在方程（3.46）中］减少到四个［在方程（3.47）中］。研究表明，这种小差异的累积效应在大量连接中显著提高了性能。此外，采用一种解耦策略，其中网络中的每个连接都独立进行优化，为网络中的每个连接获得了一组帕累托前沿解。这使得通用网络推断算法（GENIAL）能够跨多个 CPU 并行执行，大大缩短了计算运行时间。

3. 网络推断

从文献[205]中确定的 387 个直接 PhoP 调控靶标是网络中已知的连接，然而，这些相互作用的细节是未知的。在这种情况下，通用网络推断算法可以预测调控模式、权重、蛋白质降解和额外的连接信息，为特定途径提供见解。对于 PhoP 的 524 个间接靶标，通用网络推断算法再次确定了调控模式和参数，但也仅基于实验数据集推断出连接。这可以识别从直接 PhoP 介导的调控到差异表达基因的未知途径。为简单起见，仅对基因层面的模型调控相互作用进行建模，并推断每个间接靶标的单一连接。

重构的网络由 PhoP 和其直接靶标的连接组成，这些直接靶标又与 PhoP 的间接靶标相连。直接靶标通过实验确定[205]，参数值（包括调控模式）通过通用网络推断算法求解方程（3.47）确定。对间接靶标的连接由通用网络推断算法推断，并由特定的直接 PhoP 靶标基因调控。因此，存在从 PhoP 到直接靶标的连接，这些直接靶标可能与间接靶标相连，从而在 PhoP 和差异表达基因之间产生间接途径。由于这个问题存在的复杂性，使用了额外生物数据[205]，该数据确定了 s.coelicolor 中编码 DNA 结合蛋白的 PhoP 靶基因，因此在基因层面上调控其他基因。这既降低了问题的维度，又排除了生物学上不合理连接的推断。这一步将自身控制基因途径的直接 PhoP 靶标的数量从 387 个基因减少到 55 个基因。换句话说，这 524 个基因中的每一个都由 PhoP 的 55 个直接靶标中的之一或多个调控，而 387 个基因中的其他 332 个编码非调控基因，因此不能调控模型中的其他基因。

对间接靶标的连接是从一组优化中选择的，其中产生最低 SSE 的连接被选择。对于这 524 个间接靶标中的每一个，与所有 55 个直接靶标的连接都根据方程(3.47)进行了优化。因此，同时进行了 55×524 个优化，分别获得了每种情况下的最佳目标值和参数集（包括调控模式）。通过对这些潜在连接的 55 个最佳目标值进行排名，可以得到产生最低 SSE 的调控途径。因此，从 55 个潜在途径中选择最适合实验数据集的一个连接。每个间接基因的调控都基于模型中其调控器的状态而不是原始数据集，确保构建了一个合理的模型，并且可以根据 PhoP 的状态重新生成整个网络中的基因表达概况。

每个重复数据集的 PhoP 表达概况被插值，以提供平滑的表达曲线。插值后的 PhoP 表达谱在方程（3.46）中作为 x_j 使用，用于其直接目标 x_i 的调控。仅当在该时间点有相应的实验测量时，才确定模型的 SSE，并且所有结果均以实验数据点的数量来表示。

3.5.4 实验与讨论

链霉菌是一种不寻常的微生物，能够产生一系列人用和兽用的药物，如抗生素和抗肿瘤药物[206]。磷酸盐饥饿可触发抗生素的产生[207]。然而，磷酸盐控制系统不是一个简单的调控回路，它是一个复杂网络的一部分，与其他应激反应和细菌毒力有着密切的联系[208]。

由 STREAM 研究团队收集的实验基因表达数据集包括三个重复实验，分别包含 32、8 和 16 个时间点。这项实验调查捕获了磷酸盐饥饿期间野生型链霉菌菌株的全基因组表达情况。这个全基因组数据集通过 ChIP-chip 实验和差异基因表达分析[205]，将其缩减为 PhoP 亚网络，分别确定了 PhoP 的 387 个直接调控靶标和 524 个间接调控靶标。需要注意的是，这里使用的相互作用组学（ChIP-chip）数据和转录组时间序列数据来自不同实验室的独立实验。

基因 i 的表达水平 $g_i(t)$ 被归一化，使得从初始测量时间 t_0 到最终测量时间 t_f 的表达曲线下面积为 1。这确保了所有基因表达曲线都位于相同的表达水平范围内，可以对不同连接的参数进行直接比较。误差通过计算实验基因表达水平与通用网络推断算法（GENIAL）产生的水平之间的绝对差异之和来计算。然后将误差平均值计算在 50 个独立模拟中，并归一化到基因数和时间点数，以比较复制数据集和基因不同子集。然后可以使用子集基因的平均实验表达水平来计算模型的百分比误差。请注意，表 3.1 将 387 个 PhoP 直接靶分为 55 个编码 DNA 结合蛋白的基因，其余 332 个。

表 3.1　通用网络推断算法与实验数据之间的表达误差

基因子集	SysMO1	SysMO2	SysMO3
55	0.5592%	1.1308%	0.7891%
332	0.6191%	1.1639%	0.8456%
524	0.6562%	1.1644%	0.8827%
平均值	0.6115%	1.1530%	0.8391%
标准差	0.0489%	0.0193%	0.0471%

通用网络推断算法（GENIAL）仅基于 SysMO 时间序列数据对所有 387 个直接的 PhoP 靶向进行连接参数和调控模式的优化。如表 3.1 所示，优化后的参数值能够极其准确地重现来自 SysMO 实验的所有数据集中的基因表达实验测量结果。

通用网络推断算法根据实验测得的表达谱重构了 PhoP 和其间接靶向之间的调控路径。这是算法中计算量最大的部分，因为搜索空间大且数据中存在较多噪声。尽管存在这些困难，但生成的网络对 524 个基因的原始表达数据的重现程度与直接靶向一样高（见表 3.1）。

通用网络推断算法的最终输出是一个针对所有 911 个基因进行参数化的分层网络。重构的网络在调控模式方面与独立的实验观察结果呈现良好的一致性，并且能够准确地再现输入数据，这说明了通用网络推断算法确定的网络的生物学合理性。从 SysMO1 数据集中得出的完整网络，平均经过了 100 次独立模拟，包括调控模式和连接置信度，如图 3.30 所示。PhoP（SCO4230）用中心的大节点表示。实验[205]确定的与 387 个基因的连接用深灰色线表示，包括内圈的基因和带标签的基因。这里的标签仅用于在这个模型中调控其他基因的基因，即 PhoP 和一部分编码 DNA 结合蛋白的 55 个直接靶向的子集。推断的连接是来自带有标签的基因（除了 PhoP），在超过 30%的模拟中出现的连接被着为红色或其他浅灰色。节点的大小取决于调控目标的数量，最小为 1。所有节点的大小（除了 PhoP）由模型确定。节点的颜色表示调控模式，蓝色表示在至少 70%的模拟中由调控基因激活，红色表示抑制，灰色表示没有观察到调控类型的偏好。

很明显，PhoP 对 s.coelicolor 中许多途径的广泛控制具有多样性[207, 208]。在 s.coelicolor 中对许多基因的广泛控制范围，为了解 PhoP 在许多细胞过程中的作用提供了洞察力，包括形态发育和抗生素产生。表 3.2 总结了 PhoP 的直接靶标中 55 和 332 基因子集的整体调控模式，表明 PhoP 主要起抑制因子的作用。这一预测与另一 ChIP-chip 研究[205]一致。需要指出的是，虽然使用了其他研究[205]的信息来确定 PhoP 网络中基因的范围，但调控模式是由 GENIAL 在从时间序列转录组数据进行重构过程中确定的。因此，上述观察到 PhoP 作为其调控目标的全局抑制剂是独立于其他研究[205]的。PhoP 对基因的总体抑制可能与生理过渡从一次代谢到二次代谢有关。由于在磷酸盐匮乏的情况下无法生长，因此与一次生长相关的基因表达，例如氮代谢是不必要的[209]，并且被 PhoP 抑制[205, 207]。

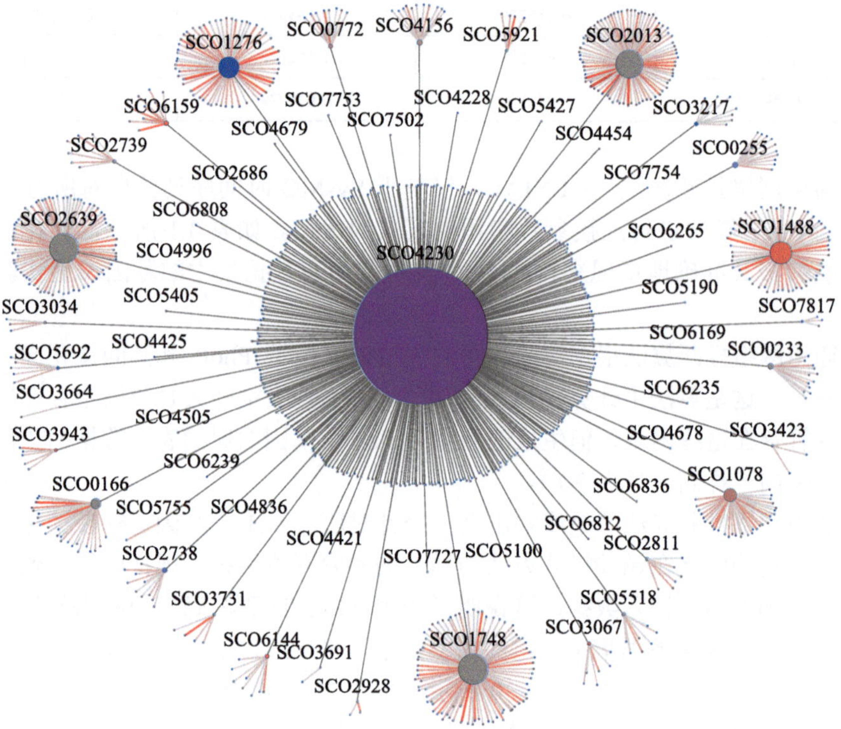

图 3.30　使用 SysMO 实验中的 32 个时间点数据集推断 PhoP 的调控网络

表 3.2　PhoP 在 50 次独立网络重建中抑制连接的百分比（引用的值带有平均标准误差）

Gene Sub-set	SysMO1	SysMO2	SysMO3
55	54.00±1.29	53.85±1.25	65.71±1.15
332	55.40±1.08	51.42±0.48	57.89±0.55

3.6　总　　结

在计算环境下合成基因网络是一个非常有趣的课题，因为理解成功合成最常见基因模体的关键机制，可能有助于揭示自然如何塑造这些功能重要的基因回路，从单个基因到基因调控模体，再到更复杂的模体。本章从合成简单模体开始，如基因开关和振荡器，通过演化算法优化预定义网络架构的参数。随后，我们进一步演化调节结构和参数，继续使用演化算法。实证研究表明，在计算环境中从单一模体合成复杂的基因网络是可行的。尽管这些结果仍然相对简单，但却令人兴奋且鼓舞人心，因为它们暗示着演化机制原则上能够生成对生物基因网络至关重要的基因模体。最后，我们展示了成功使用多目标演化算法逆向工程一个由911 个基因组成的生物制药背后的生物调控网络。

许多生物学发现已在计算环境中得到了验证，如希尔函数的特性和演化基因模体的鲁棒性。在接下来的章节中，我们将展示演化算法甚至可以演化出更复杂的基因调控网络，这对生物学具有重要意义。

第 4 章　形态发育的演化

4.1 引　言

生物形态发育是一个极其关键的过程，对于塑造生物智能至关重要。众所周知，生物的发育受到基因调控网络、细胞间相互作用及生物体与环境互动的影响。在第 3 章中，我们展示了演化算法能够生成在生物网络中广泛存在的基因模体，包括基因振荡器和开关。更加引人入胜的问题是，是否有可能演化出能够导致特定形态的基因网络？哪些遗传机制负责生物体的稳定生长？什么是支撑生物系统自愈能力的生物（基因和细胞）机制？本章的主要目的是基于第 1 章及第 2 章中介绍的多细胞生物发育模型，研究生物发育背后的演化、发育及细胞机制。

理解细胞生长过程还可能具有实际重要性。例如，可以使用多细胞发育系统设计轻质多孔结构[109]。需要注意的是，不规则内部结构的表示对于传统表示方法，如 B-Spline 或几何设计中广泛使用的自由形变技术来说，是一个挑战[210]。相比传统方法，研究表明，采用发育模型仅需少量参数就能够生成高度复杂的多孔结构。生物形态系统的其他属性，如自修复或自愈功能，在工程系统中同样是非常有价值的[211]。能够自主应对环境变化或系统缺陷的工程系统或人工智能系统，不仅非常有益且能降低成本，还能整体上提升工程系统的鲁棒性。这种能力很难通过传统的鲁棒性设计方法实现。

本章将介绍一个由演化的基因调控网络[117]支配的多细胞生长模型。我们将描述细胞模型和控制多细胞生物体的基因调控网络模型，并展示自稳定生长过程（达到细胞死亡和细胞分裂的平衡）及在细胞结构的一小部分被破坏时的自愈能力。还将对通过演化获得的功能进行分析，以找到最优的抽象层级，并将计算生物系统的原理转化为最佳的技术解决方案。

4.2 基 本 知 识

4.2.1 基因调控网络的演化

正如我们在第 2 章中讨论的，基因调控网络的计算建模旨在分析和合成典型的基因调控网络，或通过拟合基因表达数据来对生物基因调控通路进行逆向工程。

例如，文献[212]回顾了早期发育中形态发生素梯度的作用，并讨论了不同的信号传导通路和调控基因如何通过形态发生素梯度产生多种响应。基于基因调控网络模型，还预测了大肠杆菌中不同类型的前馈回路[213]。

我们在第 3 章中也讨论了演化算法在合成典型的基因调控网络动态方面的卓越表现。例如，文献[176]成功演化了双稳态开关和振荡器，并将其与真实的生物网络进行了比较。文献[214]对演化后的基因调控网络进行了分析，发现演化过程中可能会出现不同的循环模式。进一步的分析表明，演化网络的结构介于随机网络和无尺度网络之间。此外，演化的循环模式具有不同的长度，表明计算机模拟的演化能够由简单的构建块生成复杂的调控动态。此外，基因调控网络的一个关键属性——鲁棒性，也已通过计算模型进行了分析。例如，使用布尔网络，通过改变演化算法的适合度函数来演化网络的可演化性[215]。文献[166]还表明，在使用计算模型演化基因振荡器时，可演化性是可以被选择的。通过应用基因复制和突变，成功演化出了类似于在大肠杆菌和酿酒酵母中观察到的无尺度和小世界基因网络结构，这些结构显著区别于随机网络[216]。

4.2.2　多细胞生长模型

为了在计算机模拟的环境下研究生物形态发育，必须建立在生物学上合理且现实的计算模型来模拟多细胞的生长。演化发育系统还应用于电子线路设计、容错系统和细胞系的发育中。接下来将介绍的发育计算模型主要旨在理解技术系统中的稳定增长和再生。然而，我们同样希望这类模型能够增强我们对生物发育的理解。事实上，计算模型已在系统生物学中被广泛接受[217]。最具挑战性的问题在于，计算模型应该针对哪个抽象层次，以确保其在计算上可行的同时，在生物学上也具有意义和可信度。

4.2.3　稳定生长和再生

了解哪些生物机制促成了生物发育中一些最重要的现象，如稳定生长和自动愈合，是非常吸引人的。生物学研究表明，一些位置依赖的信号可以用于指导发育过程中的组织再生，这些信号也用于计算模型中。首先，局部信号是作为对损伤的反应而生成的，然后这些信号被基因调控网络用来触发细胞增殖和分化。然而，这些信号在损伤期间如何被局部生成仍不明确。因此，在这里介绍的计算模型中，我们关注调控系统如何响应细胞丢失，并假设这些局部信号已经可用。为此，通过人为维持预扩散的母体形态发生素梯度来指导细胞发育并形成再生能力。值得注意的是，母体形态发生素梯度在生物早期发育中已经观察到[218]。

在文献中的大多数发育模型中，无论生长过程是否已稳定，细胞发育的模拟通常在固定的迭代次数后停止。因此，所谓的自稳定发育，是指发育过程要么自行停止，要么达到细胞生长和死亡的平衡。显然，实现自稳定生长更具挑战性，需要演化合适的基因调控网络及在生长过程中生成的母体形态发生素梯度和信号。Miller[219]首次讨论了人工发育中的稳定生长。作者的目标不是在预定义的步骤后手动停止发育过程，而是生成一个能够自动达到稳定状态的发育模型，无论是静态的还是动态的。在静态情况下，细胞不再分裂，这可能是由于调控系统中的演化机制或额外的细胞属性（如接触抑制）。在动态稳定状态下，细胞增殖和分化持续发生，但被细胞死亡所抵消，导致发育模型达到一种像水螅那样的恒定细胞周转状态。当然，这两种机制的结合是可想象的，尽管其生物学支持证据仍待揭示。Andersen 等[220]介绍了一个基因调控网络模型，在该模型中，由于接触抑制，发育趋向于静态稳定状态。在这个框架中，细胞固定在一个网格上，被其他细胞包围的细胞无法继续分裂。因此，这一结果代表了一个典型的例子，即通过一些外部约束（如接触抑制）来达到稳定性，这在生物学上并不常见。Basanta 等[221]使用基于细胞自动机的模型，演化了静态和动态稳定状态。他们定义了一组 100 条规则，这些规则直接依赖于发育时间（或步骤）、邻近细胞的数量、它们的位置及细胞已进行的分裂次数。因此，为促进模型达到稳定状态，像细胞位置和分裂次数这样的基本成分是已经预定义的。Schramm 等[108]演化了具有行为表现的细胞动物，并使用与本章将介绍的相同的基因调控网络模型表示这些动物的细胞功能。基于该模型，我们可以在没有外部约束的情况下，通过物理细胞在连续空间中的相互作用，实现动态稳定性和再生，这在生物学上更为合理。

接下来将介绍文献[222]中提出的一个框架，该框架能够在发育过程中演化出达到动态稳定状态的个体，而无须借助接触抑制等外部功能或额外信息（如周围细胞数量）。换句话说，该模型实现的细胞更替是一种动态平衡，即细胞增殖与细胞死亡的速率相当。

4.3 形态发育的计算模型

在接下来的部分中，我们将详细介绍一个计算环境，在该环境中，基因调控网络模型与多细胞模型协同演化，细胞模型还与环境产生物理相互作用。通过这个演化发育模型，我们研究了能够导致动态稳定生长和自我修复的基因和细胞机制。

该细胞模型是由一个已有模型[223]进行了两处重要改进后扩展而来的。最关键的改进是引入了细胞间的物理相互作用，这对于无须将细胞固定在预定义网格中至关重要。此外，用于演化形态的适合度函数被重新定义以计算整个发育过程，从而提高演化出动态自稳定生长的可能性。与 Miller[102]研究中的模型不同，本模型中的细胞不再固定在网格上，且控制细胞生长的基因组结构更加具体化。该模型的引入使我们能够深入研究实现动态自稳定生长过程的基因调控网络，同时也使我们能够分析演化网络模体的结构特性[156]。

一个基本假设是，形态发育不仅由基因调控网络控制，还受到细胞间的物理相互作用和形态发生素梯度的影响[108]。形态发育从用户指定的二维计算区域中心放置的单个细胞开始。细胞呈圆形，由其中心和半径（$r=1$）定义。细胞不固定在网格上，可以根据相关的基因表达进行分裂或死亡。细胞之间的物理相互作用包括非线性的黏附和排斥力。若两个细胞之间的距离小于其半径之和（即细胞重叠），则它们会相互排斥；相反，重叠的细胞则会相互黏附。如果两个细胞不重叠，则随着距离的增加，它们之间的吸引力会减弱。当两个细胞之间的距离超过5倍半径时，不再存在相互作用力。为了模拟生物系统中的随机性，所有细胞的位置都会受到小范围的随机扰动。

如前所述，细胞模型的发育过程受基因调控网络控制。基因调控网络由一组基因组成，每个基因由调控单元（RUs）和结构单元（SUs）构成，这与第 2 章中介绍的虚拟基因类似。图 4.1 中给出了一个示例。在这种表示中，SUs 定义了细胞行为，例如细胞分裂、细胞死亡，或细胞产生内部或外部的转录因子（TFs）。SUs 的激活由其关联的 RUs 决定。需要注意的是，单个或多个 RUs 可能调控单个或多个 SUs 的表达，且 RUs 可以是激活性的（RU^+）或抑制性的（RU^-）。

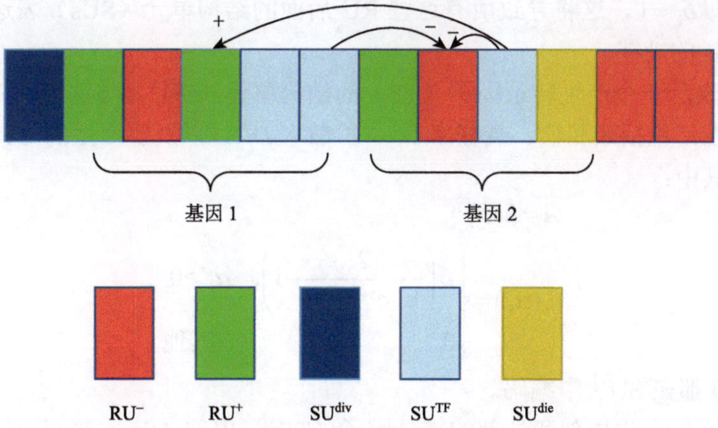

图 4.1　细胞发育模型的一个基因表示示例

第一个基因（基因 1）从一个调控单元（RU）开始。从一个结构单元（SU）到一个调控单元（RU）的每一次转变都标志着两个基因之间的边界。SUs^{TF} 和 RUs 之间的联系是由它们的亲和重叠 $\gamma_{i,j}$ 决定的，定义于式（4.1）。交互是激活还是抑制是由 RU 的符号定义的

转录因子（TF）是否能影响调控单元（RU）由每个 RU 和 TF 的亲和值决定。

如果 TF 和 RU 的亲和值之差小于预定义的阈值ε，那么 TF 可以与 RU 结合。第 i 个 TF 和第 j 个 RU 之间的亲和重叠$\gamma_{i,j}$ 定义如下：

$$\gamma_{i,j} = \max\left(\varepsilon - \left|\text{aff}_i^{\text{TF}} - \text{aff}_j^{\text{RU}}\right|, 0\right) \tag{4.1}$$

检查第 i 个转录因子（TF）的浓度 c_i 是否高于第 j 个调控单元（RU）中定义的阈值ϑ_j，如果$\gamma_{i,j}>0$：

$$b_{i,j} = \begin{cases} \max(c_i - \vartheta_j, 0), & \gamma_{i,j}>0 \\ 0, & \text{其他} \end{cases} \tag{4.2}$$

因此，我们可以计算第 j 个调控单元（RU）（表示为 a_j，$j = 1, \cdots, N$）对激活的贡献：

$$a_j = \sum_{i=1}^{M} b_{i,j} \tag{4.3}$$

其中 M 是调控第 j 个调控单元（RU）的转录因子（TF）的数量。假设第 k 个结构基因由 N 个调控单元（RU）调控，该基因的表达水平可以定义为

$$\boldsymbol{\alpha} = \boldsymbol{g}(\boldsymbol{c}) \tag{4.4}$$

$$g_k(\boldsymbol{c}) = 100\sum_{j=1}^{N} l_j a_j (2s_j - 1), s_j \in (0,1) \tag{4.5}$$

其中 s_j 是一个介于 0 和 1 之间的实数，（$2s_j-1$）的结果决定第 j 个调控单元（RU）是激活性的还是抑制性的，l_j 代表第 j 个 RU 的强度。如果 $a_k>0$，则第 k 个基因被激活，即 $\delta_k = 1$，这将导致所有这些 RU 后面的结构单元（SUs）表达，从而实现这些 SUs 的功能。

SU^{TF} 表示一个产生转录因子（TF）的结构单元（SU），与这个 TF 相关的所有调控属性，包括亲和值、衰减率 D_i^c、扩散率 D_i^f，以及要产生的 TF 的数量都被编码在其中：

$$\boldsymbol{A} = \boldsymbol{h}(\boldsymbol{\alpha})$$

$$h_i(\alpha_k) = \begin{cases} \beta\left(\dfrac{2}{1+\mathrm{e}^{-20\cdot f\cdot\alpha_k}} - 1\right), & \alpha_k>0 \\ 0, & \text{其他} \end{cases} \tag{4.6}$$

其中 f 和 β 都在 SU^{TF} 中编码。

SU^{TF} 可以产生内部和外部的转录因子（TF）。内部 TFs 主要影响细胞内基因的表达，而外部 TFs 可能从细胞中扩散出去，影响其他细胞中基因的表达。为了确定要产生的外部 TF 的数量，相应基因中还编码了一个百分比 $(p^{\text{ex}} \in |0,1|)$。因此，$p^{\text{ex}} \cdot A$ 和 $(1-p^{\text{ex}}) \cdot A$ 分别表示要产生的外部 TF 和内部 TF 的数量。

在实验中，外部 TF 放置在细胞中心周围的四个网格点上，这些 TF 将经历一个由以下方程控制的扩散和衰减过程：

$$扩散:\boldsymbol{u}_i^*(t)=\boldsymbol{u}_i(t-1)+0.1D_i^f(\boldsymbol{G}\boldsymbol{u}_i(t-1)) \tag{4.7}$$

$$衰减:\boldsymbol{u}_i(t)=(1-0.1D_i^c)\boldsymbol{u}_i^*(t) \tag{4.8}$$

其中 $\boldsymbol{u}_i$ 是第 i 个转录因子（TF）在所有网格点上的浓度向量，矩阵定义了哪些网格点是相邻的。内部 TFs 只会经历衰减过程：

$$c_i^{\text{int}}(t)=(1-0.1D_i^c)c_t^{\text{int}}(t-1) \tag{4.9}$$

假设所有内外转录因子（TFs）的浓度在[0, 1]之间。

为了模拟生物系统的发育，模型中包含了母体形态发生素梯度，这些梯度由预定义的转录因子表示。母体形态发生素梯度在生物发育的早期阶段起着重要作用。在 Schramm 等[117]构建的模型中，第一个转录因子模拟了生物发育中的头尾轴（x 方向），而第二个转录因子模拟了背腹轴（y 方向）。

在讨论结构单元（SUs）时，需要注意它们用于编码细胞行为及其相关参数。例如，用于细胞分裂的 SU 编码了分裂角度，指定子细胞将被放置的位置。当细胞死亡的 SU 被激活时，该细胞将在该发育时间步骤中死亡。如果在同一发育步骤中同时激活了细胞死亡和细胞分裂，则优先执行细胞死亡。有关基因组结构的示例，可以参见第2章的图2.10。

在每个发育步骤中，将依次执行以下操作。首先，计算所有内部和外部转录因子的浓度，模拟扩散和衰减过程。其次，根据各细胞的基因和转录因子浓度确定其激活水平。最后，执行所有被激活的 SUs 的细胞和基因行为，并实施细胞之间的物理相互作用。

正如在第2章中已经讨论过的，细胞动力学可以通过外部转录因子相互耦合，这些转录因子会根据它们的位置经历扩散和衰减过程。参与细胞行为调控的转录因子数量由基因组中的参数和生成的基因调控网络（GRN）决定。模型从单个细胞和两个母体形态发生素梯度开始，随着发育的进行，细胞数量根据细胞分裂或死亡的激活情况而变化（通常在开始时增加）。

然而，由于计算资源的限制，模拟中可能需要指定一个最大细胞数量。换句话说，如果发育过程未达到动态稳定状态，则在达到最大细胞数量时，模拟将停止。

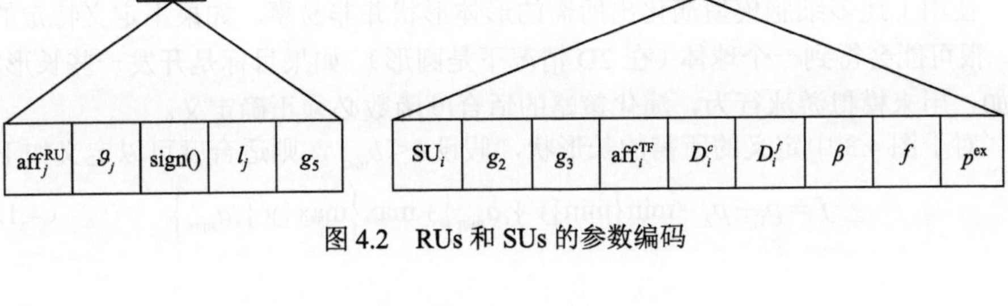

图 4.2　RUs 和 SUs 的参数编码

RUs 中最相关的参数编码在图 4.2 中显示，其中 $\mathrm{aff}_j^{\mathrm{RU}}$ 是 RU 的亲和力值，ϑ_j 是浓度的阈值，$\mathrm{sign}\in[0,0.5]$ 范围内是抑制性的，$\mathrm{sign}\in[0.5,1.0]$ 范围内是激活的，l_j 是 RU_j 的强度。在 SU 中，$\mathrm{SU}_i\in[0,0.2]$ 范围内产生一个转录因子，$\mathrm{SU}_i\in[0.2,0.4]$ 范围内编码细胞分裂，$\mathrm{SU}_i\in[0.4,0.6]$ 范围内编码细胞死亡，$\mathrm{aff}_i^{\mathrm{TF}}$ 是转录因子的亲和力，D_i^c 是衰减率，D_i^f 是扩散率，β 是表达率，f 是根据方程（4.6）定义的分裂角度，p^{ex} 表示外部转录因子。其他该模型中未使用的基因如文献[102]中所提供。

4.4 演 化 系 统

4.4.1 遗传算子

我们使用一种变体的演化策略，其中父代种群大小为 $\mu=30$，子代种群大小为 $\lambda=200$。采用非精英选择方案（μ,λ）（参考第 1 章），但可以保留父代种群中一小部分表现最佳的个体，以加快收敛速度。另一个变化是步长 σ 可能需要固定为一个非常小的正值。设 x_i 为编码在染色体中的实值参数，突变操作会改变其值如下：

$$x_i' = x_i + z_i \tag{4.10}$$

其中

$$z_i \sim \mathcal{N}(0,\sigma_i) \tag{4.11}$$

其中 $\mathcal{N}(0,\sigma_i)$ 为正态分布。除了突变之外，演化系统还引入了另外三种更符合生物学的操作符，即基因复制、基因转座和基因缺失，以改变生成的基因调控网络的结构。基因复制会随机复制染色体中的一部分 RU 和 SU 序列，并随机将其插入到染色体中的另一个位置。基因转座操作则会从 RU 和 SU 中随机选择一个基因序列，并将其移动到染色体中的另一个随机选择位置。最后，基因缺失操作会随机移除基因组中的一部分基因。这三个基因操作将以预定义的、通常较小的概率 p_{dup}、p_{trans} 和 p_{del} 进行。关于基因复制和基因转座的说明性示例可在第 2 章的图 2.11 中找到。

4.4.2 适合度函数

使用上述多细胞模型演化出所需的形体形状并非易事。如果不定义特定的形状，很可能会得到一个球体（在 2D 情况下是圆形）。如果目标是开发一些长形状，例如，用来模拟游泳行为，演化策略的适合度函数必须正确定义。

对于图 4.3 中定义的所需的长形状，假设 $a<b_{\max}$，则适合度可以定义如下：

$$f = p_1 - p_2 - \min\left\{\min_i\{y^i\}, a_{\min}\right\} + \max\left\{\max_i\{y^i\}, a_{\max}\right\} \tag{4.12}$$

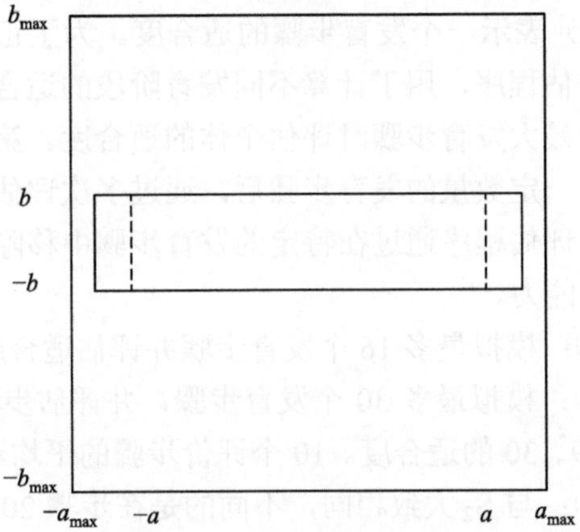

图 4.3　所需长形状的定义

所有细胞应连接，并位于 $[-a,a]$ 和 $[-b,b]$ 之间。位于黑色矩形（分别由两条实线和虚线围成的矩形）外的细胞将受到惩罚。$[-a_{max},a_{max}]$ 和 $[-b_{max},b_{max}]$ 定义了模拟场域

其中 (x^i,y^i) 表示第 i 单元格的位置，

$$p_1=\begin{cases}(a+b_{max})-\min_i\{x^i\}, & \min_i\{x^i\}<-b_{max}\\ -a, & -b_{max}<\min_i\{x^i\}<-a\\ \min_i\{x^i\}, & \text{其他}\end{cases} \tag{4.13}$$

且

$$p_2=\begin{cases}-(b_{max})-\max_i\{x^i\}, & \max_i\{x^i\}>b_{max}\\ a, & b_{max}>\max_i\{x^i\}>a\\ \max_i\{x^i\}, & \text{其他}\end{cases} \tag{4.14}$$

为了限制形态的大小（即细胞数量），如果细胞数量 n_c 大于预定义的上限（如 500 个），则需要引入一个惩罚项。然而，细胞数量也应不低于某个特定的下限（如 10 个），以确保生成合理的形态。如果 n_c 超出范围，将分配一个较大的适合度值（此处的适合度函数是要最小化的）。此外，如果个体由不相连的部分组成，即一个或多个细胞与所有其他细胞的距离过大，则适合度也将设置为一个预定义值，该值不应太大或太小，否则会对演化过程造成过度干扰。

4.5　实验结果与讨论

4.5.1　实验设置

为了评估演化发育模型，设计了三个实验来检验系统的特性，包括稳定生长

和再生。方程（4.12）表示一个发育步骤的适合度。为了正确评估动态稳定性，定义了三种不同的评估程序，用于计算不同发育阶段的适合度。第一个评估程序在特定的、预定义的最大发育步骤时评估个体的适合度。第二个评估程序模拟更多的发育步骤，并在一定数量的发育步骤后，通过多次评估的平均值来计算最终的适合度值。第三个评估程序通过在特定的发育步骤中移除一定数量的细胞来检查多细胞模型的再生能力。

（1）设置 1（S_1）：模拟最多 16 个发育步骤并评估适合度。

（2）设置 2（S_2）：模拟最多 30 个发育步骤，并评估步骤 16、17、18、19、20 和 26、27、28、29、30 的适合度。10 个评价步骤的平均适合度即为适合度值。

（3）设置 3（S_3）：与 S_2 大致相同，不同的是在步骤 20 中故意移除$-5<x<5$的细胞。

根据方程（4.12）～方程（4.14）定义的适合度函数，如果将 a、b、a_{max} 和 b_{max} 分别设置为 30、5、50 和 40，则最佳可达适合度为-50。对于 S_2 和 S_3，同样的适合度会计算 10 次，并考虑有限的计算资源进行平均。如果个体的适合度达到最大值或迭代次数达到 1000 代，模拟将停止。为了加速模拟过程，可以对代码进行并行化处理。

4.5.2 稳定增长的可演化性

在 10 次独立运行中，三种设置的适合度曲线如图 4.4 所示。结果表明，设置 S_1 的平均适合度优于 S_2 和 S_3，这说明在 S1 设置中演化出所需形状更为容易。在 S_1 中，10 次实验中有 4 次成功得到了所需的形状，仅 1 次实验完全失败，适合度为-31.94。在不移除细胞的设置 S_2 中，只有 1 次实验得到了全局最优解，但也只有 2 次实验完全失败，适合度低于-40。相比之下，在设置 S_3 中（移除细胞的实验），10 次运行中只有 2 次成功得到了全局最小值。

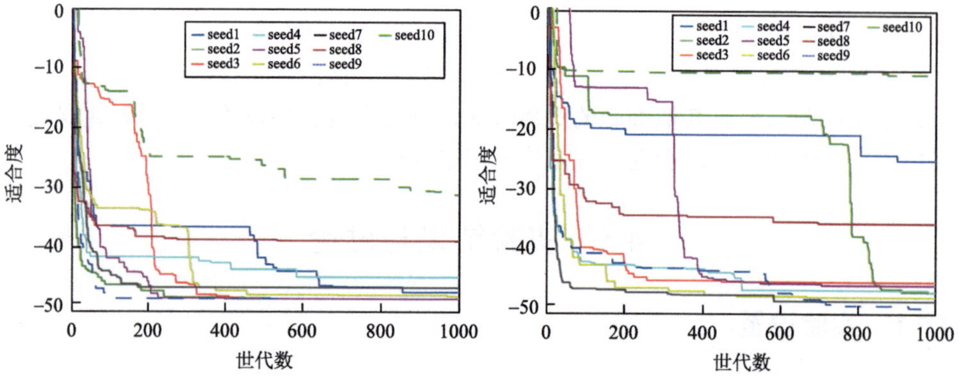

(a) S_1　　(b) S_2

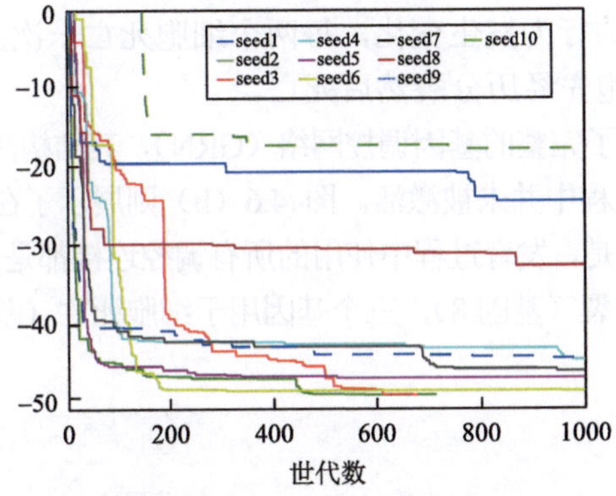

(c) S_3

图 4.4　在三种不同的适合度函数设置下，最佳个体在 10 次独立运行中的适合度曲线[222]

在使用不同适合度函数演化人工生物体时，了解一个设置中演化出的稳定生长是否也可以在另一个设置中实现，是非常有意义的。文献[117]发现，个体最有可能在与其演化环境相同的条件下发育成所期望的长形状，这是预期的结果。显然，S_2 和 S_3 中演化出的个体在设置 S_1 中仍然能够获得较好的适合度（尽管略有下降），而在 S_1 中演化出的个体在 S_2 和 S_3 设置中则表现不佳。在 10 次运行中，S_1 中演化出的个体在任何情况下都无法达到动态稳定状态，这表明只有在明确施加朝向自稳定生长的选择压力时，才能演化出动态稳定生长。另外，文献[117]的结果表明，在三种情况下，S_2 中演化出的个体在 S_3 中也能表现良好，这意味着一旦演化出实现动态稳定状态的基因机制，个体就能够自我再生（自愈），即使在发育过程完成后移除了一些细胞。在这一实验中，10 次演化出稳定生长的运行中可以观察到 3 次再生的现象。

4.5.3　稳定发育的基因调控网络

了解哪些基因调控网络能够成功实现稳定生长是非常重要的。为此，我们需要分析在上述三种设置中演化出的基因调控网络的动态特性，并特别关注实现动态稳定生长和再生过程背后的网络结构。因此，我们选择每种设置中演化出的最佳个体之一进行深入分析，研究其基因网络的特征，并分析基因在发育过程中的活化情况。

1. 在 S_1 中演化的基因调控网络

图4.5显示了从 S_1中演化出的最佳个体的形态发育过程的8个快照。在发育的初始阶段，中间部分（*y* 方向）的细胞进行分裂，而上部的细胞发生死亡，下部的细胞保持静止状态；在第12个发育步骤后，下部的细胞开始激活死亡；在第15 个

发育步骤时，细胞的行为发生变化，每两个细胞死亡一次；随后，在接下来的发育步骤中，每个细胞先经历分裂然后死亡。

图 4.6（a）显示了完整的基因调控网络（GRN），其结构高度连接。然而，其中许多连接在整个发育过程中并未被激活。图 4.6（b）则展示了在发育过程中被激活的调控连接。需要注意的是，发育过程中使用的所有调控连接都是已被激活的。具体来说，一个基因用于细胞分裂（基因 8），三个基因用于细胞死亡（基因 3、24 和 35）。

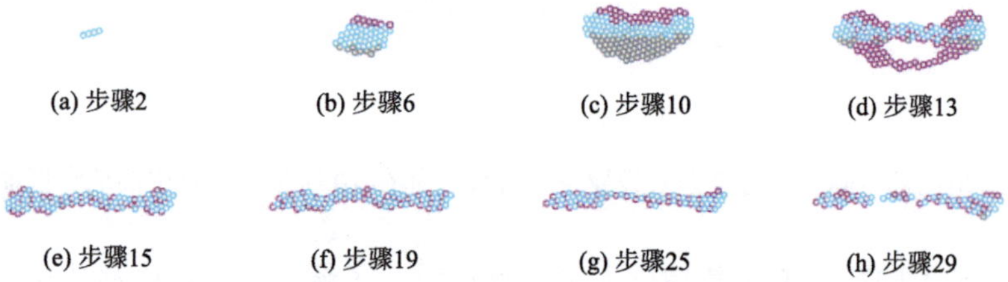

图 4.5　来自第 9 次运行的 S_1 最佳个体的发育过程[222]

图中即将在下一个发育步骤中分裂的细胞标记为蓝色，即将死亡的细胞标记为洋红色，而保持静止的细胞则标记为灰色

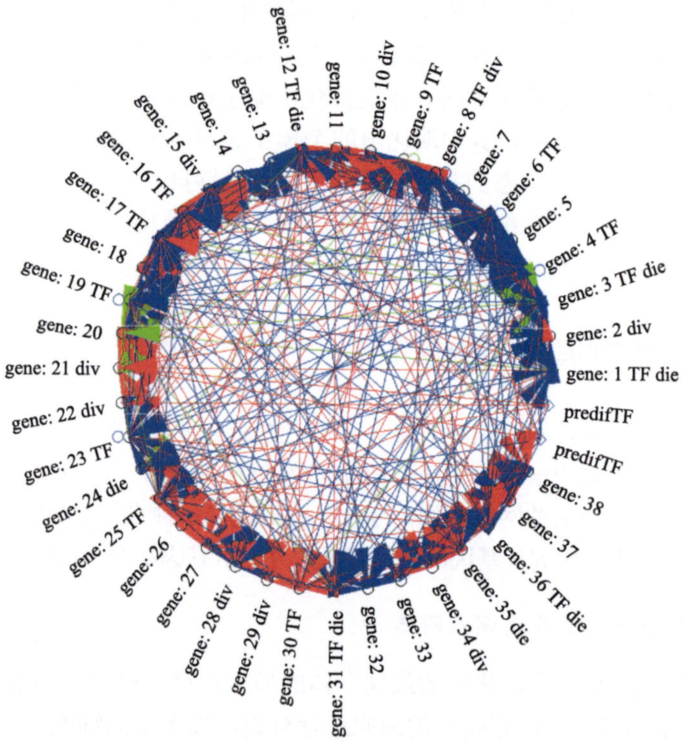

(a) 全连接

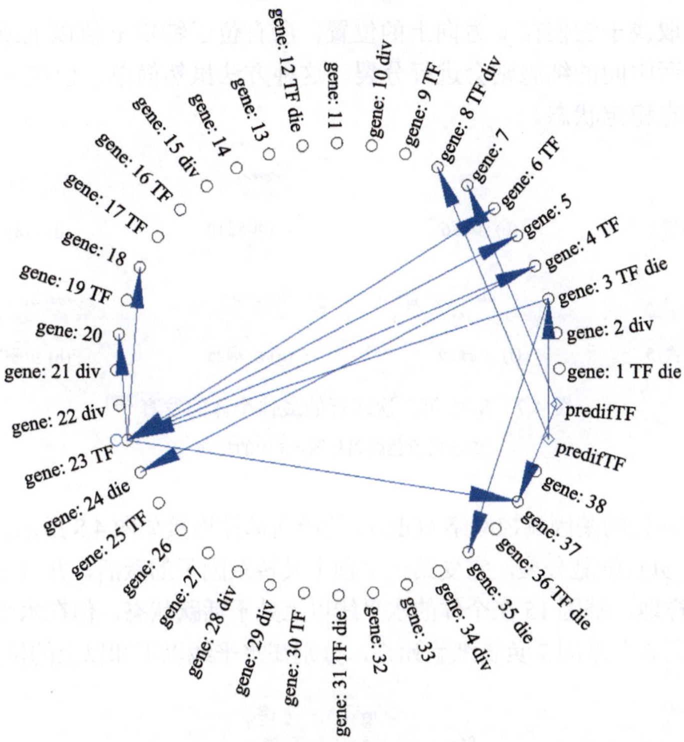

(b) 激活的连接

图 4.6　来自第 9 次运行的 S_1 最佳个体的基因调控网络（GRN）[222]

图中的点表示不同的基因，菱形表示两个预扩散的母源转录因子。箭头表示不同转录因子与基因之间的调控连接。（a）展示了编码在基因组中的所有可能的相互作用，（b）仅说明了在发育过程中实际使用的相互作用。红色箭头表示抑制连接，蓝色箭头表示激活连接，绿色箭头表示既有激活又有抑制作用的连接

通过对比个体的基因激活状态与其生长表现型的关系，我们发现，负责细胞分裂的基因在位于固定 x 位置以上的细胞中处于活跃状态（具体见图 4.5）。由于基因调控网络（GRN）在同一细胞中同时激活细胞死亡和细胞分裂功能时，细胞死亡会优先于细胞分裂实施，第一个母源转录因子还会激活编码细胞死亡的基因 3，并使其在水平线以上的区域内变得活跃。尽管基因 3 和基因 35 同时被激活，但它们对发育过程没有进一步的影响。基因 24 的激活机制更加复杂，它依赖于基因 4 的激活，而基因 4 的激活则受基因 23 的影响。基因 4 的激活始于发育步骤 10，被激活的基因 4 会在其所在细胞的中部产生高浓度的转录因子。每个细胞需要经过两个发育步骤才能产生足够的转录因子以激活基因 24。

2. 在 S_2 中演化的基因调控网络（GRN）

第二个例子是设置 S_2 中第 2 次运行的最佳个体，其发育过程如图 4.7 所示。

细胞的功能取决于它们在 y 方向上的位置。所有位于特定 y 值以上或以下的细胞都会死亡，而中间的细胞则会进行分裂。这种方法虽然简单，但在 y 方向上有效地实现了动态稳定状态。

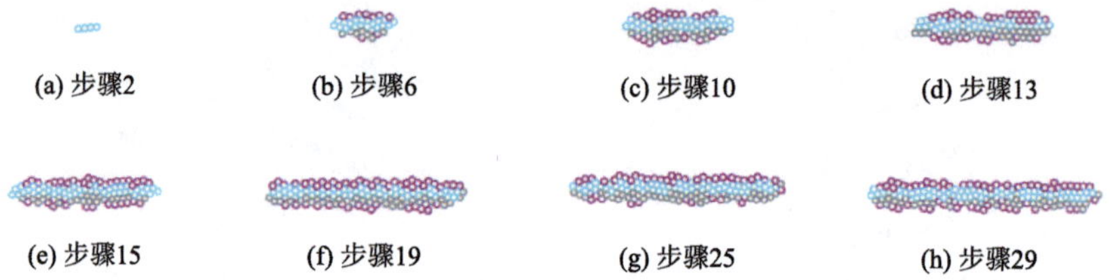

图 4.7 S_2 中第二次运行的最佳个体的发育[222]

细胞的颜色编码与图 4.5 中的相同

在 S_2 中演化的基因调控网络（GRN）的激活调控连接如图 4.8 所示。在 GRN 中，只有基因 15 负责细胞分裂，它受第一个预定义转录因子的激活，并被第二个转录因子抑制。同样地，基因 15 在个体的水平线以上处于活跃状态，但在水平线右侧区域被抑制。基因 6 和基因 7 负责细胞死亡，分别在水平线以下和以上的位置被激活。

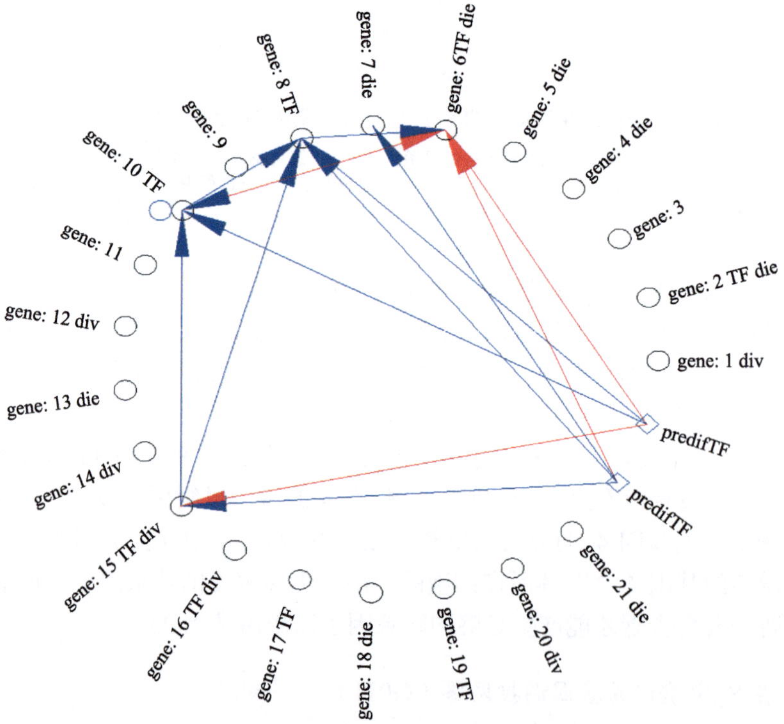

图 4.8 S_2 中第二次运行的最佳个体[222]的基因调控网络（GRN）

3. 在 S_3 中演化的基因调控网络

S_3中的第三个示例个体的发育过程如图4.9所示。尽管激活的基因调控网络（GRN）有很大差异（图4.10），但该个体的发育过程与 S_2中的第二个个体相似。由于激活的 GRN 连接仍然较为复杂，我们通过移除在发育过程中被激活但不影响个体适合度的所有连接，进一步简化了网络。激活的 GRN 及其修剪后的版本如图4.10所示。

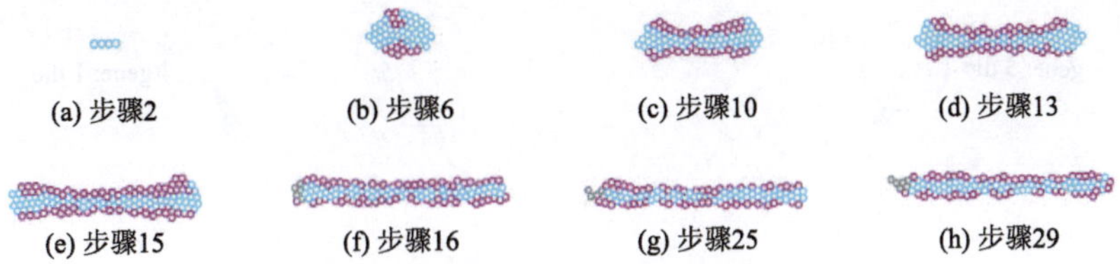

图 4.9　S_3 中最佳个体[222]的发育

细胞的颜色编码与图 4.5 中的相同

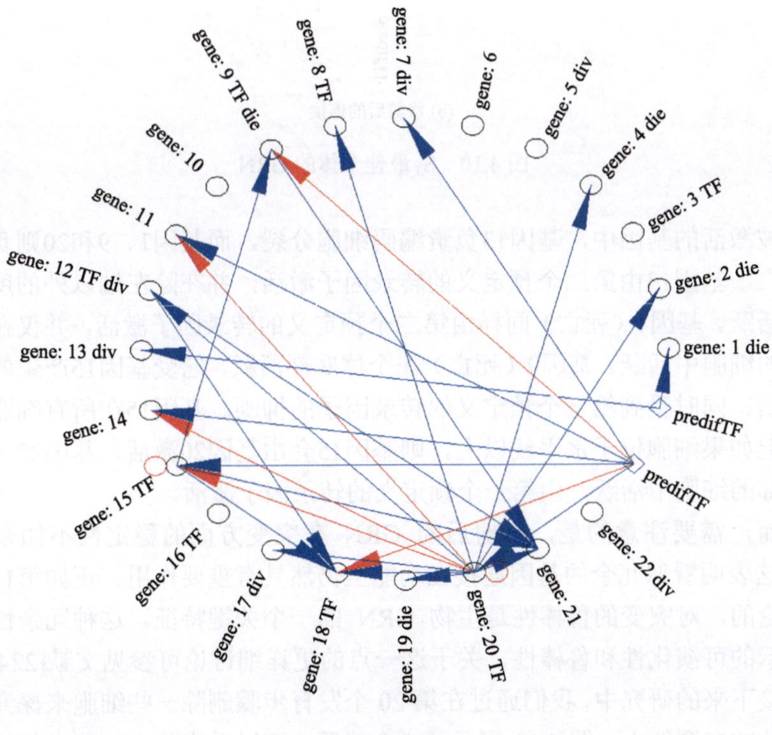

(a) 激活的连接

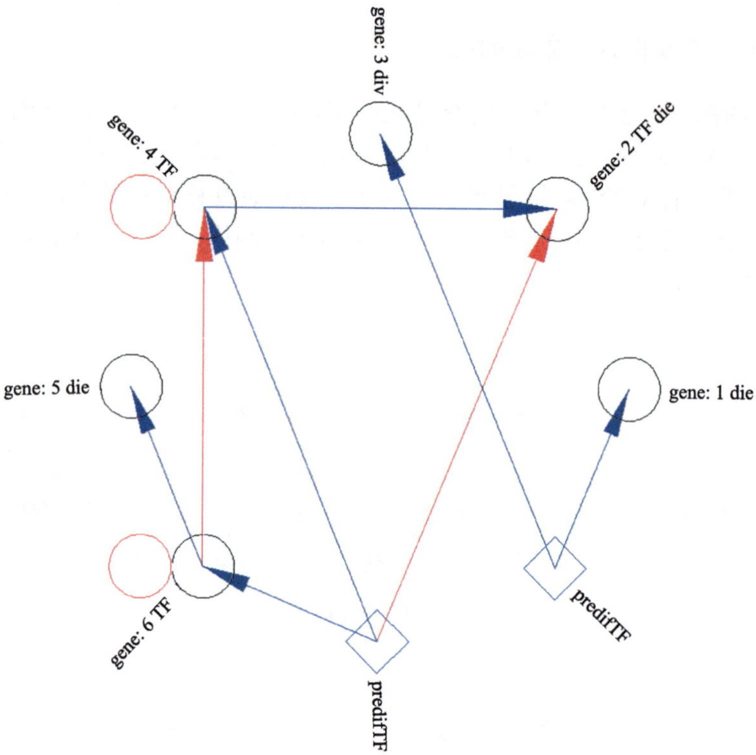

(b) 修剪后的连接

图 4.10　S_3 最佳个体的 GRN

在被激活的基因中，基因13负责编码细胞分裂，而基因1、9和20则负责编码细胞死亡。基因13由第二个预定义的转录因子激活，并在除左端以外的所有细胞中保持活跃。基因1（死亡）同样由第二个预定义的转录因子激活，并仅在位于个体右端的细胞中活跃。基因9（死亡）在个体底部活跃，它受基因15产生的转录因子的激活，同时受到第一个预定义的转录因子的抑制。基因15在所有细胞中均被激活，但如果细胞位于水平线以上，则基因15会由基因20激活。基因20（死亡）仅在顶部的细胞中活跃，由第一个预定义的转录因子激活。

然而，需要注意的是，修剪后的 GRN 在突变方面的稳定性不如未修剪的 GRN，这表明看似冗余的基因连接在功能上仍然具有重要作用。正如第1章和第2章中讨论的，对突变的鲁棒性是生物 GRN 的一个关键特征。这种冗余性提高了基因表示的可演化性和鲁棒性，关于这一点的更详细讨论可参见文献[224]。

在接下来的研究中，我们通过在第 20 个发育步骤删除一些细胞来探究演化出的生物体的自愈能力。图 4.11 展示了 4 个快照，可以看出其中一些中部的细胞被移除后，生物体能够在大约 5 个发育步骤内重新生长出细胞。这并不令人惊讶，

因为在 S_3 的实验设置中，生物体中部的一些细胞也在第 20 步被移除。随后，我们又移除了生物体左端的一些细胞，其愈合过程如图 4.12 所示。有趣的是，无论细胞被移除的位置如何，演化出的生物体都显示出了良好的自愈能力，这表明自愈能力可以通过所呈现的演化发育系统成功演化出来。

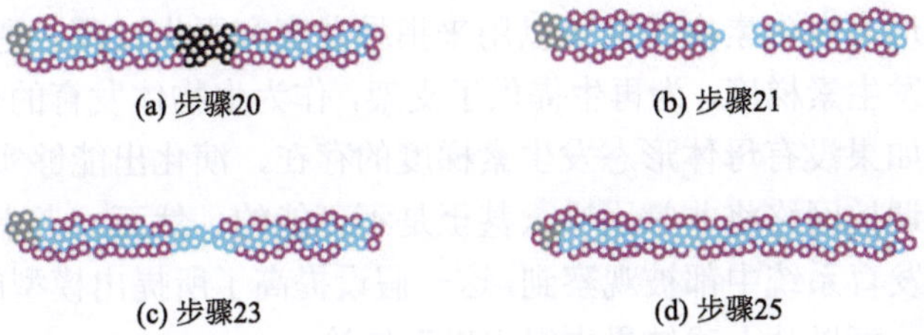

图 4.11　在第 20 步[222]删除中间一些细胞后，演化出的生物体的自愈。到第 25 步时，生物体已自我愈合

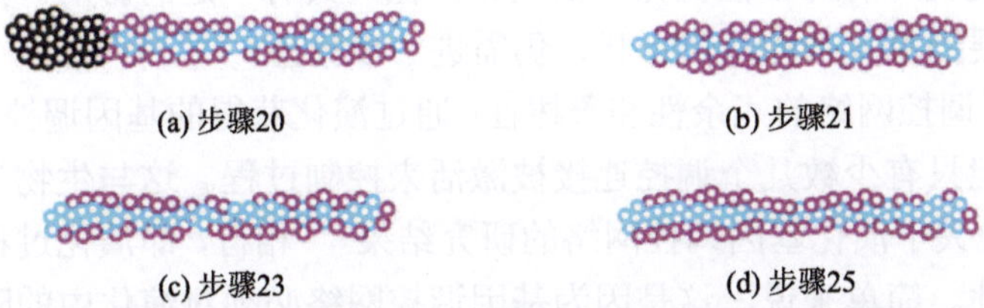

图 4.12　在第 20 步[222]删除左端一些细胞后，演化出的生物体的自愈。到第 25 步时，生物体已自我愈合

4.5.4 讨论

上述演化发育模型旨在演化出人工生物体的细胞形态，其生长过程由基因调控网络（GRN）控制。该模型无须依赖额外的功能（如接触抑制或邻近细胞的存在），就能够演化出在发育过程中实现自我稳定生长和自愈的动态稳定状态。在这种动态稳定状态中，细胞更替处于平衡状态，即细胞增殖与死亡的数量相当。需要注意的是，动态稳定状态只能通过在多个发育步骤中对每个个体进行评估来实现。

人工生物体的自愈（再生）能力更可能是高形态可塑性的结果。有研究推测，一旦形态可塑性已经演化出来，即使再生尚未实现，也可能比直接发现动态稳定生长更容易通过额外演化功能性基因调控网络来实现再生。对基因调控网络的详细分析表明，大多数个体通过使用模拟母体形态发生素梯度的扩散前转录因子来对细胞死亡进行位置依赖的控制，从而实现动态稳定的生长和再生。

需要注意的是，在演化情景 S_1中，演化出的个体在10次运行中都未能达到动态稳定状态。这表明，演化出动态稳定性比演化出预定义的特定形状更具挑战性。然而，值得指出的是，可以设想其他的评价方案（选择压力）。例如，若在不同的发育步骤对个体进行评价，并记录其最佳值，适合度将不再依赖于特定的发育步骤，尽管只有某个步骤被评估。该模型的一个重要假设是，预扩散的形态发生素梯度（母体形态发生素梯度）可以用来指导发育和再生过程。通过引入并人工维持母体形态发生素梯度，为再生提供了支架，作为生物体发育的全局坐标系统。有研究提出，如果没有母体形态发生素梯度的存在，演化出能够实现动态稳定性和再生的基因调控网络将非常困难，甚至是不可能的。然而，考虑母体形态发生素梯度在许多发育系统中都被观察到，这一假设提高了所提出模型的生物合理性。

总体而言，可以从上述结果中得出以下结论。

（1）细胞生长的简单形态演化：在不引入生物学上不太合理的硬性约束（如将细胞固定在网格上或接触抑制）的情况下，模型成功演化出了简单形态的细胞生长。这一发现可能对工程优化（如拓扑优化）具有一定的影响。然而，该方法是否可以扩展到更复杂的几何形状，仍需进一步验证。

（2）基因调控网络的冗余性和鲁棒性：通过演化获得的基因调控网络（GRNs）尽管复杂，但只有少数几个调控连接被激活来控制过程。这与生物学中的发现一致，也与其他关于演化基因调控网络的研究结果[117]相符，即演化过程中需要一定程度的冗余性。简单来说，这是因为基因调控网络必须对演化中的随机基因突变保持不敏感。

（3）再生和自愈的启示：再生是一个极有吸引力的研究主题，基于该模型的发现只是触及了对自愈能力的理解。自稳定生长和自愈的机制不仅对生物系统至关重要，对工程设计也同样关键。在实验中观察到的形态高度可塑性可能会在工程模拟中导致高度动态的模拟网格。

4.6 总　　结

自稳定生长和自愈是许多生物系统中两个最重要的特征。然而，自愈和再生背后的基因和细胞机制仍然是未解之谜[225, 226]。基于生物学上可行的模型来理解计算系统中的再生，不仅对生物学家具有吸引力，也对设计自愈材料的工程师具有重要意义。本章介绍了一个由基因调控网络控制的多细胞发育模型。为了使模型在生物学上更具合理性，进行了几项改进，例如，去除了将细胞固定在特定网格上的要求、接触抑制机制，以及对邻近细胞数量的依赖。模型使用的虚拟基因组包含调控单元和结构单元，这些单元不仅可以通过突变进行改变，还可以通过基因复制、基因转座和基因缺失来修改。模型中使用的一个重要信息是母体形态发生素梯度，这在生物形态发育中至关重要，并已证明对实现自稳定生长和再生是不可或缺的。

另一个重要发现是，自稳定生长和自愈是演化中的内嵌属性，这意味着这些特性只有在演化过程中受到选择压力时才会出现。此外，研究还表明，演化的基因调控网络具有高度的冗余性，进一步确认了在自然演化中，鲁棒性是一种必需的属性，无论是在生物系统还是在计算环境中。

第 5 章　神经发育的演化

5.1　引　言

神经发育和形态发育是紧密相关的，两者都对认知发育至关重要。在第 4 章中，我们介绍了一个多细胞生长模型，尽管该模型处于一个高度抽象的层次，但揭示了一些有趣的发现，这些发现对于理解生物形态发育非常有价值，并可能对工程设计提供启示。在本章中，我们将介绍一些研究工作，这些工作旨在理解神经发育演化中的组织原则，包括早期神经发育和活动依赖的神经发育。在早期神经发育的演化中，我们重点探讨自然界中不同神经结构背后的原则。而在神经可塑性的演化中，我们关注神经可塑性在提高学习性能方面的作用，特别是如何减少在学习感知输入结构时的干扰。值得注意的是，正如在第 1 章中提到的，早期神经发育（主要由基因驱动）和神经可塑性的演化（依赖于活动）都或多或少地受到环境的影响。

5.1.1　神经演化和发育中的跃变

神经系统的演化涉及三个主要方面，这对生物学家和计算机科学家都非常有吸引力。第一个方面是神经系统结构的演化转变；第二个方面是神经功能的变化；第三个方面是神经结构与其功能之间的关系，以及神经发育和形态发育之间的耦合。一般来说，神经系统根据其结构可以分为两类：扩散神经系统和中央神经系统。扩散神经系统的结构通常出现在最原始的神经系统中，这些系统的神经元（神经细胞）分布在整个生物体中[227]。尽管在这些系统中可能存在神经节（局部神经元的集中区域），但它们不像大脑那样有大量神经细胞聚集。扩散神经系统存在于如水螅等刺胞动物中，这些动物拥有最古老的神经系统。刺胞动物的神经系统以径向对称的方式分布在它们的身体结构中，相似的部分围绕中空的体壁对称排列。然而，扩散神经系统的功能复杂性有限，例如，它们无法执行波动式运动。相比之下，波动式运动可以由双边对称的神经系统实现，这是一种中央神经系统的表现形式。中央神经系统包括简单的双边对称神经系统（如扁虫的神经系统）、适度头部化的神经系统，以及更复杂的脊椎动物的神经系统。普遍认为，各种神经系统都是从原始的扩散神经系统演化而来的，这意味着神经系统在其结构上经历了重大转变。因此，探索哪些基因和细胞机制及选择压力（环境影响）决定了这些跃变，是一个非常有趣的研究方向。

在本章中，我们将介绍一种计算模型，旨在通过使用水螅作为模型动物，深入了解原始神经系统的演化和发育组织原则。随后，我们将重点探讨神经可塑性规则的演化，这些规则用于自组织特定类型的神经网络结构，例如，在储备池计算中通过基因调控和局部性来增强功能性能。神经发育与形态发育之间的耦合将在第 6 章进行详细讨论。

5.1.2　神经自组织机制

理解生物神经系统自组织的原理对于理解人类认知至关重要。通常情况下，神经自组织可以从演化和发育两个角度进行研究。在演化历史上，神经系统经历了一些重要的转变或分化，例如，从水母的扩散神经结构到扁虫的双边对称神经结构[228]。已有研究建立了计算模型，用于协同演化生物的神经系统和体型，基于对原始生物如水螅和扁虫的研究，结果表明能量效率可能是神经自组织中的一个重要约束条件[148, 150]。此外，神经系统与形态的演化之间存在强烈的耦合关系[117, 229]。

与此同时，越来越多的证据表明，成年人大脑经历着密集的重塑[230]，这一过程涉及神经可塑性，包括对现有连接的强化或削弱，甚至新突触的形成和现有突触的消除。Merzenich 和 Kaas 等的开创性研究[231, 232] 表明，一旦感觉神经被切断，它们所对应的皮层区域会重新组织，以接收来自周围神经的信号。这种拓扑适应只能通过神经可塑性来实现，这表明了神经可塑性的经验依赖性，以及它在形成持续学习能力中的核心作用。

5.2　早期神经发育的演化

5.2.1　概述

利用计算模型来理解生物神经组织的演化正引起越来越多的关注。在这一研究领域中，有两个问题至关重要，以确保其在生物学上的可信度。首先，神经组织的演化应当与形态的演化相耦合[233, 234]。其次，神经发育对神经系统演化的影响也应考虑[235]。目前，已经有几种用于神经发育的计算模型被提出。Cangelosi 等[236] 提出了一个利用规则重写系统进行细胞分裂和细胞迁移的发育模型。Kitano[37]提出了一种包括代谢反应和扩散过程的神经发生模型，尽管尚未考虑神经网络的功能性。另一个使用循环人工神经网络的模型被用于对 Khepera 机器人的脉冲神经网络进行发展建模[237]。关于神经发育的计算模型的全面概述可以在参考文献[238]中找到。

接下来，我们将介绍一种早期神经发育的计算模型[110]，旨在探讨神经发育的基本要求，特别是正确的发育顺序，即首先是细胞分裂，其次是细胞迁移，最后是轴突生长[239]。这一过程可以通过随机初始化的基因调控网络（GRN）进行演化。与第 4 章中用于形态发育的 GRN[240]类似，本章神经发育模型的 GRN 由一些结构基因单元组成，其表达受到调控基因单元的控制。为了在有意义的环境中演化神经发育，我们使用水螅作为模型动物，因为水螅拥有最古老的生物神经系统，具有分散的结构。在发育过程中，神经元分布在模拟水螅体的圆柱体表面，并根据彼此之间的距离以反比例概率进行连接。发育出的神经系统的功能是通过摆动形体（以及触手）来模仿水螅的捕食行为的，同时将足部固定在地面上。之后，对已形成的神经系统的连接性和权重进行了进一步的调整。

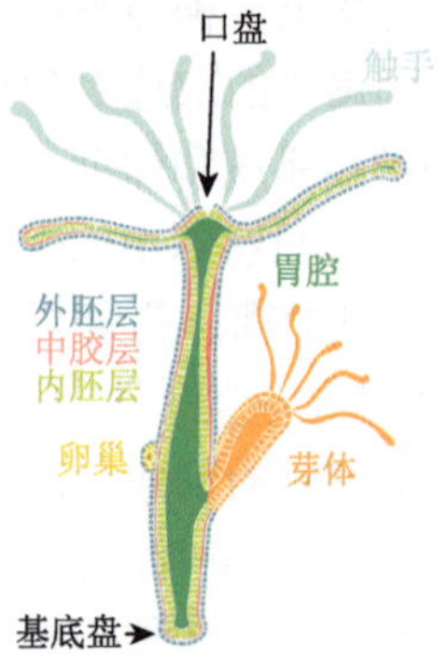

图 5.1　水螅及其上皮层的示意图（插图来自 162611419 © Luayana—Dreamstime.com）

5.2.2　水螅模型

淡水水螅是一种小型的刺胞动物，长度约为 0.5～2cm，生活在淡水中。从生物学上讲，它属于刺胞动物门，因此与许多水母物种有关。对于生物学家来说，水螅是一种非常有趣的动物，因为它具有强大的再生能力。如果将水螅切成几块，每一块都会形成一个小的“头”和一个小的“脚”（基底盘）。这一过程在极少的细胞分裂情况下发生，通过对现有碎片的重新组织来进行，这一过程称为形态重构[241]。当小水螅获得足够的食物后，它们会生长并最终达到正常大小。如果这些碎片放入离心机中，它们实际上可以重新聚集成一个完整的水螅[242]。水螅的体部基本上呈管状，顶部延伸出触手，如图 5.1 所示。其体壁由内层的内胚层、中间的中胶层和外层的外胚层组成，内胚层和外胚层形成上皮层，而神经元位于中胶层内。水螅使用触手来捕捉猎物，依靠嗅觉传感器来检测食物。触手和形体的运动由一个发达的脉冲神经网络控制。在实验中，水螅样动物的物理模型以一个高度抽象的方式模拟了真实水螅。这个模型由一个圆柱体组成，顶部均匀分布着四根触手。每根触手由一个肌肉细胞驱动，这些肌肉细胞受一个由运动神经元、中间神经元和感觉神经元组成的神经网络控制，所有这些神经元均被建模为脉冲积分神经元，如图 5.2 所示。

为了简化实验设置，四个感觉神经元和四个运动神经元放置在形体顶部，而中间神经元的数量和位置则由发育过程决定。在控制神经发育的 GRN 演化过程中，四块食物依次掉落在形体周围，最近的感觉神经元会生成一定数量的脉冲，作为神经网络的输入。

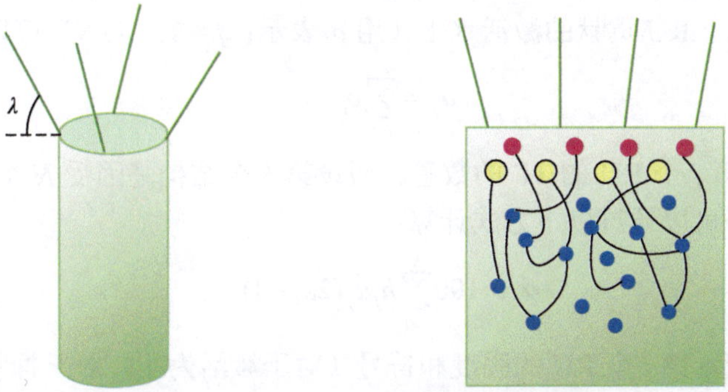

(a) 体型设计包含四个均匀分布的触手　(b) 展开体壁的二维区域中显示的神经系统（红色、黄色和蓝色的点分别表示运动神经元、感觉神经元和中间神经元）

图 5.2　水螅样动物模型

5.2.3　早期神经发育的基因模型

在我们的模型中，基因组由代表基因的结构单元（SUs）组成，这些基因能够引发特定的细胞行为，如细胞分裂、细胞迁移、轴突生长和细胞死亡，或产生转录因子（TFs）以促进细胞内和细胞间的相互作用。这些 SUs 由前后的一些调控单元（RUs）进行控制。图 5.3 展示了一个示例。需要注意的是，多个 RUs 可以调控一个或多个 SUs 的表达，而 RUs 可以是激活性的（RU^+）或抑制性的（RU^-）。模型中模拟了三种不同的细胞类型，即干细胞、间质细胞（分裂后）和神经元（轴突生长后），这取决于结构单元的激活状态。此模型中的基因结构与第 4 章中多细胞生长模型所使用的基因结构非常相似。

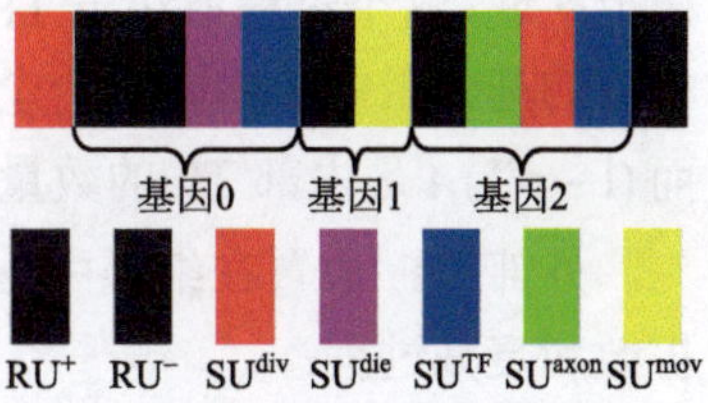

图 5.3　这是调控早期神经发育的基因的一个例子

与第 4 章中介绍的多细胞生长模型类似，每个调控单元（RU）和转录因子（TF）都具有一定的亲和值，该值决定了 TF 是否可以调控 RU。如果 TF 和 RU 之间的亲和值之差小于预定义的阈值 ε（ε 通常是一个小于 0.5 的正数），则 TF 可以与 RU 结合以进行调控。第 i 个 TF 和第 j 个 RU 之间的亲和重叠（$\gamma_{i,j}$）由以下定义：

$$\gamma_{i,j} = \max(\varepsilon - \left|\mathrm{aff}_i^{\mathrm{TF}} - \mathrm{aff}_j^{\mathrm{RU}}\right|, 0) \tag{5.1}$$

如果 $\gamma_{i,j}$ 大于零，则检查第 i 个 TF 的浓度 c_i 是否高于为第 j 个 RU 定义的阈值 ϑ_j：

$$b_{i,j} = \begin{cases} \max(c_i - \vartheta_j, 0), & \gamma_{i,j} > 0 \\ 0, & \text{其他} \end{cases} \tag{5.2}$$

因此，第 j 个 RU 贡献的激活水平（用 a_j 表示；$j=1, \cdots, N$）可以计算如下：

$$a_j = \sum_{i=1}^{M} b_{i,j} \tag{5.3}$$

其中 M 是调控第 j 个 RU 的 TF 的数量。假设第 k 个结构基因受 N 个 RU 调控，基因的表达水平可以通过以下方式计算：

$$\alpha_k = 100\sum_{j=1}^{N} h_j a_j (2s_j - 1) \tag{5.4}$$

其中 $s_j \in (0,1)$ 表示第 j 个 RU 的强度和符号（对于激活为正，对于抑制为负），受到演化的影响，而 h_j 是表示第 j 个 TF 的调控强度的额外参数。如果 $\alpha_k > 0$，则第 k 个基因被激活，其相应的行为将被执行。

产生 TF 的 SU 编码与 TF 相关的所有参数，例如亲和值、衰减率、扩散率，以及要产生的 TF 的数量：

$$A = \beta \frac{2}{1+\mathrm{e}^{-20\cdot f \cdot \alpha}} - 1 \tag{5.5}$$

其中 f 是同样编码在 SU 中的一个参数，而 β 是 SU 的表达速率参数。

由 SU 产生的 TF 可以部分是内部的（用于细胞间相互作用），部分是外部的（用于细胞内相互作用）。内部 TF 留在细胞内，不扩散。外部 TF 可以扩散到整个模拟区域，这个过程取决于 TF 的扩散参数。为了确定产生的 TF 有多少是外部的，相应的基因组中还编码了一个百分比 ($p^{\text{ex}} \in (0,1)$)。因此，$p^{\text{ex}} A$ 是外部 TF 的数量，而 $(1-p^{\text{ex}})A$ 是内部 TF 的数量。

外部 TF 放置在细胞中心周围的四个网格点上，然后经历以下方程所控制的扩散和衰减过程：

$$\text{扩散：} \boldsymbol{u}_i(t) = \boldsymbol{u}_i(t-1) + 0.1D_i^f(\boldsymbol{G}\boldsymbol{u}_i(t-1)) \tag{5.6}$$

$$\text{衰减：} \boldsymbol{u}_i(t) = \min((1-0.1D_i^c)\boldsymbol{u}_i(t), 1) \tag{5.7}$$

其中 $\boldsymbol{u}_i$ 是第 i 个 TF 在所有网格点上的浓度向量，矩阵 $\boldsymbol{G}$ 定义了相邻的网格点，D_i^f 是扩散参数，而 D_i^c 是衰减率。

除了上述内容外，还有一些由 SUs 定义的参数用于生成细胞行为。对于细胞分裂的 SU，它指定了分裂的角度，以表示子细胞是放置在母细胞的上方还是下方。对于细胞迁移的 SU，它编码了两个参数：一个参数用于确定细胞迁移的方向（向上或向下），另一个参数则用于设定迁移的速度。轴突生长的 SU 编码了神经元的预期寿命（t_{ttd}）和三个参数（c_1，c_2，c_3），确定轴突生长的概率阈值。神经元的有限寿命 t_{life}，由以下高斯分布定义：

$$t_{\text{life}} \sim \mathcal{N}(20t_{\text{ttd}}, 4) \tag{5.8}$$

第 i 个神经元是否连接到第 j 个神经元的阈值计算如下：

$$\phi_{i,j} = \frac{c_1}{1+\mathrm{e}^{c_2(d_{ij}-10c_3)}} \tag{5.9}$$

其中 d_{ij} 是第 i 个神经元和第 j 个神经元之间的距离。距离是在二维区域内计算的，参考图 5.2（b），即沿着圆柱体表面两个神经元之间的距离。然后，生成一个随机数 $p(p \sim \mathcal{N}(0,1))$，如果 $p < \phi_{ij}$，则两个神经元之间将生成连接。中间神经元与感觉神经元之间的连接，以及中间神经元与运动神经元之间的连接，均采用同样的方式确定。然而，模型中并未建模直接的感觉-感觉、运动-运动和感觉-运动的连接。

5.2.4　脉冲神经网络模型

神经网络的动态由脉冲积分-发放（IAF）脉冲神经元进行建模[243]：

$$\tau_m \frac{\mathrm{d}V(t)}{\mathrm{d}t} = -(V(t) - V_{\text{resting}}) + R_m I(t) \tag{5.10}$$

其中 τ_m 是膜时间常数，R_m 是膜电阻，$I(t)$ 是外部电流，$V(t)$ 是膜电位，V_{resting} 是静息电位。当膜电位 $V(t)$ 大于给定的阈值 V_{th} 时，会产生一个脉冲。脉冲事件的特征是其发放时间 t^f。生成脉冲后，膜电位将在不应期 τ_{ref} 内重置为 V_{reset}。在 IAF 神经网络中，神经元的膜电位（V_k）可以通过以下方式计算：

$$V_k(t) = \sum_{i=1}^{H} w_{ik} y_i(t) \tag{5.11}$$

其中 w_{ik} 是神经元 k 和 i 之间的权重，H 是其前突神经元的总数，而 $y_i(t)$ 是第 i 个前突神经元的非加权贡献：

$$y_i(t) = \varepsilon(t - t_i^f - d_{ik}) \tag{5.12}$$

其中 ε 是模拟后突触电位的脉冲响应函数，t_i^f 是神经元 i 的发放时间，而 d_{ik} 是突触延迟。

本书使用神经仿真工具[244]对脉冲神经网络进行了模拟。

5.2.5　发育顺序的演化

1. 虚拟 DNA

模型中模拟了三种不同的细胞类型，即干细胞、间质细胞和神经元。所有细胞都具有分裂、迁移和生成轴突的潜力，不同的细胞行为决定了细胞的类型。最初，所有细胞都是干细胞，并且在达到最终位置时会进行分裂、改变位置或生成轴突。在迁移过程中，细胞称为间质细胞；带有轴突的细胞则称为神经元。在这个模型中，需要遵循一个发育顺序：首先是细胞分裂，然后是细胞迁移，最后是轴突生长，如图 5.4 所示。在生物学中，轴突的生长通常只有在细胞到达其最终位置后才变得明显。在神经发育过程的开始阶段，一些干细胞放置在 $y = 0$ 的区域。在 x 方向上均匀分布。

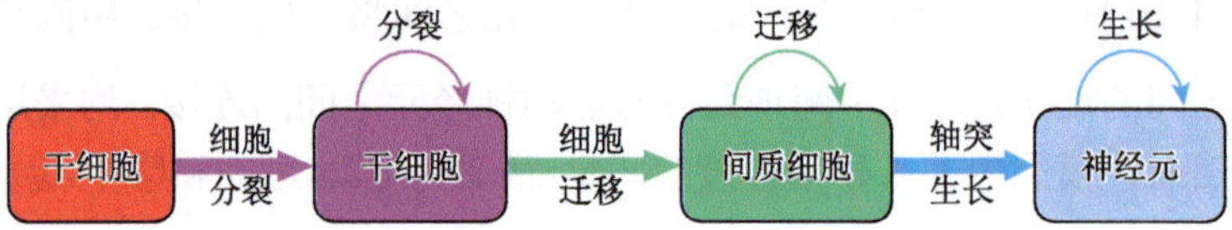

图 5.4　早期神经发育的三个事件顺序：细胞分裂、细胞迁移和轴突生长

2. 手动设计的基因调控网络

为了测试模型的简单性，我们手动编码了一个 DNA 序列（GRN）来模拟生长过程。如图 5.5（a）所示，第一个手动设计的 GRN 代表一个开环控制，可以视为 SIM（单输入调节）网络模体。该 GRN 产生一个逐渐增加的 TF（转录因子），并由预扩散的 TF 激活，从而按照正确的发育顺序激活各个基因。这意味着，所有激活和抑制的 RU 的阈值必须按照这个顺序设置。因此，最低阈值负责激活细胞分裂，接下来一个较高的阈值则负责抑制该过程，然后在停止之前激活下一个动作，最后必须初始化轴突生长。末端还有一个 RU 用于抑制轴突生长。

在该设计中，不同基因类型的结构和数值保持不变，仅允许演化算法更改其他参数。总体目标是通过在神经元的 z 轴位置上演化出高方差，来评估基因表示的灵活性。对于只有一个 SU 用于细胞迁移的情况来说，让神经元在不同方向上迁移是不可行的，但原则上，神经元可以在 z 轴的不同位置停止。然而，结果表明，演化算法在这种设置下未能演化出正确的调控顺序。这可能是由于只有一个逐渐增加的 TF，EA 难以找到最优解，因为相空间只有一维。也就是说，轨迹只能导向一个固定点[245]，而对于复杂的行为，至少需要三个维度。

为了获得更灵活的基因组，我们设计了第二个带有负自调控的手动编码 GRN，如图 5.5（b）所示。在这个 GRN 中，具有分裂、迁移和轴突生长功能的每个基因都拥有独立的 SU 来产生各自的 TF。这意味着，当执行某一动作时，会生成特定的 TF，从而允许每个动作自我抑制并激活下一个动作。通过这个预定义的 GRN，可以找到正确的发育顺序，尽管神经元的 y 轴位置没有发生变化。

因此，还需要检查第三个手动编码的 GRN，如图 5.5（c）所示。在这个 GRN 中，每个基因还引入了另一个 TF，使得相互作用更加灵活。在第二个 GRN 中，例如，当分裂被抑制时，TF2 无法进一步增加。因此，必须使用相同的阈值来激活细胞迁移，而该阈值同时抑制分裂。此时引入的另一个 TF 只有在 TF2 浓度足够高时才能增加，这仅适用于只有内部 TF 的情况，这在生物学上是合理的。

接下来，我们将使用演化算法来优化 GRN，以实现早期神经发育的正确调控动力学。

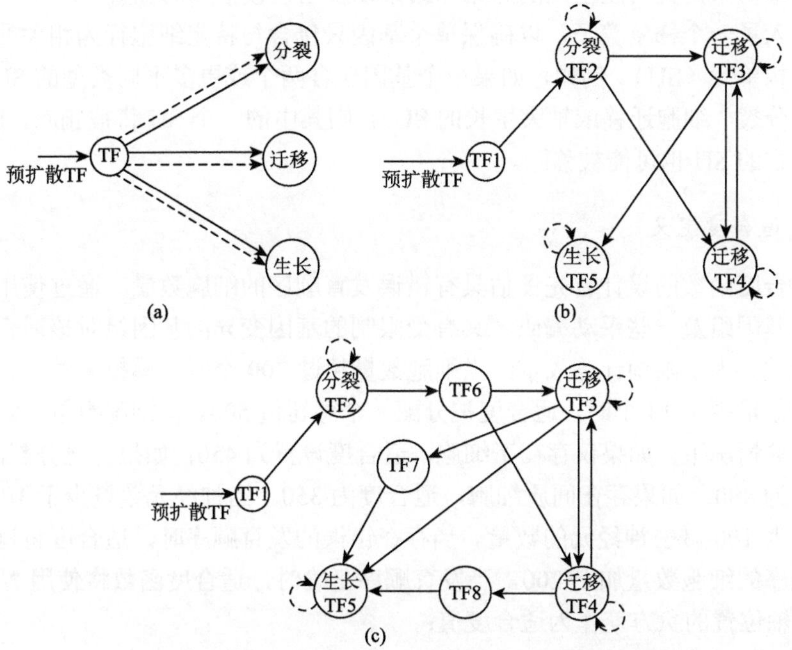

图 5.5　神经发育的三个手动设计的基因调控网络

3. 演化算法

我们应用演化算法来优化基因调控网络，以实现所需的发育顺序。在发育过程中，细胞分裂、细胞迁移和轴突生长的相关基因表达水平应依次被激活。此外，在激活细胞迁移基因之前，细胞分裂基因应被抑制，而在激活轴突生长基因之前，细胞迁移基因也应被抑制。

基因转座、基因复制和突变被用作基因变异操作。在进行基因转座时，会标记两个随机选择的单元（可能是 SUs 和 RUs），并将这两个标记单元之间的所有单元剪切并粘贴到另一个随机选择的位置。基因复制的操作与基因转座类似，不同之处在于，标记单元之间的所有单元会被复制并粘贴到另一个随机选择的位置。基因组中的所有实值参数（缩放在[0, 1]之间）使用演化策略进行调整[246]。

在所有实验中，$\mu = 100$，$\lambda = 300$。采用了三种类型的基因变异：

（1）突变。它使用标准差为$\sigma = [1e^{-4}, 1e^{-6}]$的高斯概率函数来改变 RU 和 SU 中的双精度值。σ的初始值设置为$1e^{-6}$，基因组中的所有值都被限制在区间[0, 1]内。

（2）基因复制，会以 0.05 的概率复制随机选择的 RUs 和 SUs。因此，需要三个概率值来定义复制基因的起始和结束以及它们被插入的位置。

（3）基因转座，以 0.05 的概率移动基因组中 RUs 和 SUs 的一部分。还需要三个概率值来定义转座基因的起始和结束以及它们被插入的位置。

引入了一个修复算子，以确保单个基因只包含与特定细胞行为相关的一种类型的结构单元（SU）。例如，如果一个基因包含两个或更多不同类型的 SU（如用于细胞分裂、细胞迁移或轴突生长的 SU），则其中的一个 SU 将被删除。同样地，细胞死亡的 SU 也可能被移除。

4. 适合度定义

适合度函数的设计首先评估具有错误发育顺序的细胞数量。通过使用随机初始化的基因组及一些手动编码、具有受限制的基因变异的基因组对该适合度函数进行测试。为了限制计算成本，当细胞数量超过 300 个时，模拟将停止。另外，当细胞数量少于 14 个时，适合度被分配一个惩罚值 500。在细胞数量足够但没有神经元的情况下，如果仅存在干细胞，适合度设置为 450；如果有已分裂的细胞，适合度为 400；如果存在间质细胞，适合度为 350。当神经元数量少于 10 个时，适合度为 100 减去神经元的数量。当存在错误的发育顺序时，适合度将返回错误发育顺序的细胞数量加上 200。当发育顺序正确时，适合度函数将使用 N 个神经元的 z 轴位置的负方差作为适合度值：

$$\sigma^2 = \frac{1}{N-1}\sum_{i=1}^{N}(z_i - \mu)^2 \tag{5.13}$$

其中 μ 是均值。

不幸的是，使用上述适合度函数的演化并未取得成功。一个可能的改进方法是减少任务的复杂性，例如，仅要求两个正确顺序的结构单元（SUs）。这意味着可以模拟一些不需要轴突生长的海绵状动物，因此省略轴突生长的 SU。在此之前，我们还可以更精确地调整适合度函数，以便更准确地计算对发育顺序的违反情况。具体来说，可以创建一个包含迭代步骤和最大细胞数的矩阵。矩阵中的每个元素存储每个时间步中一个细胞的状态，指示在给定时间步内每个细胞执行的具体行为。元素定义如下。

（1）0：细胞死亡或不存在。

（2）1：没有 SU 被激活。

（3）2：细胞分裂的 SU 被表达。

（4）3：细胞迁移的 SU 被表达。

（5）4：轴突生长的 SU 被执行。

（6）5：细胞分裂和细胞迁移的 SU 被执行。

（7）10：细胞分裂和轴突生长的 SU 被激活。

（8）15：细胞迁移和轴突生长的 SU 被激活。

（9）30：细胞分裂、细胞迁移和轴突生长的 SU 被表达。

在演化生长顺序的过程中适合度的变化如图 5.6 所示。

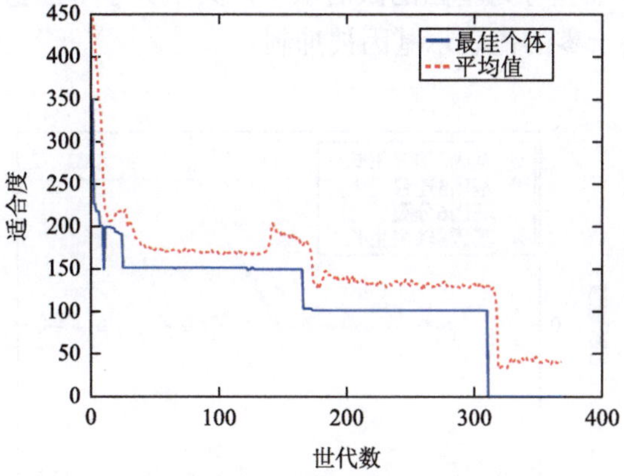

图 5.6　在演化生长顺序的过程中适合度的变化

平均值和最佳个体都被绘制出来

我们选择了质数 2、3 和 5，分别用于标识单一行为，包括细胞分裂、细胞迁移和轴突生长。细胞的行为组合通过这些质数的乘积来定义。这样，基于质数的特性，每种行为组合都会有一个唯一的乘积值。对于一个具有正确发育顺序的个体，其时间矩阵在图 5.7 中展示。

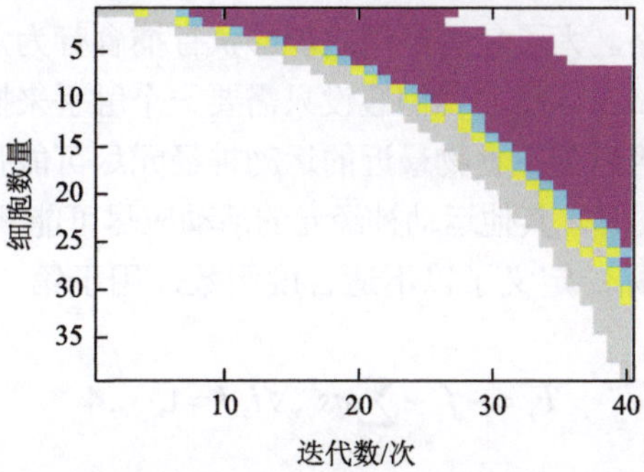

图 5.7　SUs 激活的时间矩阵

颜色编码用于表示：白色表示细胞不存在；灰色表示所有基因都不活跃；黄色表示细胞分裂被激活；青色表示细胞迁移；粉色表示轴突生长；绿色表示细胞分裂和细胞迁移；红色表示细胞分裂和轴突生长；蓝色表示细胞迁移和轴突生长；黑色表示细胞分裂、细胞迁移和轴突生长被激活

如果发育顺序不完全正确，则应用以下惩罚。如果同时激活了两种细胞行为，则应用惩罚 2；如果同时激活了三种细胞行为，则应用惩罚 5；如果同时激活了四

种细胞行为，则应用惩罚 2。如果轴突生长后发生细胞迁移，则增加惩罚 1。最后，如果细胞分裂发生在细胞迁移之后，则将惩罚设置为 1。

从图 5.6 中的适合度曲线可以看出，正确的发育顺序在 300 多代之后得以实现。图 5.8 显示了细胞行为基因的激活水平，其中大于零的值表示相应的基因被激活，而等于或小于零的值表示基因被抑制。

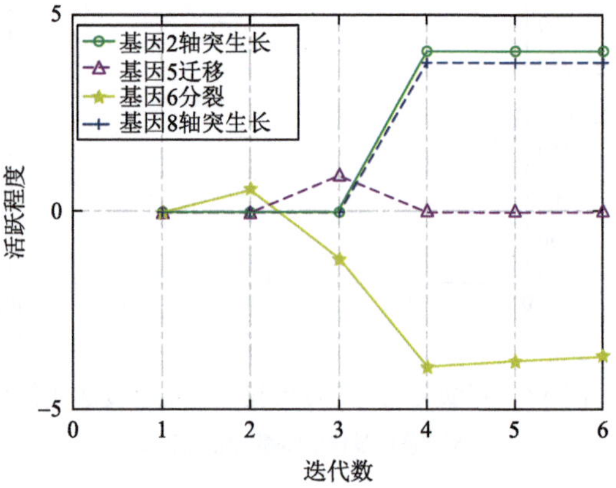

图 5.8　结构基因的演化激活序列[110]

5.2.6　捕食行为的演化

在仿真区域内，分布了具有按照正确顺序执行细胞行为的基因组的 12 个干细胞，以发育出一个神经网络。为了使神经网络能够执行捕食行为，我们采用演化策略来调整其连接性和权重。在这里，我们假设只需要一个触手来捕捉一块食物。因此，行为适应的目标是使距离落下食物最近的运动神经元尽可能强烈地激活，以最大化捕捉食物的可能性。同时，其他运动神经元的活动应尽可能减少，以降低能量消耗。

为了实现上述目标，定义了以下适合度函数，用于第 i 个运动神经元（输出神经元）：

$$F_i = -f_i + \sum_{j!=i} ns_j, \forall i, j = 1, \cdots, 4 \tag{5.14}$$

其中 ns_j 表示模拟时间段内其他运动神经元产生的脉冲数量，惩罚不必要的能量损失；f_i 反映了第 i 个神经元的性能，其衡量方式是对应触手达到垂直状态所需的时间（t_i^c），即当角度 $\lambda = 90°$时，参见图 5.2；如果在模拟期间角度 λ 从未达到 90°，则以该期间内的最大角度 λ 来衡量。第 i 个触手的角度计算如下：

$$\lambda_i(t) = \lambda_i(t-0.1) - g \times 0.1 + s_i(t), \lambda_i \in [0°, 90°] \tag{5.15}$$

方程（5.15）右侧的第二项模拟了由重力（g）导致的触须被动下垂。$t \in [0,30]$

是在行为适应中的模拟时间（ms），$s_i(t)$ 等于 0 或 1，这取决于时间 t 是否有脉冲产生。最终的适合度是在四种不同的食物投放条件下，四组运行结果的和。

我们使用了一个 (30,200)-ES，初始变异步长设置为 0.1，下限为 $1e^{-6}$。最大权重设为 3000，可以是激活性或抑制性的，突触延迟固定为 1。所有参数都在零到一之间进行缩放。行为优化的人工适合度曲线如图 5.9 所示[110]。最佳适应个体的输入和输出神经元的脉冲如图 5.10 所示。从图中我们可以看出，对于四个案例中的三个，神经网络表现出最优性能。在一个案例中［图 5.10（d)］，尽管假设只有输出 3（o_3）会产生脉冲，但输出 2（o_2）和 4（o_4）也会触发。尽管如此，o_3 仍然发出了最强烈的脉冲。

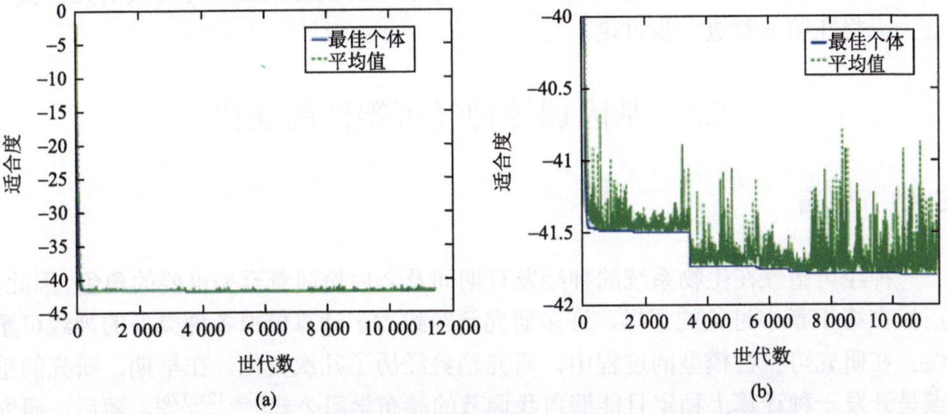

图 5.9　（a）演化食物捕捉行为的适合度轮廓，（b）放大后的适合度

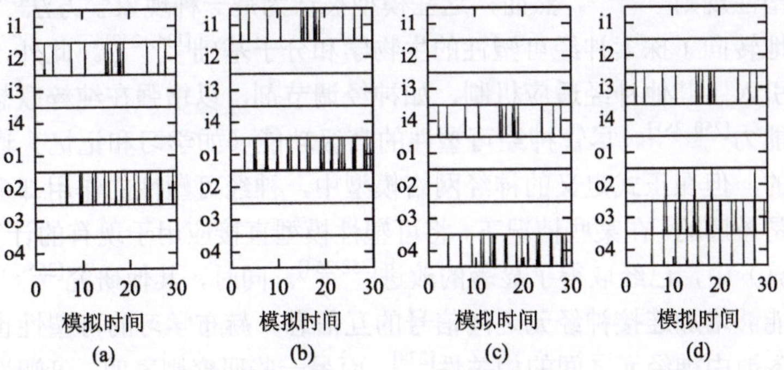

图 5.10　四种不同输入条件下输入和输出神经元的脉冲信号[110]

5.2.7　讨论

上述神经发育模型基于一个基因调控网络，该网络确保了原始神经发育所需

的时间顺序。该基因调控网络在演化过程中通过生物学上合理的基因操作（如基因复制、基因转座和基因突变）来改变其结构和参数。实验证明，基因调控网络能够成功演化出正确的发育顺序，即在模拟演化中依次完成细胞分裂、细胞迁移和轴突生长。在基因调控的神经发育完成后，我们进一步使用演化策略来调整神经网络的连通性和权重，使其能够执行类似于水螅机器人的食物捕捉行为。

当前的发育模型存在几个局限性。首先，模型中未实施使基因缺失的操作，基因复制会导致基因组的复杂性不断增加。其次，由于细胞之间缺乏足够的局部互动，模型生成的细胞迁移行为是确定性的。此外，当前的基因调控模型能够在不考虑形态发育的情况下独立产生神经发育行为。然而，如果能够协同演化神经发育和形态发育以探究它们在演化和发育过程中的耦合效应，将更具研究价值。这一点将在第 6 章进一步讨论。

5.3 基因调控神经可塑性的演化

5.3.1 引言

神经可塑性在生物系统的神经发育期间及之后扮演着至关重要的角色。因此，正如在第 1 章中讨论的那样，许多研究已经致力于计算模拟各种类型的神经可塑性。在研究可塑性模型的过程中，研究趋势经历了几次变化。在早期，研究的重点是开发一种计算上稳定且能够自我调节的赫布学习公式[123, 125, 126]。随后，研究重心转向了生物学上更合理的脉冲神经网络，以及基于神经元之间脉冲时序依赖的神经可塑性规则[132, 247]。然而，这些模型被认为是一种现象学方法[248]，因此，研究更多地转向了探索神经可塑性的生物学和分子基础[134, 249]。此外，脉冲时序模型中还引入了其他神经适应机制，如神经调节剂，以增强在纯粹联想学习基础上的强化能力[250, 251]。尽管神经可塑性的高级功能（如学习和记忆）通常认为是理所当然的，但在正式定义的神经网络模型中，神经可塑性的作用却多种多样，有时甚至是矛盾的。在某些情况下，将可塑性模型直接应用于现有的计算范式（如储备池计算）中，已经取得了显著的改进[252-254]。同时，其他研究[255-257]表明，神经可塑性能够增加连接神经元之间信号的互信息。赫布学习的可塑性也被发现可以增强储备池中神经元之间的相关性[258]，而另一些研究则表明，可塑性可以降低神经活动的相关性，这实际上是一种理想的属性[259, 260]。

首先，我们通过一个嵌入神经可塑性的储备池，对学习数据中感官结构时的干扰现象进行了实证分析。其次，我们假设这种干扰可能归因于现有的可塑性模型都是全局性的，即神经网络中的所有神经元使用相同的可塑性模型和相同的参数，这在生物学上是不合理的，并且在计算上能力也不足。为了解决该问题，我们描述两种主要的修订模型，一种基于基因调节的神经可塑性，另一种基于局部进化的可塑性规则。

5.3.2　基于可塑性的学习中的遗忘干扰

由基于生物机制的脉冲神经元模型构建的递归神经网络，已经在一个称为储备池计算的框架中成功应用于实际学习任务[261, 262]。这种模型通常认为是人工神经网络的第三代模型。其核心思想是使用一个由输入信号驱动的递归连接神经元集合，创建输入信号的非线性高维时序转换。这个转换由单层感知器[263]处理，用于生成所需的输出。这种方式的限制在于训练算法通常仅适用于线性回归任务，同时仍然允许以非线性方式处理时序数据。在储备池计算中，初始的网络连接是固定且不变的，基于随机投影的原则，网络结构与输入模式完全独立。在这种模型中，感知器读出的可训练参数仅学习随机投影特征与期望输出之间的相关性。

尽管在机器学习，尤其是深度学习中，监督学习取得了显著的成功，但这种学习范式在生物学上是不太可能的。相较之下，所有神经突触都应该能够独立地学习输入信号的结构特征。理想情况下，突触学习不应依赖于期望输出的存在，而应通过神经网络的输出与期望输出之间的误差来调整。输入信号引发的神经活动应为突触提供足够的信息，以使突触能够自适应地编码输入信号的结构特征。这种学习能力可以视为无监督学习，对于调整人工神经网络非常有用，尤其是在标记数据有限的情况下。例如，回声状态网络（ESN）或液态状态机（LSM）等储备池计算模型的储备池结构通常是随机初始化的，这可能不是高效学习不同问题的最佳方式。通过应用基于生物学原理的可塑性规则[126, 129, 131]进行无监督适应，可以使储备池中的递归神经元连接学习到比完全随机投影更有效的特征表示。

为了研究各种可塑性规则的有效性，我们探索了将这些规则应用于液态状态机在三个实际任务上的影响：两个语音识别任务和一个人体运动识别任务。液态状态机由脉冲神经元组成。我们将研究两种形式的脉冲时序依赖可塑性（STDP）规则[129, 131]和 BCM 可塑性规则[126]。突触可塑性将在监督学习阶段读出权重之前的无监督预训练阶段中应用。我们将比较通过不同可塑性规则调整的 LSM 在这些任务上的表现，特别是关注 LSM 在训练时对不同类别样本的权重矩阵的适应性。

为进行定量分析，我们引入了一种度量方法，用于评估突触变化在网络结构中编码类别特定特征的程度。众所周知，在顺序训练模型中，不同样本之间的干扰可能引发灾难性遗忘[264-267]。由于这直接影响感觉识别任务中的神经网络训练，因此，我们将量化每个可塑性模型在各个任务中引起的突触参数之间的干扰。现有研究报告表明，通过可塑性规则调整神经网络能够提高其在模式识别任务上的表现[254, 266, 268]。然而，仍缺乏对突触参数如何调整以提升性能的详细分析。关于应用可塑性模型改善神经网络功能的综述，读者可参考文献[247]、[248]。

1. 液态状态机

液态状态机的示意图如图 5.11 所示。液态状态机的核心由递归连接的神经元组成，用符号 L（储备池）表示。储备池通过直接注入的电流 I 受到输入信号的刺激，该电流扰动了由简单模型[269]模拟的神经元膜电位。这种模拟神经元脉冲活动的方法证明能够再现大多数自然界中的活动模式[270]。输入信号的实数值在 0～1 进行归一化，然后乘以一个比例因子 20 作为电流注入到储备池中。输入连接的数量通常设置为储备池中神经元数量的 1/5，并随机投影到网络中的节点。之后，模拟网络的动态活动 30ms。每个神经元产生的脉冲序列经过低通滤波器 f 处理，生成一个实数值向量，用于训练线性读出层。训练过程采用迭代的随机梯度下降方法进行。

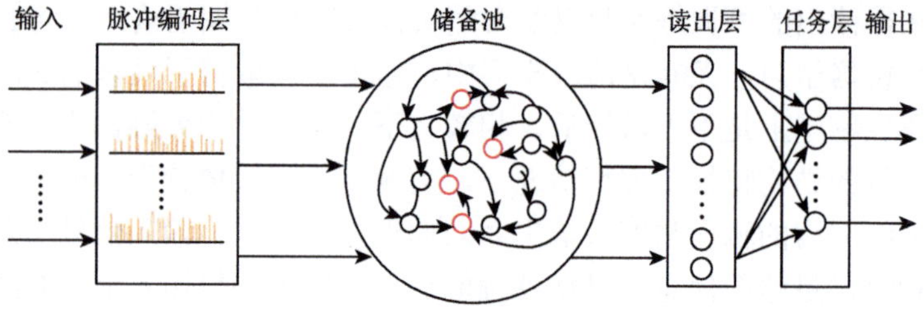

图 5.11　液态状态机的示意图

其中包括输入、脉冲编码层、储备池、读出层、任务层和输出。储备池由脉冲神经元组成，任务层具有激活功能，如用于分类或回归的 Softmax 函数。储备池中的红色圆圈表示抑制性神经元，黑色圆圈表示激励性神经元

在接下来的实验中，储备池由 $N=35$ 至 $N=135$ 个脉冲神经元组成，激励性神经元与抑制性神经元的比例为 4∶1，其中 N 是储备池的大小。神经元通过静态突触连接，即使用脉冲（阶跃）函数。连接通过 N^2C 的突触形成，每个突触的源神经元和目标神经元根据均匀随机分布选取，其中 C 是任意两个神经元之间的连接概率。权重从两个高斯分布中抽取，激励性为 $\mathcal{N}(6,0.5)$，抑制性为 $\mathcal{N}(-5,0.5)$。当可塑性规则调整储备池内神经元连接的权重时，它们设置为 $[w_{\min}, w_{\max}]=[-10,10]$。所有激励性和抑制性神经元膜的参数均取自有关文献[269]。膜模型的方程如下：

$$v' = 0.04v^2 + 5v + 140 - u + I \tag{5.16}$$

其中 v 表示膜电位，v' 表示其对时间的导数，I 是输入电流，u 代表一个膜恢复变量，描述了 K^+ 电流的激活和 Na^+ 电流的失活，对 v 提供负反馈。注意，上述方程中的常数是通过拟合皮层神经元的脉冲启动动力学得到的，以将膜电位 v 调整到毫伏（mV）级别，将时间 t 调整到毫秒级别。静息电位根据 b 的值在−70～60mV 变化。根据脉冲触发前膜电位的历史，阈值电位可以设定为−55～−40mV。

$$u' = a(bv - u) \tag{5.17}$$

脉冲发射条件：

$$\text{如果 } v > 30\text{mV}，\text{则}\begin{cases} v \leftarrow c \\ u \leftarrow u + d \end{cases} \tag{5.18}$$

其中 a、b、c、d 是需要定义的参数。根据文献[269]，参数 a 代表恢复变量 u 的时间尺度。u 越小，恢复速度就越慢。通常 $a = 0.02$。参数 b 表示恢复变量 u 对膜电位 v 亚阈值波动的敏感性。b 越大，u 和 v 之间的耦合就越强，可能导致亚阈值振荡和低阈值脉冲动态。通常 $b = 0.2$。参数 c 指定了由快速高阈值 K^+ 传导性引起的脉冲后膜电位 v 的重置值。建议将 c 设置为–65mV。最后，参数 d 描述了由慢速高阈值 Na^+ 和 K^+ 传导性引起的脉冲后 u 的重置。推荐 $d = 2$。应当注意的是，调整这些参数并非小事，尽管如果根据上述规格设置参数，脉冲网络模型应该能够展示所有已知类型的皮层神经元的激发模式[269]。

为了从离散的脉冲活动生成实数值输出，每个神经元的脉冲序列按照方程（5.19）进行低通滤波。然后，产生的值向量与读出权重矩阵加权并求和，以产生单一的输出值，如方程（5.20）所示。

$$x_i = f(S(t)) = \sum_{t=1}^{T} \exp\left(\frac{-t}{\tau}\right) w_{\max} \tag{5.19}$$

$$y = \sum_{i=1}^{n} x_i w_i \tag{5.20}$$

神经元的状态向量表示为 x_i，滤波函数表示为 $f(\cdot)$，脉冲序列表示为 $S(t)$。$S(t)$ 中的最大时间步数为 T，即 50。衰减常数 τ 为 6。

输出权重根据最小均方方法更新，如方程（5.21）所示。

$$w_i \leftarrow w_i + \mu(d - y)x_i \tag{5.21}$$

其中 d 是期望的输出，y 是实际的输出，x_i 是从神经元的过滤状态中取得的输入，μ 是一个小的学习率。从 x_i 到输出的权重是 w_i。

2. 感官输入描述

复杂的感觉信号通过一组共享的神经纤维投射到大脑皮层区域，这些区域需要根据信号的时空特征差异进行区分。在实验中，我们选择了三个感觉识别任务，其中两个任务涉及真实的人类语音音频信号，另一个任务涉及人类运动的视频。对于所有任务，训练神经网络的目标是使其对每种不同类型的输入样本产生独特的反应，从而有效识别它们之间的差异。此外，我们还分析了特定样本的突触适应情况，以确定通过突触可塑性，网络是否学习到了独特的结构特征。

听觉任务是基于短促的元音/ae/发声，以区分 9 位不同的说话者。每个样本包括 640 个频率“频谱图”，描绘了一系列音频时间帧上的频率强度。图 5.12 展示了来自 9 位说话者的一个示例样本。这一任务源自回声状态网络[271]的研究，属于与我们所使用的网络模型类似的合成基准任务，但采用的是人工神经元。该任务的目标是预测当前生成输入信号的生成函数。在给定的时间步长内，使用以下三种函数类型之一来生成信号样本：首先，使用随机选择周期的正弦函数；其次，使用混沌迭代的帐篷映射；最后，使用随机选定的常数。生成器在每个时间步以 0.05 的低概率切换到另一个函数[271]。

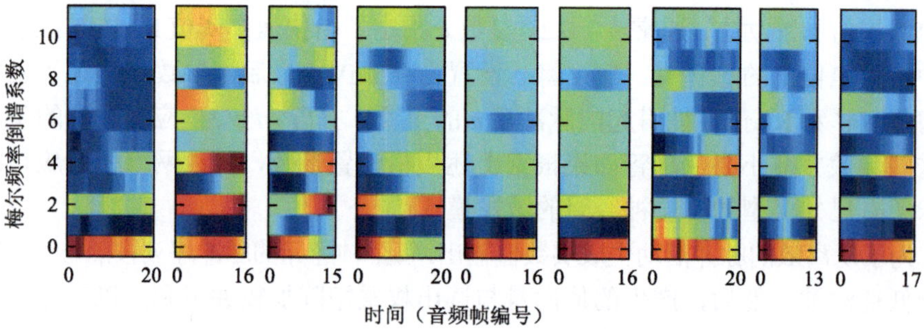

图 5.12　在说话者识别任务中来自 9 位说话者的元音样本

数据集中的音频信号被预处理成 12 个梅尔频率倒谱系数（MFCC）特征。每位说话者的样本在包含的音频帧数上具有可变的时间持续性

KTH 数据集[272]是一个视觉任务，包含 2391 个视频文件，记录了人们进行的以下 6 种动作：拳击、鼓掌、挥手、行走、跑步和慢跑。所有样本均为多个不同主体执行这些行为的视频序列。视频在输入储备池模型之前被转换为稀疏表示。提取的静态帧和处理后的特征在图 5.13 中展示，其中每个主体执行 6 种行为之一。有 25 个不同的主体，样本涵盖了文献[272]中详细描述的一系列条件。每个视频样本以每秒 25 帧的速度拍摄，并降采样至 160×120 像素的分辨率。我们根据以下方程处理原始视频序列：

$$\boldsymbol{M}(t)=\left\|[\Delta(\boldsymbol{I}_1,\boldsymbol{I}_2),\cdots,\Delta(\boldsymbol{I}_{N-1},\boldsymbol{I}_N)]\right\| \tag{5.22}$$

$$\boldsymbol{M}(t,i)=\begin{cases}1, & \boldsymbol{M}(t,i)\geqslant 0.2\cdot\max(\boldsymbol{M}(\cdot))\\ 0, & \text{其他}\end{cases} \tag{5.23}$$

最终的输入矩阵 $\boldsymbol{M}$ 由时间帧 t 和空间样本 i 索引。列向量 $\boldsymbol{I}_n$ 是单独的帧，重塑成一维。每个样本包含最多 N 帧。换句话说，这个过程本质上通过 0.2 的因子进一步降采样，并计算连续帧之间的像素差异，然后将其用作新的输入特征。每个帧随后被重塑为单维列向量，这些列向量拼接在一起形成输入矩阵，其中每一列在连续的时间步骤中用作神经网络的输入。图 5.13 显示了从每种运动类型的示例中提取的帧及相应的处理特征。

图 5.13　KTH 视觉区分任务中 6 种行为的人体运动样本

图中包括来自单个人的不同行为，整个数据集包含 25 人。上排：示例视频样本的静止帧；拳击、鼓掌、挥手、行走、跑步和慢跑。下排：与上述样本相对应的提取特征。特征是作为输入到神经网络的原始时间序列活动

说话者识别任务是一个分类问题，涉及将时间序列音频输入数据映射到目标说话者标签。我们使用的数据集取自文献[273]，包含 9 位日本男性说话者发音元音/ae/的语音样本。任务是根据语音样本区分每位说话者。每个样本由一系列 12 个特征音频帧组成，每个帧的特征是 LPC 倒谱系数。样本序列的帧数为 7～29 帧。数据集划分为训练集和测试集，分别包含 270 个和 370 个样本。与此处使用的基准数据不同，样本不是连续的时间序列，而是由一系列音频帧的时间序列组成。

该合成数据集[271]生成的模型具有低空间维度但非常高的时间频率结构，与前两个感觉任务形成对比。三个函数生成时间变化的单维信号，网络学习区分这些信号。参考文献[272]、[273]中对听觉和视觉任务进行了描述，并提供了数据来源。

3. 输入特定的结构学习

为了验证突触可塑性在学习输入信号中不同标签的独特结构方面的作用，我们对语音识别任务和视频识别任务进行了分析。在语音识别任务中，这些标签包括不同的说话者；在视频识别任务中，标签则包括不同的人类行为。数据集被均匀分为两个子集，每个子集用于训练液态状态机模型进行 10 000 次迭代。在训练过程中，每次迭代随机选择一个样本。我们记录由于神经可塑性引起的权重矩阵变化，并在每次样本呈现后使用这些变化来计算每个类标签在两个样本子集中的特定于类的平均权重变化。最后，我们按照以下方法计算一个集合中每个类别与另一个集合中每个类别之间的欧几里得距离：

$$\mathrm{Dist}(C^X, C^Y) = \sum_{i=1}^{N} \left| \Delta W_i(C^X) - \Delta W_i(C^Y) \right| \tag{5.24}$$

其中 C 表示类标签，X 和 Y 用于区分分开的样本集，ΔW 是呈现样本的权重矩阵

变化，N 是突触的数量，i 是突触索引。这将导致一个混淆矩阵，显示不同输入类别的突触权重变化的相似性。下降对角线上的较低值意味着与两个不同类别的结构适应性相比，存在特定于该列类别的结构适应性。

图 5.14 展示了上述描述的“权重变化混淆矩阵”，用于所有感觉任务的每个可塑性模型（总共 9 个实验）。所有实验的下降对角线至少显示出较强的相似性，大多数实验在这一方面都非常明显。这绝对是一个足够强的模式，表明通过多次迭代训练，每个可塑性模型对感觉输入信号的特定结构变得敏感，以至于每个不同类别的样本都会引起突触强度的变化，而这些变化在与其他类别相比时具有明显的区别性，与自身相比时有相似性。我们重申，类标签在可塑性模型本身中未以任何方式使用，因此权重变化的差异仅来自输入信号。

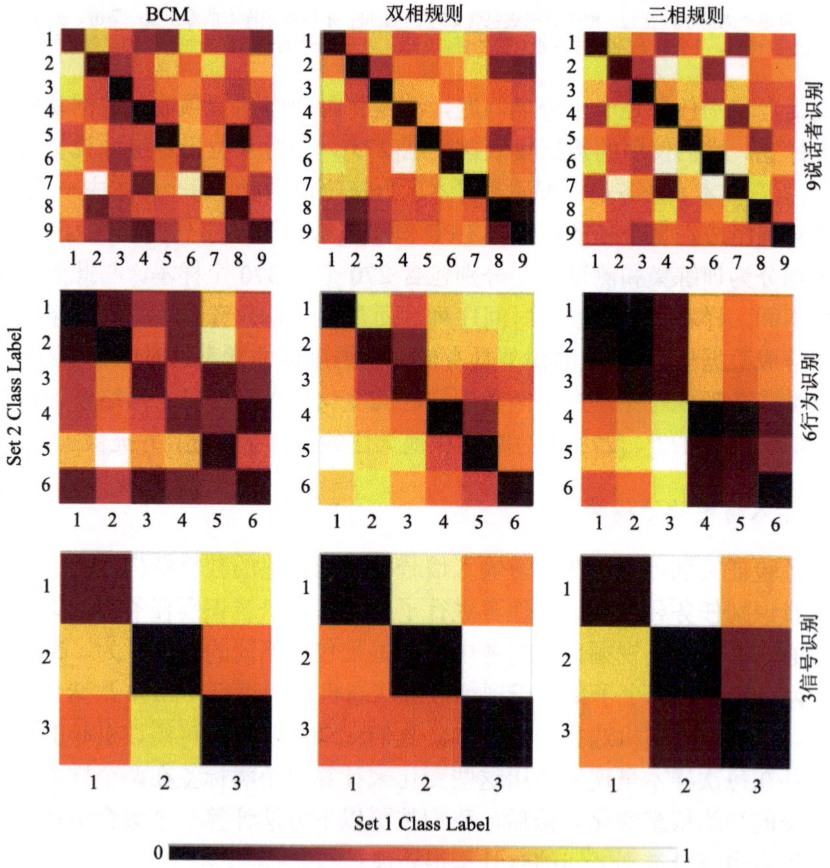

图 5.14　结构性突触适应的类别相关性

热图显示了在每种可塑性规则下，每个任务中每个类别学到的结构。本质上，它是每个样本类别的权重矩阵适应之间几何距离的混淆矩阵。每个任务的训练数据分成两组。每组找到类平均适应。然后计算两组中每个类别之间的距离。下降对角线上的较低值表明类适应内部的更高相关性，因此学到了强烈的类特定结构在图5.14中可以观察到一些强对角线模式的例外，这意味着在使用可塑性规则调整储备池内的神经元连接后，模型无法区分某些类别。例如，使用双相STDP的说话者8/9，使用BCM的行为1/2，以及使用三相STDP的行为1/2/3和4/5/6。后者的混淆对应于拳击/鼓掌/挥手和行走/跑步/慢跑的行为。如果我们查看这些行为的输入特征的相似性，如图5.13下排所示，原因就变得明显了。

4. 具有可塑性的分类性能

储备池模型的最终目标是根据输入样本的模式准确区分不同类型。因此，我们比较了液态状态机在三个感觉任务上，在使用和不使用不同形式的可塑性时所达到的错误率。表5.1列出了在预训练阶段激活不同可塑性规则时每个学习任务上获得的错误率，以及具有固定内部突触的静态网络的错误率。

从表5.1中的错误率来看，我们注意到，使用突触可塑性预训练网络并不总是能降低错误率，有时甚至会意外地增加错误率，例如，在KTH人类行为数据集上。三种可塑性模型的错误率甚至提高了1.7%～10%。最佳改进观察到在三种功能信号识别任务上，仅在使用三相STDP时改进了1.5%。

表5.1 分类错误率结果

	静态网络	BCM	STDP	TP-STDP
Tri-func	0.153	0.157	0.204	0.138
KTH	0.283	0.3	0.333	0.383
Vowels	0.089	0.086	0.092	0.086

从之前的结果可以明显看出，使用突触可塑性进行预训练并不一定能提高液态状态机的学习性能，这表明可塑性规则可能没有如我们预期的那样学习到结构。为了解释这种看似矛盾的观察结果，我们调查了突触变化之间的干扰，以确定上述问题是否可以归因于在顺序学习感觉结构时的干扰。

5. 突触干扰

当模型逐步适应顺序呈现的输入时，已经通过模型参数学习的现有模式容易被学习新模式覆盖。这种现象称为干扰。相关研究通过模型已经在新输入上训练后，测试其识别先前呈现的输入的能力，以估计学习被取消的程度[264, 265, 274]。当新的训练使模型无法识别旧模式时，就会发生灾难性干扰和遗忘。

我们提出了一种直接测量突触参数中干扰的方法，而不是测量模型输出。我们的测量方法在方法部分详细描述。I^{total}直接量化了所有被覆盖的突触变化。对突触干扰的表述基于顺序呈现样本的突触变化。对于给定类型的样本，变化称为ΔW_t；对于所有其他的样本，变化称为ΔW_o。我们必须分别为每种类型的样本计算干扰，并将其平均以获得总体干扰I_t^{class}。方程式如下：

$$I_t^{\text{class}} = \sum_{i=1}^{N} \frac{1}{N} [\Delta W_{ti} \cdot \Delta W_{oi} < 0] [|\Delta W_{ti}| < |\Delta W_{oi}| \cdot C] \tag{5.25}$$

$$I^{\text{total}} = \sum_{t=1}^{c} \frac{I_t^{\text{class}}}{C} \tag{5.26}$$

其中，I表示干扰，N表示突触数量，C表示竞争样本类型的数量，ΔW是突触变化的向量。下标i表示参数索引，下标t表示给定类型的样本，下标o表示所有其他类型的样本。

表 5.2 列出了我们每个实验中获得的干扰程度。除了一个实验外，其他实验中的干扰水平都在 82%～96%，这表明干扰程度非常高。这些结果表明，对于每类输入，大部分学到的结构都被遗忘，因为连续的样本相互覆盖了之前的变化。值得注意的是，应用于说话者识别的双相 STDP 具有最低的干扰水平，为 58%。

为进一步探索干扰并可视化可塑性的影响，我们将直接分析突触变化。图 5.15 为带有 BCM 可塑性的说话者识别任务提供了一个示例，显示了每个说话者在语音识别任务中导致的突触权重矩阵的适应。这与每个神经元的活动水平S及其训练用于生成对给定说话者敏感的输出的读出权重R相对应。每个子图呈现了从该说话者那里采集的所有样本的平均响应。这将一个完整的过程可视化，从内部网络连接的突触变化，到针对给定说话者的平均神经元状态，再到用于该说话者的读出的选择性权重。我们期望，正的权重变化应对应于对该类别唯一的神经元激活，这将进一步提高读出对该类别的识别能力，前提是可塑性确实有助于提高学习性能。

表 5.2 突触干扰

	BCM	STDP	TP-STDP
Tri-func	0.82	0.8	0.88
KTH	0.92	0.93	0.96
Vowels	0.96	0.58	0.9

在类别权重矩阵中，图 5.15 中标注为绿色的部分展示了不同类型模式间突触干扰的一个例子。权重矩阵调整中直接对立的特征表明，样本之间会相互覆盖彼此的变化。尽管如此，相同的特征也是类别特异性最为突出的特征。

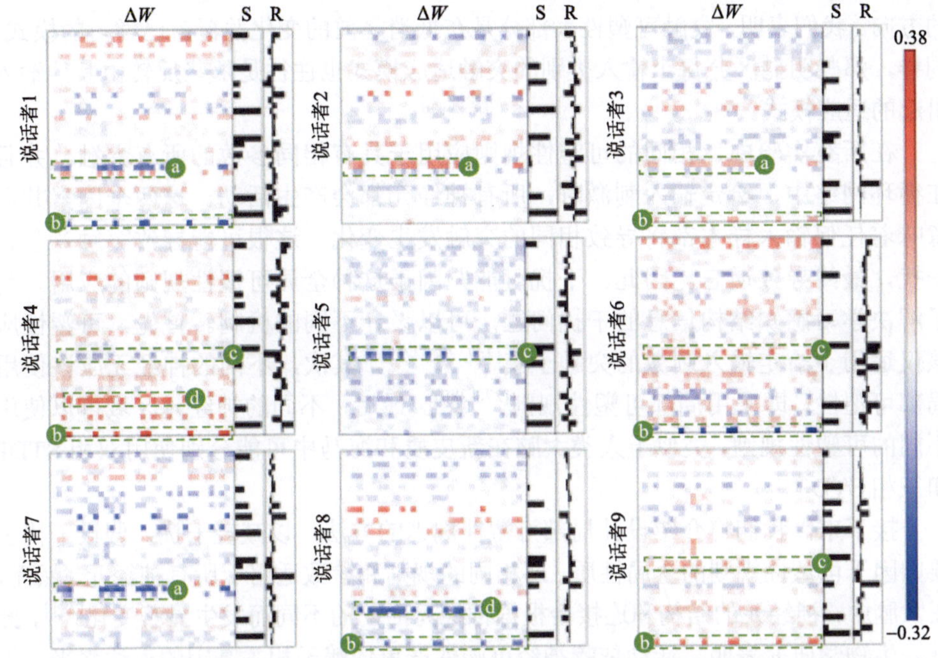

图 5.15　在 BCM 可塑性下的 9 个说话者识别任务中的类特异性突触适应

每个子图中的主要热力图显示了权重矩阵（突触）在呈现每个说话者的声音输入数据后的适应情况。蓝色值表示突触强度的减少，红色值表示增加。条形图 S 显示了每个类别的平均神经元激活。条形图 R 显示了学习到的输出权重。标记的突触 a、b、c、d 表示在不同说话者之间具有选择性的关键结构变化。每个标签单独就可以区分两组说话者。综合起来，标记的突触以独特的模式适应每个说话者，为每个人学习一个独特的网络结构

任何突触只能增加或减少，这意味着单个突触只能适应区分两种互斥的输入模式。如果考虑了 n 个突触的组合，理论上可以区分的输入模式数量变为 2^n。图 5.15 通过 9 个说话者识别任务的实例说明了这一原理。标记为（a）的适应突触能够清楚地区分说话者{#1}与说话者{#2, #3}，但无法区分{#2}和{#3}。类似地，标记为（b）的适应突触可以区分说话者{#1, #6, #8}与说话者{#3, #4, #9}，但无法区分这两组中的个体。然而，考虑组合（a）、（b）、（c）和（d）的突触后，所有说话者都可以通过突触可塑性变化来识别。图 5.15 显示，突触的变化与神经活动或读出权重之间没有相关性。为了增强感知辨别的准确性，期望突触能对特定类别的神经活动进行增强，而对常见的神经活动进行减弱，但在这些结果中并未实现。

STDP 和 BCM 根据网络中呈现的样本类型以独特的模式适应突触。因此，样本的标签对于可塑性规则学习感知输入的具体结构信息并不是必要的。因此，我们假设这是通过学习将突触参数驱动到代表所有输入样本平均值的结构来实现的。一旦收敛，任何进一步的输入刺激都会将突触参数驱动到远离这个平均结构

的方向。我们表明，突触可塑性大部分是在抵消之前的变化并覆盖已学习的模式。同样，那些明显区分每个输入类别的突触适应模式也往往是那些反转由其他输入引起的适应模式。

在所有实验中，相同的可塑性规则应用于具有相同参数的所有突触，并且在循环网络中，给定输入刺激时，所有神经元都会产生活动。这两个因素共同意味着任何输入样本都将导致相同的突触发生变化，这很可能导致突触竞争、干扰，最终导致遗忘。因此，干扰可能归因于这种全局可塑性规则的应用。为了解决学习感知结构信息的干扰问题，可以设计不同的机制。首先，可塑性应该仅适用于给定输入刺激的突触子集[257, 275-277]。其次，不同的神经元应该使用局部可塑性，即采用局部可塑性规则[278-280]。最后，不同的神经元区域可以使用不同的可塑性规则，类似于人类大脑在新皮质和海马中可能分别使用双相 STDP 和三相 STDP。

接下来，我们将介绍设计局部可塑性规则的方法，以减轻干扰，假设干扰主要归因于可塑性规则的全局性质，即相同的规则和参数适用于所有神经元。然而，在大脑中，神经元的结构和连接会根据神经元活动的不同而发生显著变化[281]。此外，生物学研究表明，活动依赖神经可塑性严重依赖于相关基因的表达水平，因此也受到其蛋白质产物的影响[282]。受上述生物学发现的启发，设计了一个基因调控的 BCM 可塑性模型[283]。在后续工作[278]中，相同的作者提出采用具有循环连接的液态状态机，储备池的突触和结构通过由基因调控网络调节的 BCM 可塑性规则进行调整。基因调控网络的表达动态直接受神经元活动的影响。两种基因调控的 BCM 可塑性规则都允许储备池调整其内部动态以适应特定任务。活动依赖型可塑性的一个重要特征是，GRN 的动态也受到其所在神经元活动的影响，从而形成闭环，并使得可塑性规则可以在储备池中局部调节突触。

5.3.3　液态状态机中的局部 BCM 可塑性规则

为了实现局部和神经元特异性的可塑性，一个直接的思路是可塑性规则的类型和参数应依赖于神经元的特定属性，尤其是其活动。为此，有研究提出了一种通过基因调控网络调整参数的可塑性规则（BCM 可塑性规则）[283]。根据生物学发现[50]，我们做出以下假设。首先，BCM 模型中的参数取决于特定基因的表达水平，该基因决定介导神经可塑性的蛋白质浓度。其次，相关蛋白质的浓度与钠离子和/或钙离子的浓度存在功能关系，表明神经元的活动水平。最后，钠离子和钙离子的浓度与神经元的输入电流和激活阈值成正比。通过这种方式，我们可以构建一个基因调控网络，其输入为钠离子和钙离子的浓度（代表神经元活动），其状态为 BCM 可塑性规则中的三个参数。

需要注意的是，神经动力学和调控动力学具有不同的时间尺度。通常，基于电突触的神经动力学时间尺度在毫秒级，而基因调控涉及的生化过程可能持续几秒甚至更长时间。因此，在模拟中，神经动力学的更新频率应远高于基因调控动力学的频率。接下来，将描述脉冲神经网络模型及调节 BCM 可塑性规则参数的基因调控网络（GRN）。

1. 脉冲神经模型

用于研究 GRN 调控的 BCM 可塑性规则的脉冲神经网络模型是一个简化的离散时间版本，描述如下：

$$w_i(t+1)=\eta x_i(t)\phi(y(t),\theta(t))+(1-\varepsilon)w_i(t) \tag{5.27}$$

$$\phi(y(t),\theta(t))=y(t)(y(t)-\theta(t)) \tag{5.28}$$

$$\theta(t)=\frac{\sum_{t'=t-h}^{t} y^2(t')\lambda^{t-t'}}{\lambda^{t-t'}} \tag{5.29}$$

其中 w_i 是第 i 个突触的权重，η 是一个常数，表示学习率，x_i 是第 i 个突触的突前输入，y 是突后输出活动，x_i 和 y 都是脉冲神经网络中的脉冲序列。θ 是一个滑动修改阈值，$\phi(\cdot)$ 是一个随着滑动阈值摆动的非线性激活函数。ε 是一个时间衰减常数，对所有突触都设置为相同。从上述方程中，我们可以看出，滑动阈值 θ 是在时间间隔 h 内突后信号 y 的平方的时间加权平均，其中 λ 是一个遗忘因子。

上述脉冲神经模型的神经元动力学在概念上很简单。如果前突触激活水平的加权和小于 θ，或者如果神经元在前一个时间步骤中已经发放过脉冲，则神经元的激活水平将减小。否则，神经元将发放脉冲。

2. 基因调控网络

BCM 可塑性规则中调控参数的 GRN 是基于文献[284]常微分方程的简化版本：

$$\eta(t+1)=(1-\gamma_\eta)\eta(t)+\alpha_\eta f(c_s(t),c_c(t)) \tag{5.30}$$

$$\varepsilon(t+1)=(1-\gamma_\varepsilon)\varepsilon(t)+\alpha_\varepsilon g(c_s(t),c_c(t)) \tag{5.31}$$

$$\lambda(t+1)=(1-\gamma_\lambda)\lambda(t)+\alpha_\lambda h(c_s(t),c_c(t)) \tag{5.32}$$

其中，η、ε 和 λ 是 BCM 可塑性规则中的三个参数，γ_η、γ_ε 和 γ_λ 是控制三个可塑性参数的基因浓度的衰减因子，$c_s(t)$ 和 $c_c(t)$ 分别是钠离子和钙离子的浓度，其表达水平受到第 i 个神经元的权重和权重可塑性的影响：

$$c_s(t+1)=(1-\gamma_s)c_s(t)+\alpha_{c_s}\sum x_i(t)w_i(t) \tag{5.33}$$

$$c_c(t+1)=(1-\gamma_c)c_c(t)+\alpha_{c_c}\theta(t) \tag{5.34}$$

其中，γ_s 和 γ_c 分别是钠离子浓度和钙离子浓度的衰减因子。激活函数定义如下：

$$f(c_s,c_c)=\frac{1}{1+\mathrm{e}^{-(k_1c_s+k_2c_c)}} \tag{5.35}$$

$$g(c_s,c_c)=\frac{1}{1+\mathrm{e}^{-(k_3c_s+k_4c_c)}} \tag{5.36}$$

$$h(c_s,c_c)=\frac{1}{1+\mathrm{e}^{-(k_5c_s+k_6c_c)}} \tag{5.37}$$

其中，k_1、k_2、k_3、k_4、k_5、k_6是激活函数的参数。

基因调控网络总共有 16 个参数，即γ_η、γ_ε、γ_λ、γ_c、γ_s、α_η、α_ε、α_λ、α_c、α_s和$k_i,i=1,2,\cdots,6$，将由一种演化算法进行调整。Meng 等[285]采用的演化策略是协方差矩阵自适应演化策略（CMA-ES），该策略将上述参数演化以优化 BCM 脉冲神经网络模型的分类或回归性能。

GRN 调控的 BCM 脉冲神经网络（GRN-BCM）的总体框架如图 5.16 所示。每个神经元的 BCM 可塑性参数由基因调控网络调节，其状态受神经活动的影响，并通过 CMA-ES 进行演化。实证结果[283]表明，GRN-BCM 在三个人类行为识别任务上优于不带基因调控的变体、标准液态状态机及几种传统的物体识别算法。需要注意的是，在人类行为检测任务中，必须提取时空特征才能实现良好的识别性能，而具有基因调控可塑性的脉冲神经网络仅依赖于空间特征。

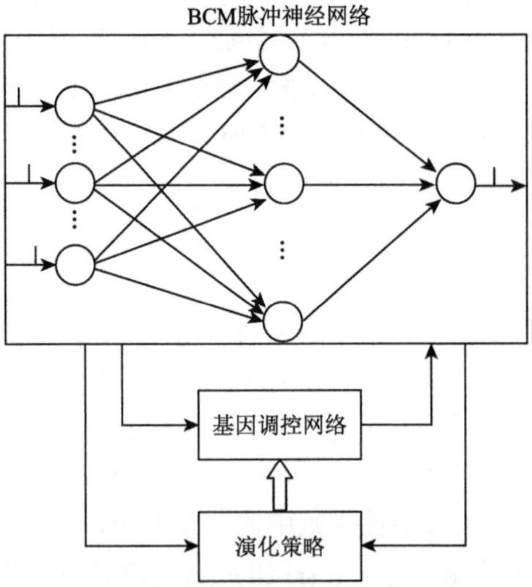

图 5.16　GRN-BCM 的总体框架（每个神经元的可塑性参数取决于其活动）

GRN 调控的 LSM 模型包含两个发育组成部分。首先，储备池的动态通过局部 BCM 可塑性规则进行调整，并进一步通过权重修剪过程优化。其次，可塑性参数由基因调控网络调节，其状态又受神经元动态的影响。

5.3.4 液态状态机的自组织

1. 总体框架

前面介绍的 GRN 调控可塑性规则应用于前馈脉冲神经网络。该模型的扩展报道在文献[278]中，其中 GRN 调控的 BCM 可塑性规则应用于液态状态机（LSM）的储备池。BCM 可塑性的主要目的是调节 LSM 中储备池的结构和参数。与现有方法不同，储备池中的连接结构是固定且随机的。储备池初始化时具有完全连接性，但随后所有突触权重都可以根据 GRN 调控模型进行增长或收缩。该工作采用预定义的阈值 0.005 来修剪突触权重，即低于该阈值的突触连接将从储备池中删除，从而调节储备池的结构。因此，可以通过自组织的方式生成适用于不同任务的最佳储备池结构。

修剪弱连接在生物学上是合理的，因为生物神经发育中观察到的现象表明，少用的弱突触连接会逐渐消失。修剪弱连接是活动依赖型神经自组织的重要组成部分。在生物系统中，保持弱连接会消耗额外的能量而没有任何好处；而在计算系统中，维持这些弱连接需要更多的计算资源。一些关于神经网络模型性能与复杂性关系的实证研究表明，过于复杂的神经网络模型可能降低学习性能。

BCM 可塑性规则以及用于调控可塑性规则参数的 GRN 与 5.3.3 节中介绍的相同。模型的总体框架如图 5.17 所示。需要注意的是，标准 LSM 还有一个额外的变化，即输出神经元与读出神经元存在递归连接，使其在处理时空模式时更加强大。详细讨论将在下一节中给出。

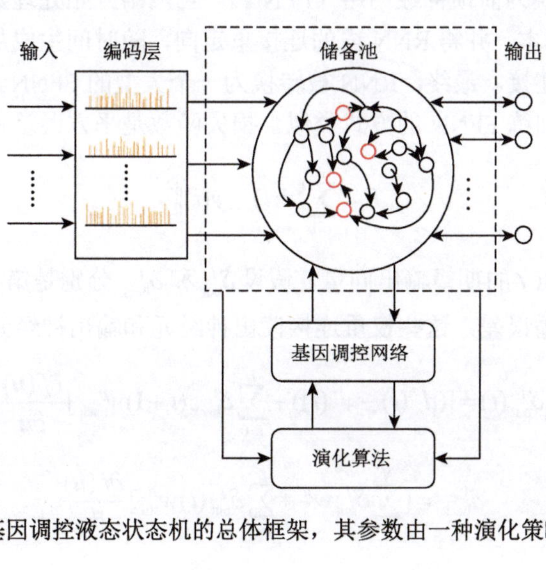

图 5.17　基因调控液态状态机的总体框架，其参数由一种演化策略演化而来

2. 带有递归性的液态状态机

正如我们之前指出的，输出神经元和读出神经元之间存在递归连接。带有递归连接的液态状态机（LSM）的输出可以表示如下：

$$\boldsymbol{x}(t+1)=W_{\text{in}}f(\boldsymbol{u}(t+1))+Wf(\boldsymbol{x}(t))+W_{\text{back}}f(\boldsymbol{y}(t)) \tag{5.38}$$

其中，W_{in}、W 和 W_{back} 分别是输入和储备池之间的权重矩阵、储备池内部权重和递归连接的权重，$\boldsymbol{u}$、$\boldsymbol{x}$ 和 $\boldsymbol{y}$ 分别是输入、状态和输出向量，$f(\cdot)$ 是储备池中神经元的激活函数。

$$f(t)=\frac{t}{\tau}\exp\left(1-\frac{t}{\tau}\right)H(t) \tag{5.39}$$

这意味着储备池中的脉冲神经元是漏电-发射型（LIF）神经元，t 是一个时间常数，$H(t)$是单位阶跃函数。

$$H(t)=\begin{cases}1, & t\leqslant 0\\ 0, & t>0\end{cases} \tag{5.40}$$

LSM 的输出可以计算如下：

$$\boldsymbol{y}(t+1)=f_{\text{out}}(W_{\text{out}}\boldsymbol{x}(t+1)) \tag{5.41}$$

其中 f_{out} 是输出神经元的激活函数。

由于反向传播方法不能直接应用于循环连接，因此采用通过时间反向传播（BPTT）方法[286]作为训练循环权重的方式。BPTT 通过“展开”时间将循环神经网络（RNN）转换为前馈神经网络（FFNN）。当网络开始处理数据序列时，会创建 RNN 的相同副本，并将 RNN 内的连接重定向，随时间生成从一个网络到后续网络的新的前馈连接。最终，RNN 被转换为一个大型的 FFNN。然后，训练过程与使用反向传播训练 FFNN 的方式类似。损失函数是平方误差和：

$$E=\sum_{t=1}^{T}\left\|\boldsymbol{d}(t)-\boldsymbol{y}(t)\right\|^2 \tag{5.42}$$

其中 $\boldsymbol{d}(t)$ 是时间点 t 的期望输出向量。假设 δ_{out}^{j} 和 δ_{back}^{j} 分别是第 j 个前馈和循环权重之间的反向传播误差，这些权重连接读出神经元和输出神经元，我们有

$$\delta_{\text{out}}^{j}(t)=[(d^{j}(t)-y^{j}(t))+\sum_{i=0}^{L}\delta_{\text{back}}^{i}(t+1)w_{\text{back}}^{ij}]\frac{\partial f(\boldsymbol{u})}{\partial\boldsymbol{u}} \tag{5.43}$$

$$\delta_{\text{back}}^{i}=[\sum_{j=1}^{N}\delta_{\text{out}}^{j}w^{ji}+\sum_{j=1}^{L}\delta_{\text{out}}^{j}(t)w_{\text{out}}^{ji}]\frac{\partial f(\boldsymbol{u})}{\partial\boldsymbol{u}} \tag{5.44}$$

其中 i 和 j 分别表示第 i 个内部神经元（储备池中的神经元）和第 j 个输出神经元。因此，权重可以按照以下方式更新：

$$w_{\text{in}}^{ij}(k+1)=w_{\text{in}}^{ij}(k)+\gamma\sum_{t=1}^{T}\delta_{\text{back}}^{i}(t)u^{j}(t) \tag{5.45}$$

$$w_{\text{out}}^{ij}(k+1)=w_{\text{out}}^{ij}(k)+\gamma\sum_{t=1}^{T}\delta_{\text{back}}^{i}(t)x^{j}(t-1) \tag{5.46}$$

$$w_{\text{back}}^{ij}(k+1)=w_{\text{back}}^{ij}(k)+\gamma\sum_{t=1}^{T}\delta_{\text{back}}^{i}(t)y^{j}(t-1) \tag{5.47}$$

其中 γ 是学习率。请注意，上述学习规则不能直接应用于储备池中的权重，因为储备池中的神经元是脉冲神经元。

接下来进行比较研究以检查具有局部 BCM 可塑性规则的 LSM 的性能。比较的算法包括前一节中描述的基因调控 BCM 脉冲模型和五个基于预先提取的时空特征的其他算法。需要注意的是，这里和前一节描述的模型仅使用空间特征。从结果中可以看出，GRN-LSM 的识别准确率优于所有其他比较的模型，除了 Le 等[287]和 Jhuang 等[288]的模型。然而，这两个模型采用了更先进的时空特征提取方法。

5.3.5　液态状态机中子储备池的协同演化

前面描述的两种可塑性规则通过基因调控网络实现局部调控，其状态受神经元活动的影响。实现局部调控的另一种方法是将储备池划分为子结构，每个子结构可以由不同的可塑性规则或相同可塑性规则的不同参数进行调控。在本节中，我们介绍一种协同演化的方法用于演变储备池的结构[289]，其连接性通过可塑性规则进一步调控。使用协同演化方法的优点在于能够演变出独立的子储备池，最终形成一个完整的储备池。

1. 总体框架

与标准液态状态机（LSM）不同，生成式液态状态机（G-LSM）将储备池划分为多个块，以实现局部可塑性，这些块随后组织成子储备池[289]。图 5.18 展示了 G-LSM 整体结构。编码层将输入数据转换为脉冲序列，并将其注入到储备池层。储备池的状态由读出层提取，然后通过 softmax 计算分类准确度。图的顶部显示了块、子储备池和储备池之间的路径。

储备池包含四个子储备池，每个子储备池由四个块组成。路径通过一组突触连接两个块的输出神经元和输入神经元。每个块中的脉冲神经元根据四种复杂的网络模型连接，分别是随机网络模型、无标度网络模型、小世界网络模型和三层网络模型。每个子储备池包含两种类型的脉冲神经元：激励性神经元和抑制性神经元。激励性神经元产生正的突触后电位（PSP），而抑制性神经元产生负的 PSP。这两种神经元的数量遵循 4∶1 的比例[262]。每四个块组成一个子储备池，而整个储备池由四个子储备池构成。

如图 5.19 所示，G-LSM 包含四种块类型和四种子储备池类型。每个块通过一组突触连接，这些连接称为路径。块中的神经元基于拓扑排序选择若干神经元作为输出和输入神经元。储备池层的输入和输出块由四个子储备池的拓扑排序决定。路径 P_{res} 以一定概率在两个块的输出神经元和输入神经元之间创建突触。

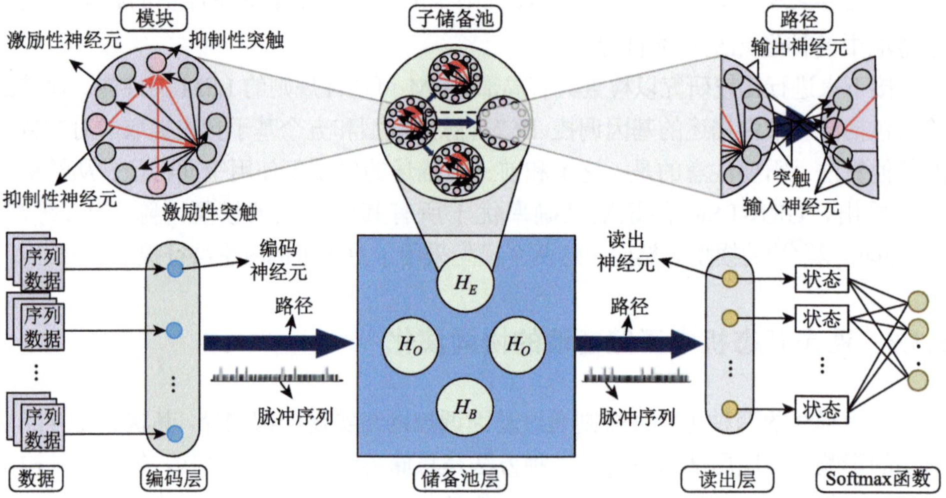

图 5.18 G-LSM 结构示意图

2. 基于块的储备池表示

基于块的架构表示是神经架构搜索（NAS）[290, 291]的一种有效间接编码方案。每个块持有独特的网络结构，负责储备池中的基本信息处理。块的网络结构可以通过有向图 $G(V,E)$ 表示，其中顶点 $V=\{v_i,i\in 1,\cdots,N\}$ 表示 N 个脉冲神经元，边 $E=\{e_{i,j},i\in 1,\cdots,N,\quad j\in 1,\cdots,N\}$ 表示从脉冲神经元 v_i 到 v_j 的突触。该网络结构可以通过邻接矩阵 $A=\{a_{i,j},i\in 1,\cdots,N,j\in 1,\cdots,N\}$ 进行数学表示，其中 $a_{i,j}=1$ 表示存在的突触 $e_{i,j}$， $a_{i,j}=0$ 表示不存在的突触 $e_{i,j}$。

在仅使用随机块的情况下，块的网络结构受到严格限制。G-LSM 通过利用各种复杂网络模型来探索更为多样化和有效的模块结构。由于计算资源的限制，我们选择了四种典型的复杂网络模型，以生成块的网络结构。这四种复杂网络模型具有不同的特性，足以用于验证网络结构对 G-LSM 分类性能的影响。这四种块类型分别是随机块、无标度块、小世界块和三层块。图 5.19（a）左侧展示了这四种块类型的示例，每个块中包含 12 个神经元。不同块的网络结构表现出不同的特征：随机块的突触均匀分布，无标度块包含一个具有更大度数的主要中心，小世界块的神经元仅与相邻的神经元相连接，而三层块中同一层的神经元之间则没有突触连接。块的输入和输出神经元是通过拓扑排序和强连通分量来确定的。

有关生成随机、小世界和无标度网络结构的详细信息，请参考 2.2.2 节。三层网络是传统神经网络中最常见的结构之一，因此作为块的候选网络模型。三层块中的神经元均匀分为三层。每个神经元只能通过输入连接概率 p_{in} 和输出连接概率 p_{out} 连接到其他层的神经元。连接概率 p_{in} 和 p_{out} 随着神经元的入度 d_{in} 和出度 d_{out} 的增加而减小。对于不同层中的每对神经元 v_i 和 v_j，突触 $e_{i,j}$ 根据连接概率 $p_{\text{out}} \times p_{\text{in}} \times \sigma^{[d_{\text{out}}(v_i)+d_{\text{in}}(v_j)]}$ 连接，其中 σ 为概率衰减系数。

在确定网络结构后，需指定与其他块通信的输入和输出神经元。为确保输入脉冲能够有效地流经更多神经元，首先执行拓扑排序以确定神经元的顺序。排序后的拓扑序列的开头和结尾分别标识为输入和输出神经元。然而，由于网络的拓扑是一个循环图，需要将其转换为有向无环图（DAG）。为此，可将图中的循环聚合成强连通分量[292]作为单个顶点集群 V_c，以将图转换为无环图 $G(V,V_c,E)$。如果 V_c 位于序列的开头或结尾，则选择 V_c 的一个顶点作为输入或输出神经元。此外，当输入和输出神经元的总数少于所有神经元的 30%时，系统会随机选择更多神经元，直到输入和输出神经元的数量达到 30%。为说明这一方法，图 5.20 展示了确定输入和输出神经元的示例，该示例由块中的 12 个神经元组成。在此示例中，图由 12 个顶点和两个循环组成，分别是 $\{v_0,v_1,v_2\}$ 和 $\{v_6,v_7,v_8,v_9,v_{10}\}$。根据拓扑排序序列，顶点集群 $\{v_0,v_1,v_2\}$ 和顶点 v_4,v_{12} 分别被视为头部和尾部。在顶点集群 $\{v_0,v_1,v_2\}$ 中，选择 v_0 作为输入神经元。最后，顶点 v_2,v_5,v_8 和 v_7,v_{11} 也随机选择为输入和输出神经元。

G-LSM 采用了分层架构表示方案[293]，进一步将块组织成储备池，减少了基于块的演化优化储备池架构所需的计算资源。分层架构包含 L 个级别 $\{l_i, i=1,\cdots,L\}$，每个级别 l_i 包含 M 个基本组件 $\{m_j^{l_i}, j=1,\cdots,M\}$，也称为模式。分层架构表示方案使用较低级别的模式构建更高级别的模式。换句话说，更高级别的模式包含较低级别的 M 个模式，可以表示为 $m_j^{l_{i+1}} \leftarrow \{m_j^{l_i}, j=1,\cdots,M\}$。每个级别具有几种模式类型，这些类型被用作模式结构的坐标。根据基因型，从级别 l_i 的坐标模式类型中选择模式 $m_j^{l_i}$ 的类型。

图 5.19 显示了一个由 $L=2$ 个层次组成的储备池层的架构，每个层次有 $M=4$ 个模式，计算资源有限。在 l_1 级别，模式 $m_j^{l_1}$ 代表一个块，其网络结构从前面描述的四种块类型中选择。确认了级别 l_1 中的所有模式类型后，模式 $\{m_j^{l_1}, j=1,\cdots,4\}$ 被汇总成模式 $m_j^{l_2}$。模式 $m_j^{l_2}$，也称为子储备池，根据预定义的子储备池类型连接到

$\{m_j^{l_1}, j=1,\cdots,4\}$中的一个。在$l_2$级别，四个DAG图视为坐标子储备池类型，如图5.19（b）右侧所示，分别表示为H_O，H_A，H_B和H_E。值得注意的是，当$M=4$时，四种子储备池类型是从典型的DAG图中选择的。如果级别l_2包含多于$M=4$个模式，则坐标子储备池类型也会增加。然而，考虑到计算资源，选择$M=4$来说明所提出的分层架构表示方案的有效性。最后，所有子储备池被汇总成一个没有内部路径的整个储备池。子储备池的输入是DAG图的头块，根据拓扑排序确定。编码层和储备池层之间的路径实际上连接编码块到子储备池的输入块。

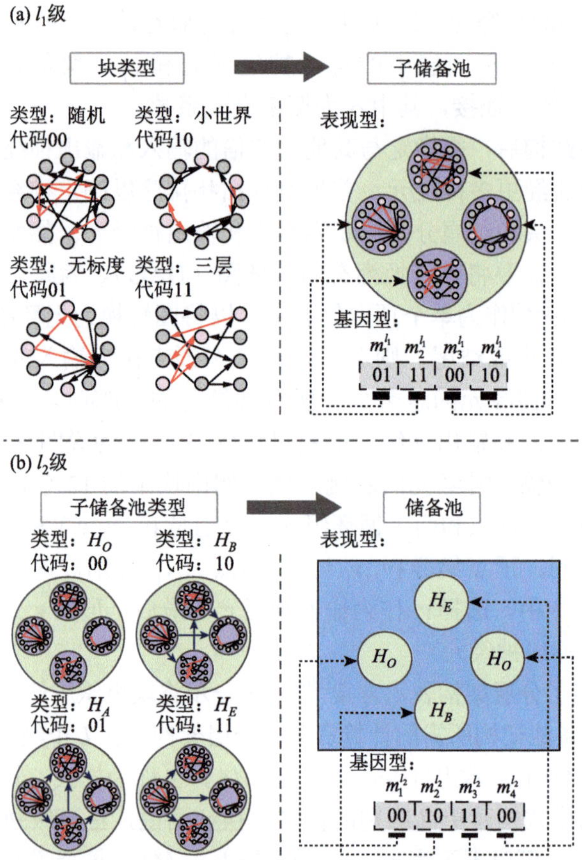

图5.19　分层架构表示的层次结构示意图

图中有两个层次，其中第l_1级包含四种块类型，第l_2级包括四种子储备池类型。
每个级别展示了将基因型映射到表现型的示例

图5.19还展示了基于分层架构表示的基因型到表现型的映射示例。根据基因型|01|11|00|10|生成模式$\{m_j^{l_1}, j=1,\cdots,4\}$，这意味着子储备池的表现型由无标度块、

三层块、随机块和小世界块组成。在 l_2 级别，每个模式 $m_j^{l_2}$ 都包含相同的模式 $\{m_j^{l_1}, j=1,\cdots,4\}$。同时，根据基因型|00|10|11|00|，子储备池的模式 $\{m_j^{l_2}, j=1,\cdots,4\}$ 分别根据 H_O，H_B，H_O 和 H_E 的类型连接。基于强连通分量和拓扑排序确定块的输入和输出神经元的说明性示例如图 5.20 所示。

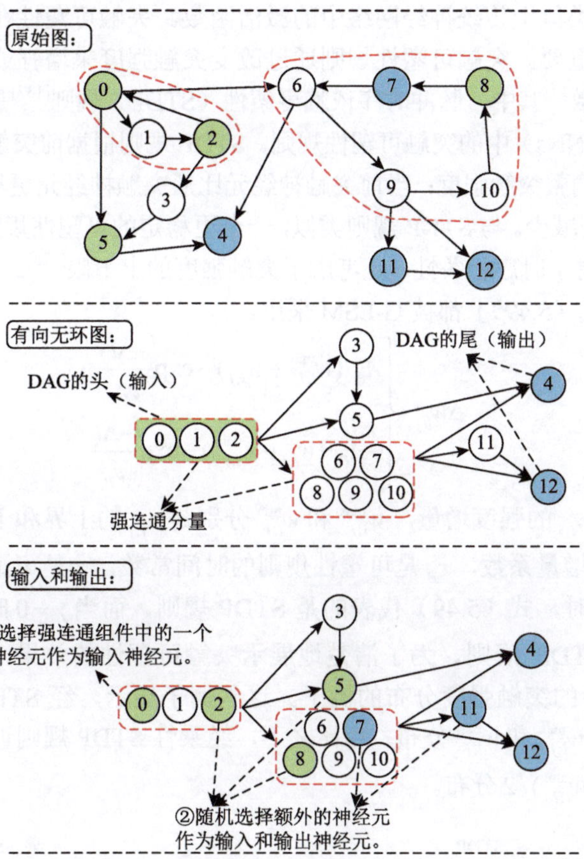

图 5.20　基于强连通分量和拓扑排序确定块的输入和输出神经元的说明性示例

3. 可塑性规则

在 G-LSM 中，分别采用内在可塑性规则[294, 295]和突触可塑性规则[132, 296]来调整神经元阈值 $T_i(t)$ 和突触强度 w^{ij}。

内在可塑性规则是一种用于调整脉冲神经元发放状态的稳态学习规则。根据输入脉冲序列，内在可塑性规则按照式（5.48）调整神经元阈值 $T_i(t)$。

$$\tau_{\text{th}} \frac{\mathrm{d}T_i(t)}{\mathrm{d}t} = -T_i(t) + T_0 + \Delta T \cdot \delta(t - t_i^{(f)}) \tag{5.48}$$

其中，τ_{th} 是动态阈值的时间常数，T_0 是基本阈值，ΔT 表示当神经元 v_i 发放时的阈值增量。

内在可塑性规则在防止激发状态饱和方面起着关键作用。神经元激发越频繁，后突触神经元在衰减时间 τ_{th} 内激发下一个脉冲的难度就越大，从而形成了输入脉冲和输出脉冲之间的非线性关系。这种内在可塑性规则可以视为脉冲神经元的脉冲激活函数，类似于传统神经网络中的激活函数。突触可塑性在神经网络的学习和认知中至关重要。突触可塑性规则通过改变突触强度来增强或抑制注入到后突触神经元的刺激。其中，脉冲时序依赖可塑性（STDP）规则[132]是最广泛应用于脉冲神经网络（SNNs）中的突触可塑性规则。STDP 规则根据前突触和后突触脉冲之间的时序关系调整突触强度：当前突触神经元比后突触神经元更早激发时，突触强度增加；反之则减少。与 STDP 规则类似，一个更稳定的可塑性规则——乘性 STDP 规则，不仅考虑了时序相关性，还考虑了突触强度的上下限[296]。STDP 规则和乘性 STDP 规则［式（5.49）］都被 G-LSM 采用。

$$\Delta w_{ij} = \begin{cases} A_P \cdot (w_{i,j}^{\max} - w_{i,j})^{\gamma} \cdot \exp\dfrac{-\Delta t}{\tau_P} \\ -A_D \cdot (w_{i,j} - w_{i,j}^{\min})^{\gamma} \cdot \exp\dfrac{-\Delta t}{\tau_P} \end{cases} \tag{5.49}$$

其中，Δw_{ij} 是 $w_{i,j}$ 的强度增量，$w_{i,j}^{\max}$ 和 $w_{i,j}^{\min}$ 分别是 $w_{i,j}$ 的上界和下界。$A_P = 0.01$ 和 $A_D = 0.0105$ 是增量系数，τ_P 是可塑性规则的时间常数，γ 是可塑性类型参数。特别地，当 $\gamma = 1$ 时，式（5.49）代表的是 STDP 规则，而当 $\gamma = 0$ 时，式（5.49）代表的是乘性 STDP 规则。为了清楚地展示突触可塑性的效果，图 5.21 展示了 G-LSM 训练后的突触强度分布的例子。这些例子显示，经 STDP 规则训练后的突触强度围绕 $w_{i,j}^{\max}$ 和 $w_{i,j}^{\min}$ 分布。相比之下，经乘性 STDP 规则训练后的突触强度则围绕 $(w_{i,j}^{\max} + w_{i,j}^{\min})/2$ 分布。

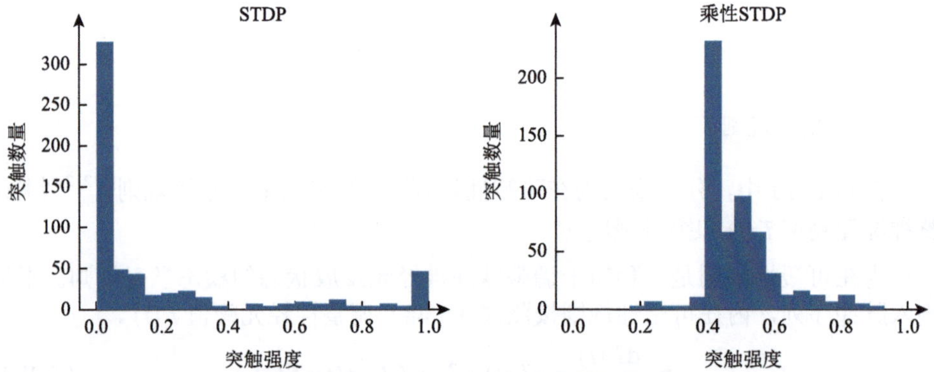

图 5.21　通过 STDP 规则和乘性 STDP 规则训练后的突触强度分布的说明性示例

4. 协同演化算法

协同演化算法（CCEA）将原始问题分解为多个低维子问题[297]。每个子问题都使用一个子群体进行独立优化，以获得部分解。子群体中的个体与其他子群体合作进行评估。最佳部分解被组合成原始问题的完整解。然后，利用完整解的适合度来确定相应部分解的适合度[298, 299]。

因此，CCEA 的关键方面包括问题分解、合作者选择和个体适合度分配。根据 G-LSM 的基因型设置，CCEA 将储备池架构优化分解为 3 个或 6 个子群体。原始群体和子群体表示如式（5.50）所示：

$$\begin{aligned} X &= \left\{ x_i, i \in 1,2,\cdots,N_g \right\} \\ &= \left\{ x_{i,j}, i \in 1,2,\cdots,N_g, j \in 1,2,\cdots,N_P \right\} \\ &= \left\{ x_j, j \in 1,2,\cdots,N_P, N_g = 1 \right\} \end{aligned} \tag{5.50}$$

其中 x_i 表示子群体，N_g 是子群体的数量，x_j 和 $x_{i,j}$ 分别表示原始群体和子群体中的个体，N_P 是个体的数量。子群体通过遗传算法进行演化。每个子群体 x_i 中的最佳个体 b_i 被选出来形成完整解 $b=\{b_i, i \in 1,2,\cdots,N_g\}$，并且 b 的适合度是 $f_b=(b)$，简写为 $f_b=\mathbb{F}(b, \mathbb{D})$。个体 $x_{i,j}$ 的适合度通过替换完整解的相应部分来估算，即 $f_{i,j}=\mathbb{F}(x_{i,j})=\mathbb{F}(\hat{b}_{i,j})$，其中 $\hat{b}_{i,j}=\{b_1,b_2,\cdots,x_{i,j},\cdots,b_{N_g}\}$。子群体 x_i 中所有个体的适应度表达为 $f_{i,j}=\mathbb{F}(x_i)=\mathbb{F}(\hat{b}_i)$。

问题的分解基于基因型设置，如图 5.22（b）中不同颜色所示，分别对应 $N_g=6$ 和 $N_g=3$。当 $N_g=3$ 时，模式 $\{m_j^{l_1}, j=1,2,3,4\}$ 视为一个子群体。$N_g=1$ 表示没有分解的群体，因此 CCEA 等同于遗传算法。图 5.22 还展示了子群体 $x_3(N_g=6)$ 的适合度评估示例。在 $\hat{b}_3=\{b_{3,j}^{\wedge}, j=1,\cdots,N_P\}$ 中，b_3 被 $\{x_{3,j}, j=1,\cdots,N_P\}$ 替换。因此，x_3 的适合度为 $f_3=\mathbb{F}(\hat{b}_3)$。

(a) 基因型设置

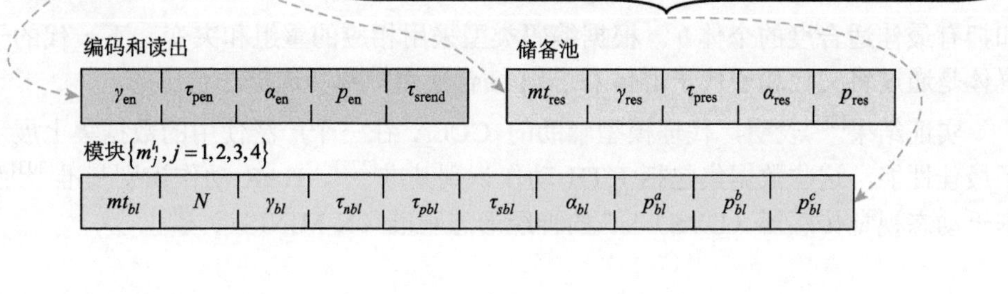

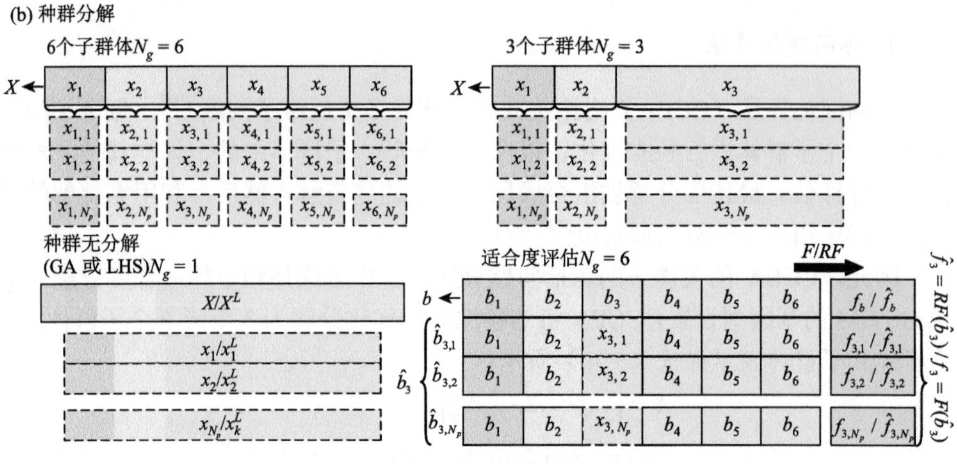

图 5.22　演化的 G-LSM 的基因型设置和种群分解说明

5. 基于随机森林的代理模型

随机森林是一种通过训练多个决策树的集成机器学习方法[300]。每棵决策树都是使用从整个数据集中随机抽样得到的数据进行训练的。决策树输出的平均值和方差用作随机森林的预测值和不确定性。随机森林在处理离散数据时的表现优于其他机器学习方法。由于 G-LSM 的基因型采用混合编码，随机森林非常适合用于构建 G-LSM 的代理模型。代理模型辅助的 CCEA 在随机森林回归方法中使用了 100 棵分类与回归树（CARTs）[301]来构建代理模型。该代理模型采用了下置信界（LCB）[302]，如式（5.51）所描述，作为 $\hat{b}_{i,j}$ 的预测值。

$$\mathbb{RF}(\hat{b}_{i,j}) = \mu(\hat{b}_{i,j}) - \rho \cdot \sigma(\hat{b}_{i,j}) \tag{5.51}$$

其中 $\rho = 2.576$，$\mu(\hat{b}_{i,j})$ 和 $\sigma(\hat{b}_{i,j})$ 分别是随机森林输出的对于 $\hat{b}_{i,j}$ 的均值和方差。

代理模型辅助的 CCEA 的详细信息在算法 3 中给出。该算法首先通过拉丁超立方抽样采样 k 个坐标解 $X^L = \{x_j^L, j \in 1, 2, \cdots, k\}$ 来创建随机森林代理模型。在评估过程中，x_i^O 表示子群体的子代个体。代理模型辅助的 CCEA 每隔 η 代用原始函数 $\mathbb{F}$ 评估最有前途的 N_s 个子代个体 x_i^S，然后根据新评估的结果更新代理模型 $\mathbb{RF}$，以增加 $\mathbb{RF}$ 的预测精度。最后从 $\{f_b, f_i^S\}$ 和 $\{\mathbb{F}(b), \mathbb{F}(\hat{b}_i^S)\}$ 中分别选择最佳适合度 f_b 和拥有最佳适合度的个体 b。根据编码类型采用相应的重组和突变。下一代的子群体是通过将父代和子代子群体 $\{x_i, x_i^O\}$ 结合使用锦标赛选择法选出的。

实证结果[289]表明，代理模型辅助的 CCEA 在三个广泛使用的数据集上展示了最佳性能，这些数据集包括 KTH 动作识别基准[272]、HAR 动作识别基准[303]及基于动态视觉传感器（DVS）[304]的神经形态基准（N-MINIST）[305]。

算法 3：辅助替代 CCEA

Input: The polulation size N_p, the number of evaluated individuals N_s, the evaluation interval η, and the number of coordinate solutions for Latin hypercube sampling k.
output: The best fitness f_b, the best solution b.
Latin hypercube sampling $X^L=\{x_j^L, j\in 1,2,\cdots,k\}$;
Evaluate $f^L=\mathbb{F}(X^L)$;
Create the surrogate $\mathbb{RF}$ based on (f^L, X^L);
Update $f_b \leftarrow \min f^L$, $b \leftarrow \arg\min \mathbb{F}(X^L)$;
for i←1 **to** N_g **do**
    Generate an initial subpopulation x_i;
    Estimate $\hat{f}_i=\mathbb{RF}(\hat{b}_i)$;
end
loop = *1*;
while *The termination is not satisfied* **do**
    loop = *loop* + 1;
    for *i*←1 **to** N_g **do**
        Generate an offspring sub-population x_i^O by the recombination and the mutation of x_i;
        Estimate $\hat{f}_i^O=\mathbb{RF}(\hat{b}_i^O)$;
        if *loop* = = η **then**
            Select the most promising N_s offspring x_i^S from x_i^O, where $\hat{b}_i^S=\arg\min \mathbb{RF}(\hat{b}_i^O)$;
            Evaluate $f_i^S=\mathbb{F}(\hat{b}_i^S)$;
            Update the surrogate $\mathbb{RF}$ baesd on $(f_i^S, \hat{b}_i^S)$;
            Update $f_b \leftarrow \arg\min\{f_b, f_i^S\}$, $b \leftarrow \arg\min\{\mathbb{F}(b), \mathbb{F}(\hat{b}_i^S)\}$;
            Replace the corresponding the evaluation values of x_i^S with $\hat{f}_i^S$ in $\hat{f}_i^O$;
            loop = 0
        end
        Rank and select best N_p offspring based on $\arg\min\left\{\hat{f}_i^O, \hat{f}_i\right\}$ from $\left\{x_i, x_i^O\right\}$ as The sub-population of the nest generation x_i;
    end
end
return f_b, b;

5.3.6 回声状态网络中局部突触可塑性的演化

在本节中，我们将介绍一种演化局部可塑性规则的方法，该方法允许不同的神经元使用不同类型的可塑性规则及其参数。通过使用具有协方差矩阵适应的演化策略来优化局部可塑性规则的参数，从而实现这一目标。将展示演化神经可塑性如何导致不同可塑性规则的协同效应，这在提高学习性能中扮演了重要角色。同时，我们将提供证据，表明演化的局部可塑性规则能够有效减轻学习感觉输入结构中的突触干扰。

1. 回声状态网络

回声状态网络（echo state networks，ESNs）可以视为一种特定类型的循环神经网络（recurrent neural networks，RNNs）。原始的 ESN 属于一类储备池计算模型，类似于液态状态机（liquid state machines，LSMs）。与 LSMs 的主要区别在于，储备池中的所有神经元都是模拟神经元，而非脉冲神经元。典型 ESN 模型的架构在图 5.23 中展示。

输入层、储备池和输出层的神经元数量分别用 K、M 和 L 表示。从输入到储备池神经元、储备池内部神经元之间及从储备池神经元到输出层的权重分别用 W_{in}、W_{res} 和 W_{out} 表示。在时间为 $t+1$ 时，储备池中的神经元的激活状态 $\boldsymbol{x}(t+1)$ 和输出层的激活状态 $\boldsymbol{y}(t+1)$使用以下方程更新[259]：

$$\boldsymbol{x}(t+1)=f(W_{\text{in}}\boldsymbol{u}(t+1)+W_{\text{res}}\boldsymbol{x}(t)) \tag{5.52}$$

$$\boldsymbol{y}(t+1)=W_{\text{out}}\boldsymbol{x}(t+1) \tag{5.53}$$

其中 $\boldsymbol{u}(t+1)$表示时间 $t+1$ 的输入信号，$f(\cdot)$ 表示储备池中神经元的激活函数，通常采用 Sigmoid 函数。

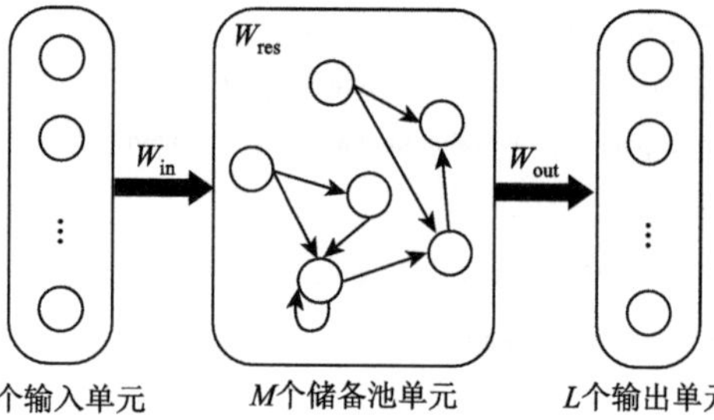

图 5.23　典型回声状态网络模型的架构

在典型的 ESN 模型中，W_{in} 和 W_{res} 在随机初始化后是固定的，而 W_{out} 则通过使用监督学习算法来训练。训练过程的目标是最小化期望输出 (y^d) 和 ESN 的实际输出 (y) 之间的差异。具体来说，对于预测或回归问题，我们最小化、归一化均方根误差（NRMSE）来训练读出权重（W_{out}），其定义如下：

$$L_{\text{NRMSE}}=\sqrt{\frac{\sum_{t+1}^{T}\left\|y^d-y\right\|}{T\sigma^2}} \tag{5.54}$$

其中 σ^2 代表期望输出的方差。读出权重 W_{out} 是通过使用最小二乘估计方法计算得出的：

$$W_{\text{out}} = (X^T X)^{-1} XY \tag{5.55}$$

在训练 W_{out} 时，储备池神经元的激活状态和每个时间点的期望输出将分别存储在 X 和 Y 中，覆盖时间 $t=1,2,\cdots,T$ [271]。对于分类问题，如果使用 Softmax 函数，分类准确度可以定义如下[306]：

$$p^i = \frac{\exp y^i(t)}{\sum_{i=1}^{L} \exp(y^i(t))} \tag{5.56}$$

其中 $y^i(t)$ 表示第 i 个输出层神经元在时间 t 的实际输出，L 是类别的数量（输出神经元），p^i 表示属于 $y^i(t)$ 第 i 类的概率。具有最高概率的输出节点及其对应的类别用作实际的类别标签。通过比较期望的类别标签和实际的类别标签，可以计算分类准确度。

在回声状态网络（ESNs）中，有几个参数对其性能尤为重要，包括储备池中的神经元数量、连接密度和输入缩放。储备池中的神经元数量决定了 ESN 的复杂性，因此，最佳的复杂性在很大程度上取决于任务的复杂性。通常，随着神经元数量的增加，ESN 的记忆容量会增强，但这也可能增加对训练数据过拟合的风险。连接密度表示储备池中相互连接的神经元的百分比。一般来说，连接密度选择在 0.01～0.2 的范围内[307]。与液态状态机（LSMs）类似，特定结构如小世界或无尺度网络可能会引起关注。输入缩放对 ESN 的性能至关重要，不同类型的数据样本在输入到网络之前需要适当缩放。一旦确定了 ESN 的参数及其神经元动力学，就可以使用一个通用的性能指标，称为谱半径，来衡量其在给定任务上的潜在性能。谱半径是储备池中神经元连接权重矩阵 W_{res} 的最大绝对特征值。为了确保 ESN 展示出回声状态特性，谱半径应小于 1[308]。

2. 全局突触可塑性规则

受计算神经科学发现的启发，可塑性规则已广泛用于根据输入刺激的激活状态调整储备池内的权重。大多数现有的突触可塑性机制可以视为赫布塑性规则的扩展和发展。赫布规则可以用以下表达式描述：

$$\Delta W_{\text{res}}^{ji} = \eta x^i(t) x^j(t) \tag{5.57}$$

其中，$\Delta W_{\text{res}}^{ji}$ 是在时间 t 下，前突触神经元 (x^i) 和后突触神经元 (x^j) 之间的突触权重变化，η 是学习率，通常是一个小的正常数[260]。由于赫布规则只描述了突触权重是如何增加的，并没有给出突触权重减少的数学描述，因此赫布学习规则本质上是不稳定的。为了解决稳定性问题，Oja[125]提出了一个修改原始赫布规则的方法，即通过对连接到后突触神经元 x^j 的所有权重进行归一化：

$$\sqrt{\sum_{i=1}^{n} W_{\text{res}}(t)} = 1 \tag{5.58}$$

其中 W_{res} 表示在时间 t 时前突触神经元 (x^i) 和后突触神经元 (x^j) 之间的突触权重。突触的归一化可以采取以下形式进行：

$$W_{\text{res}}^{ji}(t+1) = \frac{W_{\text{res}}^{ji} + \eta x^i(t) x^j(t)}{\sqrt{\sum_{i=1}^{n} [W_{\text{res}}^{ji} + \eta x^i(t) x^j(t)]}} \tag{5.59}$$

其中学习率 η 通常是一个小的正常数。当 η 趋于 0 时，上述方程可以展开为幂级数[107]。可以推导出包含权重抑制项的学习规则，这称为欧加学习规则[125, 247]：

$$W_{\text{res}}^{ji}(t+1) = W_{\text{res}}^{ji}(t) + \Delta W_{\text{res}}^{ji}(t) \tag{5.60}$$

$$W_{\text{res}}^{ji}(t) = \eta x^j(t)[x(t) - x^j(t) W_{\text{res}}^{ji}(t)] \tag{5.61}$$

其中 $W_{\text{res}}^{ji}(t)$ 是时间 t 时前突触神经元 (x^i) 与后突触神经元 (x^j) 之间突触权重的变化。$x^j(t)W_{\text{res}}^{ji}(t)$ 是抑制项。

反欧加学习规则是欧加学习规则的倒置形式。它们之间唯一的区别是突触权重的更新[260]，即反欧加学习规则的学习率是一个负常数。根据反欧加学习规则，权重按以下形式更新：

$$W_{\text{res}}^{ji}(t+1) = W_{\text{res}}^{ji}(t) - \Delta W_{\text{res}}^{ji}(t) \tag{5.62}$$

有学者建议，如果使用突触可塑性规则来训练储备池中神经元之间的权重，网络将具有更强的稳态性[258]。换句话说，与随机初始化的权重相比，通过可塑性规则调整的权重可以更好地稳定储备池神经元的状态。正如 5.3.2 节所讨论的，使用全局突触可塑性规则在学习感觉输入结构时，由于干扰而效果不佳，这些规则可能无法增强调整储备池中权重的学习性能。此外，在大多数现有研究中，仅使用一种单一类型的可塑性规则。因此，全局突触可塑性规则未能同时满足学习复杂任务中相关性和去相关性的需求。

3. 在回声状态网络中演化局部突触可塑性规则

为了从单个神经元的角度演化局部可塑性规则以进行可塑性建模，我们在本节中介绍了一个新的算法[280]，该算法旨在设计具有不同学习率或完全不同可塑性规则的局部突触可塑性规则，以调整储备池内不同神经元之间的连接。如果可塑性规则中的参数因神经元而异，或者使用不同类型的可塑性规则，则称之为局部突触可塑性规则。

整个演化过程包括以下几个主要步骤：

（1）通过输入层对数据进行输入和缩放；

（2）利用局部塑性规则对储备池内的连接权进行预训练；

（3）通过最小二乘法训练读出权重。考虑两种类型的局部可塑性规则，一种是局部欧加学习规则，另一种是局部反欧加学习规则。局部欧加学习规则如下所示：

$$\Delta W_{\text{res}}^{ji}(t)=\eta^j x^j(t)[x^i(t)-x^j(t)W_{\text{res}}^{ji}(t)] \tag{5.63}$$

其中$W_{\text{res}}^{ji}(t)$是t时刻前突触神经元(x^i)和后突触神经元(x^j)之间突触权重的变化，η^j是后突触神经元(x^j)的学习率。

这里使用的局部欧加学习规则与原始欧加学习规则相同。遵循局部欧加学习规则后，我们可以轻松构建局部反欧加学习规则。同样，它们之间的唯一区别也在于突触权重的更新，即局部反欧加学习规则的突触权重更新为负值。

从上述方程可以看出，局部和全局可塑性规则之间的唯一区别在于，局部可塑性规则对储备池中不同的后突触神经元(x^j)应用不同的学习率η^j。我们使用协方差矩阵自适应演化策略（CMA-ES）（参见1.1.2节）来演化每个神经元的欧加学习规则参数，使得不同的神经元可以使用不同的参数。需要注意的是，欧加学习规则和反欧加学习规则之间的主要区别在于突触权重的更新。换句话说，欧加学习规则的学习率是一个正常数，而反欧加学习规则的学习率是一个负常数。因此，我们可以研究欧加学习规则或反欧加学习规则哪一个更能有效地提升学习性能。

5.3.7　回声状态网络中局部内在可塑性的演化

1. 内在可塑性规则

大多数当前的神经科学研究主要集中在突触可塑性上，该机制能够根据神经元受到的刺激活动学习输入信号的结构信息。此外，生物实验表明，单个神经元还具有改变其内在兴奋性以匹配接收到的突触输入的能力[309]，这通过改变电压门控离子通道来实现。这种神经可塑性机制称为内在可塑性（IP），在G-LSM中的脉冲神经元中也已被考虑[289]，如5.3.5节所述。为了与ESNs的描述保持一致，我们在下面进一步讨论并稍微改进IP规则的表述。

IP是许多物种和脑区观察到的常见生理现象[310]。IP在维持单个神经元活动水平处于一定范围的稳态控制中起着重要作用，同时最大化向下游目标的信息传输[311]。稳态特性有效地维持了系统的稳定代谢成本。最大化信息传输能够增大神经元输入和输出之间的互信息，从而使神经元的响应曲线能够匹配突触输入分布。换句话说，IP规则可以在稳定代谢成本的条件下有效地表示突触输入。然而，特里希的规则或信息最大化规则都未能有效解决在IP模型中最小化脉冲发生频率与最大化灵敏度之间的矛盾[312]。在进一步的研究中，Li指出韦布尔分布更适合描述单个生物神经元的实际活动分布[313]。

神经生物学实验发现，神经元对自然场景的反应在主视觉皮层和颞下皮层中均呈现指数形式的脉冲计数分布[314]。需要注意的是，指数分布在保持相同均值的情况下具有所有非负分布中最高的信息熵[310]。然而，神经回路中内在可塑性的调整过程和潜在机制仍然不明确。除了实验研究外，对内在可塑性的计算建模提供了更好地理解这些神经可塑性机制的新选项。受神经科学和信息理论的启发，Triesch[310]提出了一个通过计算建模构建的内在可塑性学习规则。假设单个 S 型神经元的输出分布是具有固定均值的指数分布，并且 IP 规则可以通过最小化实际输出分布与神经元期望的指数分布之间的 Kullback-Leibler（KL）散度来推导得到。

IP 规则的目标是在遵守代谢成本约束的同时，获得近似期望的发放率水平分布。为了研究 IP 机制对神经回路功能和动态的影响[313]，在接下来的实验和理论分析中我们选择 Li 的规则作为适应规则。Li 规则的期望输出分布也基于非负分布，因此采用 Sigmoid 函数作为神经元的激活函数：

$$y=\frac{1}{1+\exp^{(-ax+b)}} \tag{5.64}$$

其中 a 和 b 是函数的两个参数。韦布尔分布的概率密度函数描述如下[315]：

$$f(x)=\begin{cases}\dfrac{\beta}{\alpha}\left(\dfrac{x}{\alpha}\right)^{\beta-1}\exp\left(-\dfrac{x}{\alpha}\right)^{\beta}, & x\geqslant 0\\ 0, & x<0\end{cases} \tag{5.65}$$

其中，$\alpha>0$ 和 $\beta>0$ 分别表示韦布尔分布的尺度参数和形状参数。形状参数 β 是决定概率密度函数基本形状的最重要的参数。尺度参数 α 调整曲线的比例，但不影响分布的形状。此外，通过改变韦布尔分布的形状参数，还可以表示或近似表示其他类型的分布，例如指数分布、瑞利分布和高斯分布。当两个参数变化时，函数的形状如图 5.24 所示。

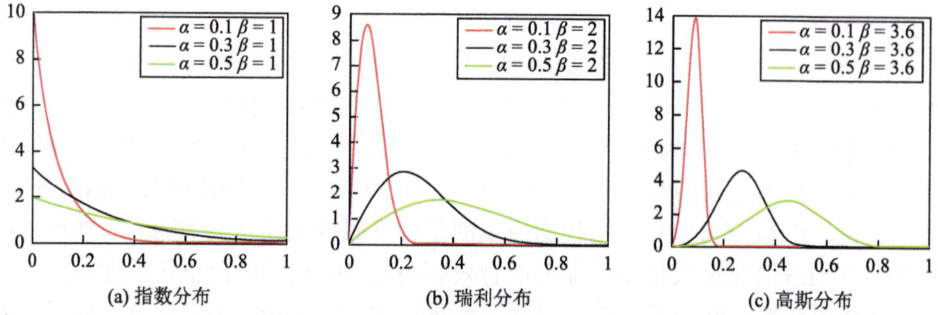

图 5.24　当参数 α 和 β 改变时，韦布尔函数的形状（β 分别设为 1、2 和 3.6）

在文献[313]中对 IP 规则的推导与原始 IP 规则类似，也是基于 KL 散度。对于 S 型神经元模型，IP 规则通过最小化实际输出分布与韦布尔分布之间的 KL 散度来推导。S 型神经元的增益 a 和偏置 b 在每个时间步骤通过随机梯度下降规则进行更新，如下所示：

$$\Delta a^i(t+1)=\frac{\eta}{a^i(t)}+\eta\Delta b^i(t)x_{\text{in}}^i(t) \tag{5.66}$$

$$\Delta b^i(t+1)=\eta[\beta(1-x^i(t))-x^i(t)-\frac{\beta}{\alpha^{\beta}}(x^i(t))^{\beta}(1-x^i(t))] \tag{5.67}$$

$$a^i(t+1)=a^i(t)+\Delta a^i(t+1) \tag{5.68}$$

$$b^i(t+1)=b^i(t)+\Delta b^i(t+1) \tag{5.69}$$

其中，$\Delta a^i(t+1)$ 和 $\Delta b^i(t+1)$ 分别表示第 i 个储备池神经元激活函数的增益和偏置在时间 t 的变化量。η 是 IP 规则的学习率。$\alpha>0$ 和 $\beta>0$ 分别表示韦布尔分布的形状参数和尺度参数。

2. 局部内在可塑性规则

现有的用于改变储备池神经元内在兴奋性的内在可塑性规则主要应用于 ESN 的预训练过程，以实现储备池内激活函数的全局可塑性优化[252]。IP 规则的参数，如学习率、尺度参数和整个储备池神经元中的形状参数，在全局可塑性优化中是相同的。然而，值得注意的是，真实生物神经元的输出分布在不同的脑区和物种中可能具有不同的形式[313]。因此，现有的 IP 规则显然缺乏一定程度的灵活性。

为进一步提高 IP 规则的灵活性和 ESN 的学习性能，我们引入了一种局部 IP 学习规则，其中不同神经元的学习率、尺度参数和形状参数可以不同[315]。局部 IP 学习规则表述如下：

$$\Delta a^i(t+1)=\frac{\eta^i}{a^i(t)}+\eta\Delta b^i(t)x_{\text{in}}^i(t) \tag{5.70}$$

$$\Delta b^i(t+1)=\eta^i[\beta^i(1-x^i(t))-x^i(t)-\frac{\beta^i}{\alpha^{i,\beta^i}}(x^i(t))^{\beta^i}(1-x^i(t))] \tag{5.71}$$

从上述方程中，我们可以看到全局和局部内在可塑性规则之间唯一的区别是局部内在可塑性规则中的参数针对每个神经元进行了个性化调整，这些参数由演化算法调控。

3. 经验验证

在几个回归和分类问题上的经验研究[280, 294]表明，具有局部可塑性规则的

ESNs 优于具有全局可塑性规则的 ESNs。接下来，我们通过太阳黑子时间序列预测问题的例子来说明在储备池中为神经元设置个体可塑性规则的必要性和合理性。对于这个问题，通常使用平滑后的月均太阳黑子数作为基准预测。该数据集包括 1750～2013 年的 3174 个太阳黑子活动数样本。训练、验证和测试数据集分别包含 1600 个、500 个和 1074 个数据，其中前 200 个训练样本仅用于冲洗，历史数据 $y(t-20)$、$y(t-10)$ 和 $y(t)$ 用于预测未来数据 $y(t+1)$。也就是说，输入层神经元和输出层神经元的数量设置为 3 和 1。

局部可塑性规则中参数的收敛轮廓分别在 5.3.6 节描述的局部突触可塑性规则和 5.3.7 节中介绍的局部内在可塑性规则中给出，分别如图 5.25 和图 5.26 所示。这些结果清楚地表明，局部可塑性规则中的参数收敛到不同的值，表明每个神经元具有个体可塑性值的必要性。文献[280]、[294]中的结果也有力地显示，与全局可塑性规则相比，局部可塑性规则能够增强 ESNs 的学习性能。

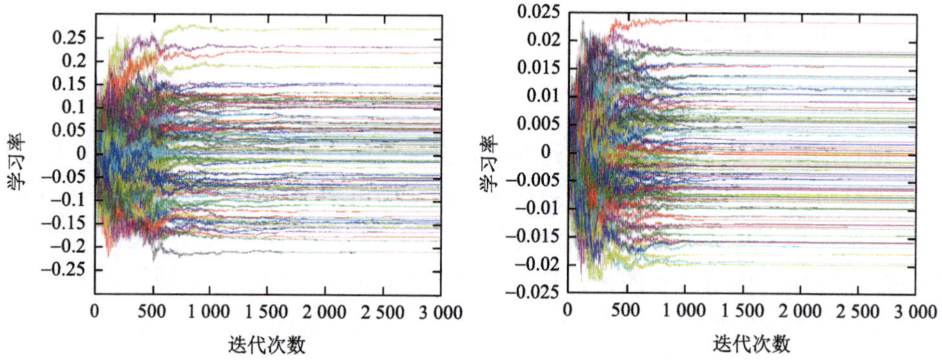

(a) 太阳黑子（局部反欧加可塑性）　　(b) 太阳黑子（局部欧加可塑性）

图 5.25　局部欧加学习规则和局部反欧加学习规则参数的收敛曲线

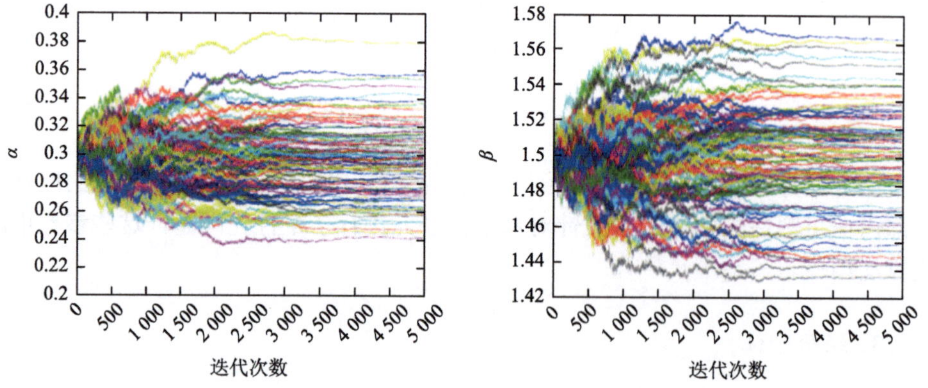

(a)　　(b)

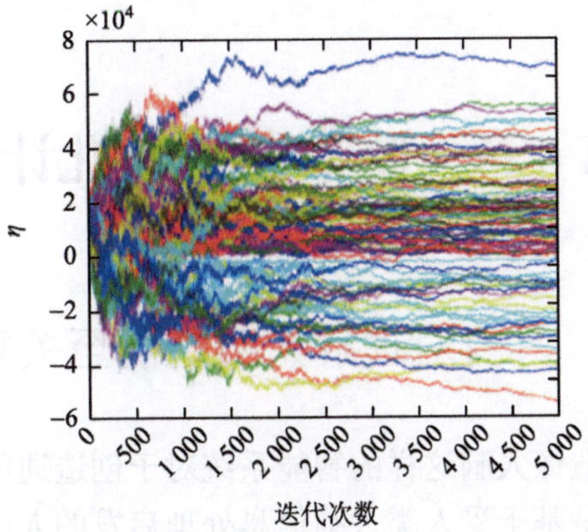

(c)

图 5.26　局部内在可塑性规则参数在太阳黑子问题上的收敛轮廓

5.4　总　结

本章介绍了由基因调控网络控制的演化神经发育的不同方法。首先，以水螅作为模型动物，提出了一个基因驱动的原始神经系统发育计算模型，展示了如何演化出一个产生早期神经发育所需正确基因表达序列的基因调控网络。其次，我们分析了在学习感觉输入结构时，应用全局可塑性规则可能导致的干扰，尤其是在基于储备池计算模型的神经网络（如回声状态网络和液态状态机）中，这种干扰可能引发灾难性遗忘。然后，我们提出了两种算法，用于生成由基因调控网络调节的局部可塑性规则。局部可塑性规则的参数由基因调控网络控制，状态则由液态状态机储备池中个体脉冲神经元的活动决定。最后，介绍了两种可塑性模型，在这些模型中，可塑性规则的类型和/或参数通过演化算法在回声状态网络中进行优化。实验证实，基因调控的神经可塑性演化可以产生局部可塑性规则，从而提高学习性能。然而，仍有一些问题尚未解决。首先，神经可塑性在大脑模块化中所起的作用尚不明确，是否能够利用局部可塑性规则来实现计算神经系统（如回声状态网络或液态状态机储备池）的模块化，是一个值得探索的问题。其次，尚不清楚神经可塑性在记忆巩固中是否起作用，如果起作用，它如何有效地解决灾难性遗忘也是一个重要的研究方向。最后，如果能够完全自动地开发出高度复杂的深度神经网络，例如，与人脑的复杂程度相当，将会是一个令人兴奋的成就。这也将是演化发育通用人工智能的最终目标。

第 6 章　脑-体协同演化计算

6.1　具身对理解人类智能至关重要

理解自然如何塑造像人脑这样的智能系统对于创造通用人工智能至关重要。尽管深度学习理论上是基于受人类大脑信息处理启发的人工神经网络，但深度神经网络仍缺乏人类智能的几个基本特征，例如从少量数据中学习多种任务、推理、规划、预测及学习如何学习。考虑到自然智能是由自然中的三种主要适应机制，即演化、发育和学习塑造的，理解演化和发育的作用显得尤为重要。

在过去的十年中，表观遗传机器人学取得了显著成功，并在理解认知发展方面取得了重要进展。尽管如此，从发育生物学和系统发育生物学的角度来看，如果不考虑形态的影响，发育机器人学可能会面临挑战。首先，生物个体的发育包括形态和心智的发育。因此，仅关注心智发育的发育机器人学是不够全面的。在生理发育上，心智发育与生物体包括形态结构和神经系统发育在内的形态发育密切相关。例如，神经科学的发现表明，神经系统的早期发育在很大程度上受神经活动的驱动，这表明神经网络的活动依赖和活动不依赖的发育是密不可分的。受到生物形态启发的形态发育机器人学被提出，以处理机器人系统的形态发育，补充表观遗传机器人学，并提供更完整的发育机器人学图景。其次，生物学证据表明，自主心智发育是由内在动机系统驱动的。这一发现促使表观遗传机器人学领域关注内在动机系统在心智发育中的作用。通常，内在动机系统是在机器人系统中预定义的。然而，生物系统中的自主心智发育并非一开始就被确定，而是通过脑-体协同演化在不断变化的环境中逐渐形成的。因此，在理解自然智能的演化起源过程中，整合心智和形态发育是必不可少的。在本章中，我们讨论了共同演化的神经控制器（大脑）与形态演化的关系，揭示了计算系统中形态与大脑在演化和发育中的密切联系。

6.2　运动神经元双边对称结构的涌现

6.2.1　概述

在神经系统的演化中存在着大的跃变，理解这些跃变背后的机制对于理解神经系统演化中的组织原则具有极大的帮助。生物神经系统演化中的一个跃变，如 5.1.1 节所述，是分化为扩散结构（也称为径向对称）和双边对称结构。实际上，大多数高等动物的神经系统常常显示出双边对称的结构，它们可以划分为背部和腹部两部分。相比之下，大多数低等动物的神经系统是径向对称的，人们相信，高等动物的双边对称特性可能是从这样的辐射体衍生出来的[227]。此外，人们认为神经系统是和它们的形态一起演化的。例如，水母是一个辐射体，具有一种扩散的神经结构，而扁虫是一个双边体，具有一种双边对称的神经系统。需要指出的是，这样的分化过程及其与形体构型演化的耦合尚未完全被理解。但已经有一些研究试图解释双边对称神经结构的涌现，以及它与双边对称形体构型的出现之间的耦合。在有关研究[234]中，一个模拟扁虫游泳行为的简单计算模型在一个相对简单但在生物学上可信的环境中被提出。虽然形态没有严格演化，但提出的模型允许演化运动神经元的配置，从而模拟形态的演化。这是基于一个假设：如果周围的所有肌肉都演化出来参与运动，那么肌肉配置可以认为是径向对称的。相比之下，如果只有在动物的背部或腹部，或左部或右部的对偶肌肉演化出来进行运动，那么肌肉配置可以认为是双边对称的。注意，这些对称性属性并不是预定义的，而是从一个演化过程中涌现的。类似的工作研究形态与神经控制器的耦合可以分为两大类。第一类关注模拟二维海洋生物，模型用于复制波状运动行为（如游泳）和可以导致这种行为的神经控制器[317-320]。这些研究关注的是从神经科学的角度理解运动。这个领域的第二类研究集中在这种行为的演化出现上。例如，早期的一项工作在文献[321]、[322]中报道过，许多研究人员对这个工作进行了跟进[106, 323]。这些模型通常是三维的，并由强大的图形库实现所需的可视化和物理化。在有的研究[324]中，人们已经发现有双边对称形体构型的动物可以更高效地产生运动行为。但是，神经控制器嵌在模型代理的形态中，改变的只能是个体网络的实际形态的连接性。注意，以个体神经元的定位水平对网络进行的编码对于观察某些类型神经元聚集的潜在趋势，从而可能证明中枢神经系统的类型是必需的。一项研究[233]开发了一个用于控制像刺参一样的五足动物定向运动的神经发生的演化发育模型。然而，这里提出的模型既没有考虑单个神经元的空间布局，也只将神经发生（neurogenesis）作为一个综合的演化发育过程来关注。与上述模型相比，本节介绍的模型[234]关注中心模式生成动态如何产生定向运动。此外，本节还将探讨神经科学的原则，包括可以演化的网络架构类型，以及这种演化过程如何塑造运动行为。通过演化单个神经元的位置，本节要介绍的模型旨在研究神经控制器如何在结构上与形体构造的对称性相耦合，并探讨这种耦合可能导致的行为结果。由于该模型能够演化单个神经元的位置，因此更容易检查功能对称性对相互连接的神经元自组织的影响。接下来，将详细介绍整体模型，包括形体构型、神经控制器及虚拟动物所处的环境。

6.2.2 波动运动的物理模型

波动运动是一种需要定向运动的双边对称生物的移动方式，特别是运动性移动，例如鳗鱼、蛇和鱼的运动。有关支撑运动机能的详细物理学可见文献[325]。在计算生物学中，可以通过弹簧-质量-阻尼器系统来模拟运动动物的形体，以再现其机械学[318, 326]。此外，可以合并摩擦模型，使得模拟动物能够在模拟的物理世界中移动。模型中通常还会嵌入一个控制机制，一般是神经控制器（大脑），以最终实现波动运动。大多数现有模型使用连续时间递归神经网络（CTRNNs）[327-329]，因为它们能够充当波动运动所需的中枢模式发生器（CPG）。许多基于神经网络的CPG是基于神经生理学的发现，为了实现波动运动而定制的[317, 318]，它们用于模拟类似鳐鱼或水蛭的游泳[320]。此外，演化算法广泛用于自动设计预定义的神经网络架构中的参数[319]。一个更符合生物学的模型复制了观察鳗鱼（*Anguilla anguilla*）得到的一些生物运动数据。在该模型中，类似鳗鱼的动物通过结合头部的感觉输入来进行导航。相比之下，下面要介绍的物理模型[330]将不预先定义任何神经架构，而是从零开始演化出连接性。该模型由三个主要组件组成：动物形体、神经控制器和模拟环境。

模型的动物形体通过一个弹簧-质量-阻尼器系统进行模拟，其部分结构如图 6.1 所示。该图并未展示所有的弹簧，因为在实际情况中，动物体内的每一部分都有一个类似于“起重机”的弹簧结构，以防止自身的塌陷。由于动物是三维的，它可以在多个方向上波动，或根据神经网络模型的输出神经元展示其他类型的运动。控制弹簧的方程应用了具有阻尼动态的胡克定律。给定一个弹簧，一端有质点 p_1，另一端有质点 p_2，通过向 p_2 方向施加力可使 p_1 被压缩，反之亦然。以 p_1 为例，通过弹簧的内部动态对其施加的力计算如下：

$$F_{p_1} = -rV_{p_1} + kd \tag{6.1}$$

其中，r 是阻尼因子，V_{p_1} 是 p_1 的速度，k 是定义弹簧扭矩的弹簧常数，d 是弹簧相对于静止长度的位移。质点速度 V_{p_1} 的改变由其加速度 A_{p_1} 的改变控制：

$$A_{p_1}(t+\Delta t) = A_{p_1}(t) + \frac{F_{p_1} + F_{p_1}^E + F_{p_1}^W}{m_{p_1}} \tag{6.2}$$

$$V_{p_1}(t+\Delta t) = V_{p_1}(t) + A_{p_1}(t+\Delta t)\mathrm{d}t \tag{6.3}$$

其中，m_{p_1} 是 p_1 的质量，$F_{p_1}^W$ 代表周围“水”产生的当前环境力。最后，弹簧的长度更新如下：

$$P_{p_1}(t+\Delta t)=P_{p_1}(t)+V_{p_1}(t+\Delta t)\mathrm{d}t \tag{6.4}$$

dt 是在积分过程中使用的时间步长。注意，$F_{p_1}^E$ 是在输出神经元控制其相关弹簧时质点被施加的外力。

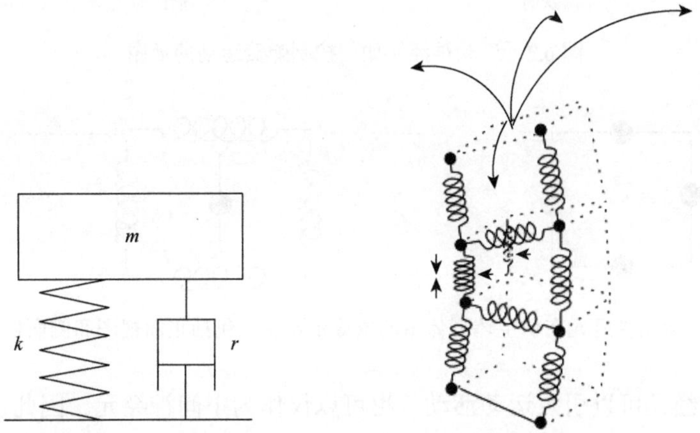

(a) 弹簧-质量-阻尼器系统　　(b) 身体示意图（其中每一个弹簧代表弹簧-质量-阻尼器系统中的一部分）

图 6.1　机器人的身体[236]

6.2.3　神经控制器

采用连续时间递归神经网络（CTRNN）来控制仿生实体形体中的弹簧的收缩或松弛，以便通过演化 CTRNN 的结构和参数产生类似游泳的行为。使用运动神经元的激活状态来计算与预设力相关联的弹簧常数，尽管这个力仅在激活状态位于零和一之间时才会应用。每个模块都拥有自己的子神经网络架构，这些子网络的架构是等效且相连的。因此，A→B→C→D→E 是有效的表现方式，而 A→D→B→C→E→A 则不是，其中 A、B、C、D、E 是子网络，箭头代表连接。它们在架构上是等效的，因为在演化算法中，仅使用一套结构参数对所有子网络进行编码。这种简化的编码可以减小搜索空间的大小，使演化搜索变得更加容易。图 6.2 展示了由运动神经元控制的两个弹簧的非活跃和活跃状态。当运动神经元被激活时，弹簧会收缩；当神经元处于非活跃状态时，弹簧会松弛。

神经元之间的权值和互连性完全取决于神经元的位置。由于这些位置在演化算法中被编码，这些神经元在演化过程中会改变它们的位置。然而，有假设认为运动神经元总是位于块面的中心，如图 6.3 所示。

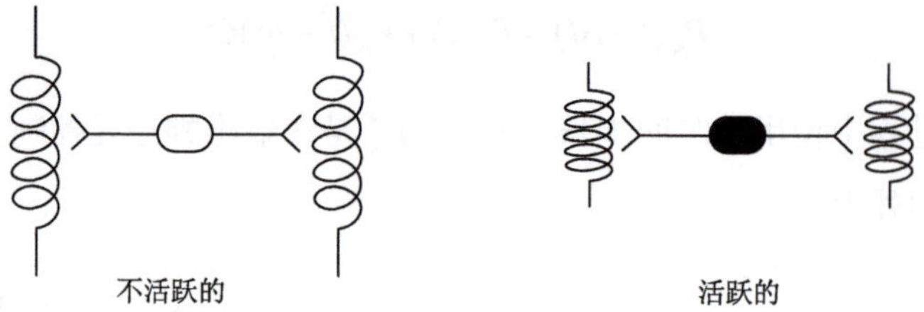

图 6.2　运动神经元如何控制弹簧运动的插图

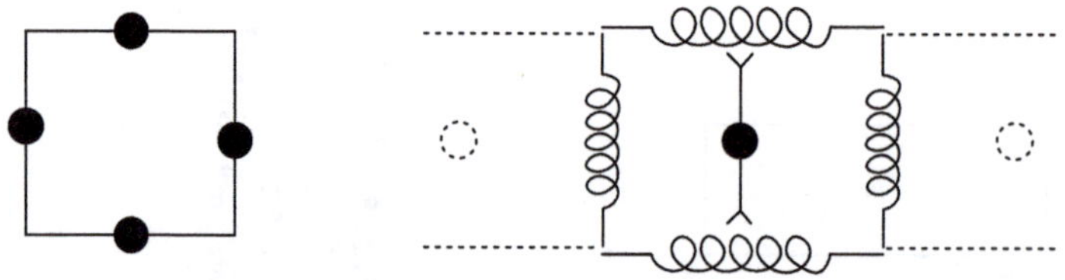

图 6.3　运动神经元在仿生体形体中的位置示意图，包括正面视图和侧面视图[236]

运动神经元可以引发运动活动，也可以仅作为中间神经元。因此，不同的活跃运动神经元配置将对可能的运动范围产生不同的影响，所以它们和神经网络架构一起演化。运动神经元的可能配置如图 6.4 所示。

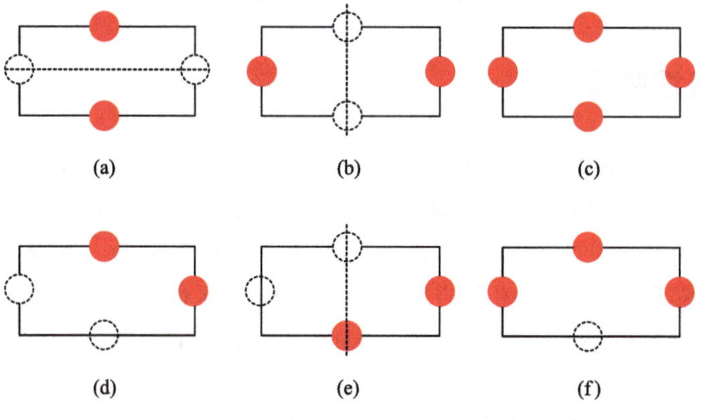

图 6.4　从正面视图来看不同的活跃运动配置（由红色实心圆圈表示），其中（a）和（b）的配置在左右两侧是对称的

根据其接收的突触前活动，计算 CTRNN 神经元的膜电位。在离散的时间步中，第 i 个神经元的活动（μ_i）可以按照以下方式进行建模[331]：

$$\mu_i(n+1)=\mu_i(n)+\frac{\left(-\mu_i(n)+\sum_{j=1}^{N}w_{i,j}A_j(n)+I\right)}{\tau_i} \tag{6.5}$$

其中，n 是离散时间步，τ_i 是神经元 i 的时间常数，A_j 是预突触神经元 j 的当前输出活动，I 代表外部输入电流，对于第 0 时间步的前两个神经元，其值总是设为 1.0，对于每一个其他的时间步，它的值都为 0。神经元也可能是抑制的，在这种情况下，所有传出权重的符号都被翻转。

神经元 i 到神经元 j 的权值是根据它们之间的欧氏距离推导出来的，其影响由参数 ξ 控制：

$$\lambda_{i,j} = \frac{\xi}{d_{i,j}} \tag{6.6}$$

$$w_{i,j} = \begin{cases} w^{\max}, & \lambda_{i,j} \geqslant w^{\max} \\ w^{\min}, & \lambda_{i,j} \leqslant w^{\min} \\ \lambda_{i,j}, & \text{其他} \end{cases} \tag{6.7}$$

1. 连通性

一对神经元之间的连通性是基于最小距离要求建立的。因此，引入三个阈值参数。第一个阈值决定了内部神经元之间的连通性；第二个阈值决定了内部神经元和效应器之间的连通性；第三个阈值决定了一对连续子神经架构中的神经元之间的连通性。由于模型中目前没有使用感觉神经元，因此不需要额外的参数来支持更高级的架构。连通的正式描述如下：

$$C_{i,j} = \begin{cases} 1, & d_{i,j} \leqslant \Gamma_q \\ 0, & \text{其他} \end{cases} \tag{6.8}$$

其中 Γ_q 是一个阈值。对于子网络架构 s_p 和 s_q 之间的连通性，只允许 s_p 中的神经元 i 进行一次子网络间的连接，这个连接明确地选择了来自 s_p 的神经元 i。注意，运动神经元永远不会有子网络间的连接。

2. 环境

为了让动物完成运动性的动作，需要为动物提供一个物理环境，这一点通常通过模拟水的物理性质来实现。为了简单起见，模型忽略了许多物理因素，如升力，涡旋剥离和浮力，只考虑依赖于动物速度的环境水力。为了计算这个力（$F^W_{b_i,f_n}$），我们先计算出仿生模块 b_i 的各个面 f_n 上所有质点速度的和，并将其标记为 V_{b_i,f_n}。然后，计算每一个质点所受的力如下：

$$F_{b_i,f_n}^{W} = -\frac{1}{2}\upsilon\delta\alpha \mathrm{sign}(V_{b_i,f_n})(V_{b_i,f_n})^2 \tag{6.9}$$

其中υ和δ分别是黏性系数和阻力系数，α是仿生模块面的面积。这个过程对模块的所有其他面，以及整个仿生模型的所有模块重复。

6.2.4　运动神经元结构与神经控制器的演化

1. 编码

为了优化 CTRNN 网络架构和运动神经元配置的参数，我们采用演化算法。需要优化的参数包括整数和实值，因此采用混合编码。如图 6.5 所示，基因型包含 8 个染色体，每个染色体都有不同的颜色编码。仿生模型的神经网络架构和形体构型的所有参数均以此编码方式表示。原则上，任何演化算法都可以用于演进图 6.5 中编码的参数。Jones 等[234]采用了带有自适应变异的演化编程方法[332]。

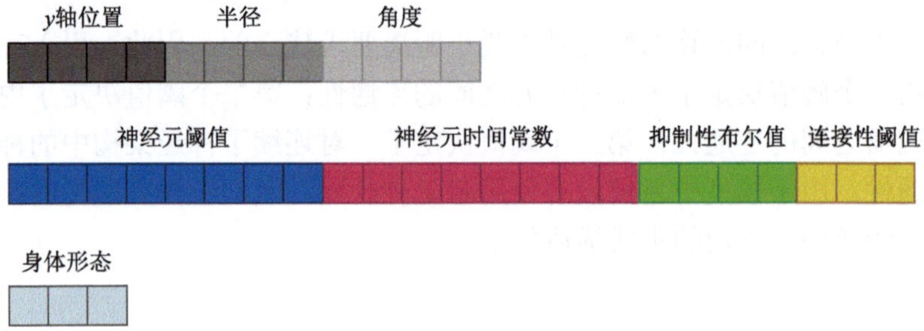

图 6.5　演化模型的基因型。在这个例子中，每个模块有 8 个神经元。注意，只有位置的参数，因为 4 个运动神经元的位置是固定的。每组基因（染色体）用不同的颜色表示

2. 变异

所有实值基因的变异值都是从零均值和自适应方差的正态分布中抽取的，每个基因都有一个预定义的发生概率ϕ。对于实值的y位置，进行如下变异：

$$y_i = \begin{cases} y_i + N(0,\sigma_i), & \mathrm{rand}() < \phi \\ y_i, & \text{其他} \end{cases} \tag{6.10}$$

对于编码抑制活动或运动活动的二进制基因，进行以下变异：

$$m_i = \begin{cases} !m_i, & \mathrm{rand}() < \phi \\ m_i, & \text{其他} \end{cases} \tag{6.11}$$

依赖于两个策略参数 $\tau_0 = 1.0/\sqrt{2D}$ 和 $\tau_1 = 1.0/\sqrt{2\sqrt{D}}$ 的设定，变异参数的适应与演化策略[333]中的类似。例如，对于图 6.5 中的基因型，位置参数的 $D=4$；阈值和时间常量的 $D=8$；连通性阈值的 $D=3$。然后，策略参数 σ 自适应如下：

$$\sigma_i \leftarrow \sigma_i \cdot \exp(N(0,\tau_0) + N(0,\tau_1)) \tag{6.12}$$

3. 交叉

在两个随机选定的父代之间以预定义的概率 χ 实施一个 1 点交叉。对于实值和二进制基因，交叉操作可以描述如下：

$$\langle y_i, y_j \rangle = \begin{cases} \langle y_j, y_i \rangle, & \text{rand()} < \chi \\ \langle y_i, y_j \rangle, & \text{其他} \end{cases} \tag{6.13}$$

4. 选择

演化编程[332]采用二元锦标赛选择和精英策略。首先，根据适合度对种群进行排名，并选择一定数量的精英个体形成子代的起点；其次，通过二元锦标赛选择对剩余的子代种群进行随机选择，从其中随机挑选两个父代，较为适合的一个以预定义的概率被选中。这个过程一直重复，直到子代种群被填充满。除了精英个体之外，所有的个体都会被施加变异和交叉操作。

5. 适合度函数

适合度函数指的是在给定时间间隔内，动物能够向前移动的距离，其目标是最大化这一距离。这意味着，动物游得越远，神经控制器与形体及其耦合的效果就越好。如果弹簧-质量-阻尼器系统变得不稳定，则可以对这种情况赋予一个非常大的负适合度值，以进行惩罚。

6. 仿真结果

从仿真结果[234]中可以得出两个重要的观察结论。首先，从演化中出现的两侧对称的运动神经元配置（图 6.2 中的第一个）表明，这种配置对于运动行为是最节能的，如图 6.6 所示。这种最优的运动神经元配置在所有六次独立的运行中都有出现。其次，从文献[236]中可以观察到，CPG 的神经动力学成功地在没有预定义的 CPG 架构的情况下演化出来。激活的运动神经元的神经动力学在图 6.7 中展示。从这些结果可以看出，所有的区块（段）都表现出接近 CPG 动态的各种神经动态。其中，第一个、第二个和第六个区块的两侧运动神经元显示出 CPG 动态，这些动态直接促进了动物的波动运动。这一点令人印象非常深刻，因为神经网络的架构是从随机初始化演化而来的。

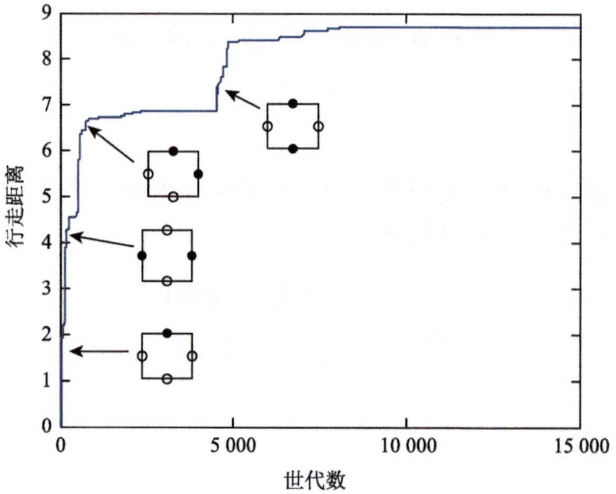

图 6.6　最佳个体在不同世代的适合度配置和活跃运动配置[234]

可以看出，双边对称的运动神经元配置在演化中占优势

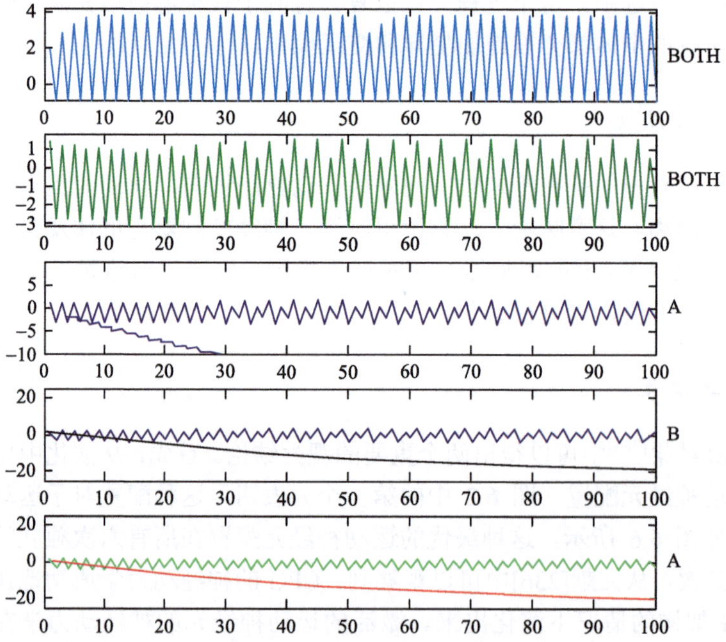

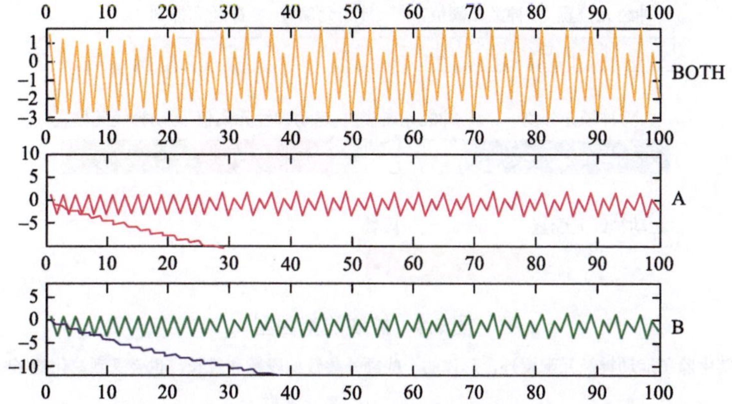

图 6.7　在每个形体 8 个部分中活跃运动神经元的演化神经动力学[234]

图中“BOTH”、“A”或“B”表示两个活跃运动神经元或者其中一个（A 或 B）展示 CPG 动态

6.3　脑-体协同演化中的功能耦合

6.3.1　引言

在生物演化中，神经控制器（大脑）和形态（身体）是协同演化的。这意味着形态的改变可能会导致大脑的改变，反之亦然。这种耦合可以在演化过程中发生，也可以在发育过程中发生。因此，神经系统的演化跃变（例如，从径向对称到双边对称）会导致形体的显著变化。更具体地说，这种耦合可能发生在神经系统的各个组成部分中，例如神经系统、运动系统和感觉系统。显然，大脑和身体的耦合也必须被考虑，因为神经系统是嵌入在身体中的。

一个很好的例子是水母，它具有径向对称的形体构型和广泛分布的神经系统，这使其更容易被水流带走。相比之下，扁形虫则具有两侧对称的形体构型和神经结构。在生物学上，大脑和形体之间的紧密耦合可能源于环境和发育过程。在前一节描述的模型中，只有运动神经元配置与神经控制器一起演化，展示了高水平的脑-体耦合效应。在下一节中，我们将进一步探讨计算演化中的脑-体耦合，其中更多的形体组成部分（如段的数量和每段的长度）也将被演化，这将是对本节中提出模型的一个扩展。

6.3.2　模型

该模型形体、神经控制器和环境几乎与前一节中介绍的模型相同，主要的不同在于编码，这意味着将有更多的形体构型参数将受到演化的影响，包括段的数量和每段的长度，如图 6.8 所示。

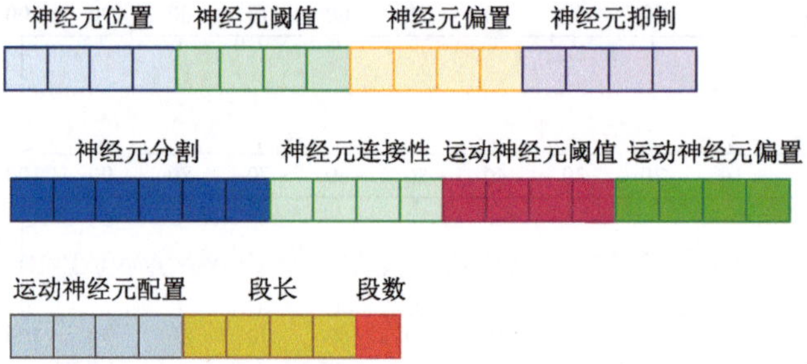

图 6.8　扩展的基因型

其中除了运动神经元配置外，形体的一些额外参数如段数和段长，也会受到演化的影响

6.3.3　结果和讨论

有了形体演化的额外灵活性，可以通过比较以下设置[234]更清晰地展示脑-体耦合：

（1）evo-ALL。这是完整版本，其中图 6.8 中的所有参数都会演化。

（2）evo-NOBC。所有参数（除形体的段数外）都会演化。

（3）evo-NOBL。所有参数（除每段的长度外）都会演化。

（4）evo-NOBCBL。所有参数（除形体的段数和每段的长度外）都会演化。

从上述设置中可以看出，evo-ALL 在形体演化中具有最高的灵活性，而 evo-NOBCBL 的灵活性最低。实证研究的动机是检查这些不同设置如何影响演化动物的运动性能（即游泳能力），以及控制器在神经活动强度和形体构型之间的工作负荷分配。图 6.9 展示了四种设置下最佳个体在 50 次独立运行中的平均适合度轮廓。从结果中可以看出，最好的平均性能由 evo-NOBC 获得，在该设置中，形体的段数固定为 5，而每段的长度与神经控制器一起演化。这并不令人惊讶，因为段数的变化可能会在演化过程中引入较大的扰动，使找到全局最优解更具挑战性。另外，当段数为 5 时可能对产生游泳行为进行了较好的优化，专注于演化每个片段的长度也显得更加高效。

分析演化出的形体每段的长度也十分有趣。图 6.10 展示了四种设置中最佳个体的中位段长。从图 6.10[334]中可以得出两个基本观察结果。首先，从头部开始的第二段总是最长的。其次，靠近尾部的片段往往较短。考虑我们在生物有机体中观察到的情况，这些结果是合理的。然而，请注意，部分段长可能通过与环境的交互对游泳动物运动学的影响，以及不同长度的弹簧在拉伸和压缩性能上的差异对游泳动物运动学的影响等不同机制影响整体行为。此外，片段中神经元的分布也可能导致不同的神经动力学。在四种设置中，神经控制器也展现出了有趣的结果。第一个有趣的观察是，随着形体片段灵活性的增加，神经活动倾向于减少。换句话说，当动物的形体更好地适应环境时，所需的控制力度也随之减小。

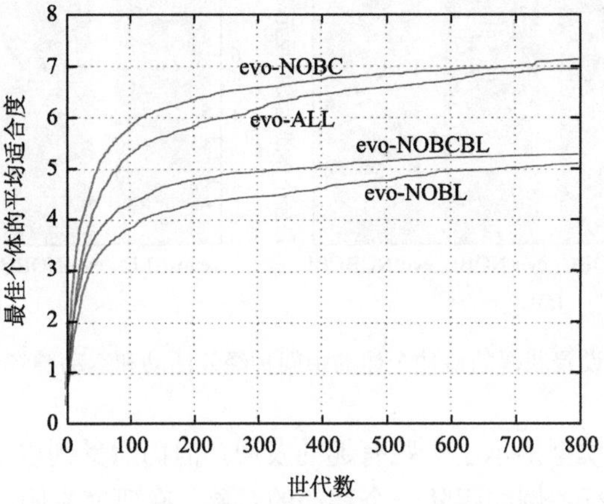

图 6.9　来自四种不同设置的最佳个体的平均性能[234]

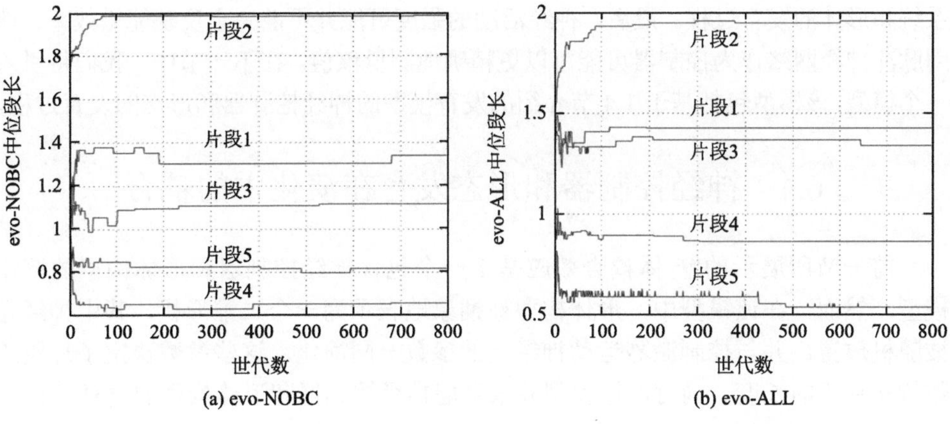

图 6.10　从两种演化段长的设置中获得的最佳个体的中位段长[334]

图 6.11 展示了来自四种不同设置的最佳个体的中间神经元活动和运动神经元活动的中位数。可以看出，当形体完全固定时，神经活动达到最大值；当固定片段的长度和数量时，神经活动次之。其次，当动物配备有本体反馈（即感知形体状态的能力）时，不同片段中的神经网络是独立的，演化可以形成与邻近片段协调的独立中枢模式发生器。然而，在缺乏本体反馈的情况下，来自动物头部的感官信息就变得至关重要，这些信息能让相邻片段的子神经网络互相连接。

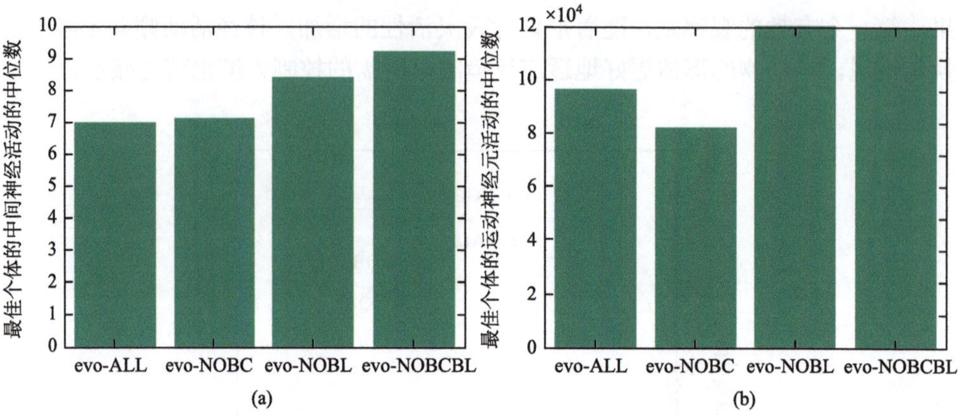

图 6.11 通过四种设置获得的最佳个体的中间神经元活动和运动神经元活动的中位数[334]

尽管这个扩展模型揭示了一些有趣的发现，但仍然受到以下制约。首先，可以考虑更为真实的情况，例如跟随一个移动的对象。有研究表明，对丰富游泳行为的更高选择压力会导致演化出的神经控制器呈现出更高的对称性，而形体构型的不对称性在一定程度上可以通过神经控制器进行补偿[335]。其次，模型中没有包括神经系统和形体的发育过程。最后，神经活动的强度可能并不能完全反映能量效率，使用脉冲神经网络作为控制器可能可以更精确地测量该值。在下一节中，我们将引入一个模型，该模型包括基于 1.4 节介绍的发育模型的神经控制器和形态的发育过程。

6.4 神经控制器和形态发育在演化中的耦合

前一节所展示的脑-体耦合效应基于一个包含神经控制器和形体构型的演化模型。然而，在该模型中，形体构型被抽象地表示为一个二维形状，其中神经元被随机放置，并与控制激烈运动神经元的参数一同演化，这些参数决定了片段的数量和片段的长度。同时，该模型并未考虑神经控制器和形体构型的发育过程。

6.4.1 形态发育模型

为了填补这一空白，我们提出了一个生物学上更可信的模型，它考虑了基于类似 1.3 节和 4.2.2 节中介绍的多细胞模型的形体构型的发育。

6.4.2 神经控制器

为了实现游泳行为，将一个运动控制器嵌入到发育的形态中，在这个形态中，所有细胞都连接在一起形成一个完整的形体构型。同时，使用弹簧-质量-阻尼器系统模拟动物的形体。为保持形体构型的稳定性，所有肌肉细胞至少与三个外部运动神经元连接。当运动神经元被激活时，连接到形体外部的神经元的弹簧会收缩，见图 6.12。

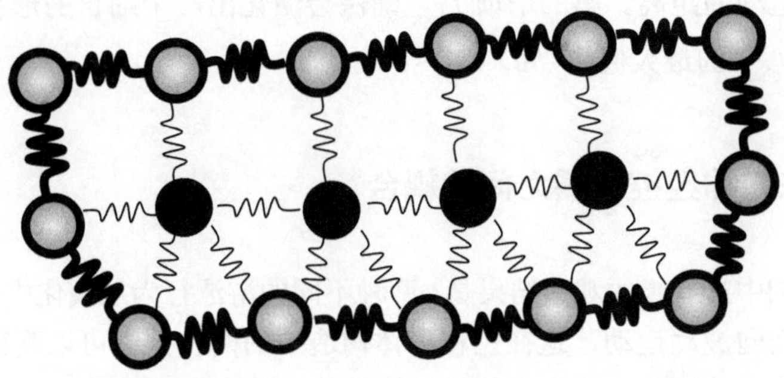

图 6.12　体内有肌肉细胞（用灰色圆圈表示）和运动神经元（用黑色圆圈表示）的动物体的插图[108]

如果一个运动神经元被激活，连接肌肉细胞的弹簧将会收缩，最终导致体形的变形。这种在类似水的环境中的形体构型的协调变形将会导致运动性迁移

迁移是通过改变连接侧肌肉细胞的弹簧的自然长度来定义的。因此，细胞之间应该有足够的空间让它们迁移。弹簧的自然长度 l 在一个周期 T 内，在 l_n 和 l_s 之间变化，该周期被编码在染色体中，并将演化。整个形态分割成 24 个预定义的片段，同一段中的所有弹簧有相同的相位差 $\psi\in[0, T]$。从上述描述中，我们可以看出，这是对神经控制器的相对抽象的描述，尽管其形态是基于多细胞模型开发的。

6.4.3　适合度函数

通过以类似于 4.2.2 节的方式演化控制形体构型生长的基因调控网络，一个细长的形体将被演化出来。在此基础上，形体外部肌肉细胞之间的长度将使用以下适合度函数协同演化：

$$\text{minmize}\, f = f_{\text{swim}} + f_{\text{shape}} \tag{6.14}$$

其中，f_{swim} 定义了动物在给定时间间隔内的位移：

$$f_{\text{swim}} = -\left|\left(\sum_{i=0}^{n} \boldsymbol{x}^i(t=0)\right) - \left(\sum_{i=0}^{n} \boldsymbol{x}^i(t_{\text{end}})\right)\right| \tag{6.15}$$

而 f_{shape} 则获得细长的形状：

$$f_{\text{shape}} = \max\left\{\min_i\left\{\boldsymbol{x}^i(0)\right\},-30\right\} - \min\left\{\max_i\left\{\boldsymbol{x}^i(0)\right\},30\right\}\cdots$$
$$\cdots - \min\left\{\min_i\left\{\boldsymbol{x}^i(1)\right\},-5\right\} + \max\left\{\max_i\left\{\boldsymbol{x}^i(1)\right\},5\right\} \tag{6.16}$$

适合度函数包含两个项。第一个项是最小化 f_{swim} 的负数，旨在最大化动物在给定时间内运动的距离。第二个项 f_{shape} 确保会演化出一个细长的形状，以便动物进行运动。f_{shape} 的最大值是−50。

6.4.4　形态与神经控制器之间的耦合

文献[108]中最有趣的观察结果是，两种不同的游泳行为从演化中产生。第一种是类似蛇的横向波动运动，这在三种形体构造中的两种中都可以观察到；第二种是在一个演化出的形体中观察到的类似蚯蚓的蠕动直线运动[335]。三种被演化出的动物的激活模式在图 6.13 中显示，结果在（a）和（c）中都表现为波动运动，而在（b）中表现为蠕动运动。

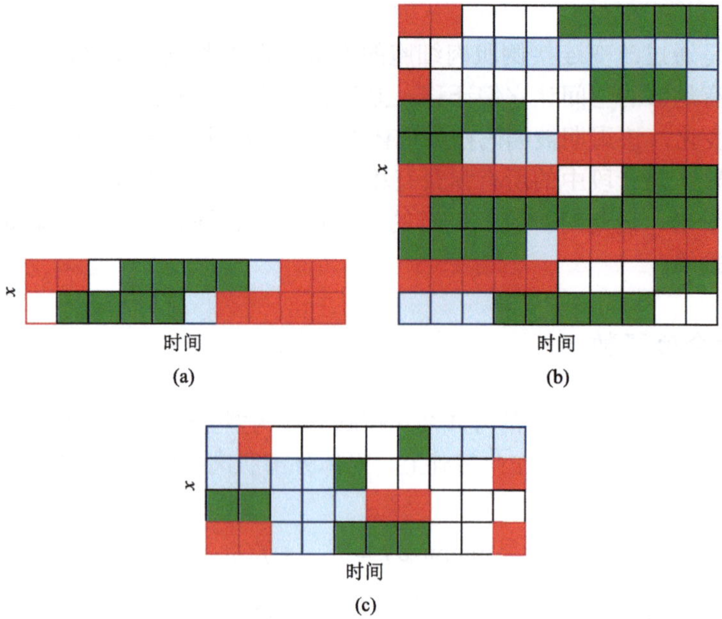

图 6.13　三个演化个体中演化的激活模式

结果在（a）和（c）中产生了波动运动，在（b）中产生了蠕动运动（改编自文献[176]）。图中，红色、绿色、浅蓝色和白色的正方形分别表示在时间实例中左侧、右侧、两侧或无侧肌肉细胞的激活状态有趣的是，这两种不同的游泳行为都可以在自然界中找到，且这两种行为是在没有人为定义具体的控制行为或形体构造的情况下演化出来的。不同的演化运行设置是相同的，而由于与物理环境的交互，形态和游泳行为的多样性仅仅是由于演化和发育中的随机性而产生的。这些结果可能部分解释了自然界中广泛的生物多样性。

6.5 脑-体协同发育的演化

在前面介绍的模型里，神经控制器以一个非常高的抽象水平被包含在演化中，因而它的发育过程没有被考虑。为了更进一步，研究者们开发了一种简化的脑-体协同发育模型[336]。下面，我们将简要讨论这个模型的控制器及其结果。

6.5.1 基因调控的脑-体协同发育

同样，1.3 节中的多细胞模型被用来模拟神经控制器和形体的发育。为此，我们对多细胞模型的基因型进行了小幅扩展，引入了新的结构单元来区分肌肉细胞和神经元（SU^{neuron} 被包含进来）。此外，两个神经元是否应该连接也被编码在基于以下等式的 SU^{neuron} 染色体中：

$$\phi_{i,j} = \frac{c_1}{1+\exp^{c_2(d_{i,j}-10c_3)}} \tag{6.17}$$

其中 c_1，c_2 和 c_3 是需要演化的参数，$d_{i,j}$ 是第 i 个和第 j 个神经元之间的距离。如果一个随机数 $p<\phi_{i,j}$，其中 p 是从平均值为 0、标准偏差为 1 的正态分布中抽取的随机数，则第 i 个和第 j 个神经元建立连接。

6.5.2 神经控制器

尽管神经元的产生是基于基因调控网络的状态发展，而这个网络也负责形态的发育，并且神经网络的形成受到演化的影响，但神经动力学在一定程度上是由一个中枢模式发生器（CPG）预定义的。这与 6.2.3 节的模型不同，后者的神经控制器结构完全是演化出来的。在这里，肌肉细胞根据最近的 CPG 的输出进行收缩。当距离最近的 CPG 超过预定的阈值时，肌肉细胞将处于放松状态。当肌肉细胞收缩时，个体外部相应的弹簧将会改变其长度。当前，存在多种可以产生 CPG 动力学的模型。这些 CPG 模型的一个共同挑战是产生稳定的振荡动力学，稳定振荡动力学能否产生取决于连接的连通性和连接的强度。Schramm 等[336]采用了由两个神经元组成的耦合霍普夫-藏本振荡器[337]：

$$\dot{\boldsymbol{x}} = f(\boldsymbol{x}_i, \rho_i) - k\sum_{j \in N_i}^{m_i}\left(\boldsymbol{x}_i - \frac{\rho_i}{\rho_j}R(\phi_{ij})\boldsymbol{x}_j\right) \tag{6.18}$$

其中 $\boldsymbol{x}_i(t) = (u_i(t), v_i(t))^{\mathrm{T}}$ 且

$$f(\boldsymbol{x},\rho) = \begin{pmatrix} -\lambda / \rho^2(u^2 + v^2 - \rho^2\sigma)u - \omega(t)v \\ \omega(t)u - \lambda / \rho^2(u^2 + v^2 - \rho^2\sigma)v \end{pmatrix} \tag{6.19}$$

参数 k，ω，ρ，λ，σ 需要适当定义以生成 CPG 神经动力学。在 CPG 中，引入一个方向来定义一个细胞连接到哪个神经元。CPG 本身的方向由在 SU 中为神经元形态定义的转录因子（TF）的梯度定义。连接到 CPG 的角度从 0°到 180°的细胞连接到神经元 u，角度从 180°到 360°的细胞连接到 CPG 的神经元 v。由两个连接的神经元（u 和 v）组成的 CPG 神经元的配置如图 6.14 所示。关于 $\mathrm{SU}^{\mathrm{neuron}}$ 遗传型参数设置的更多细节，见文献[338]。

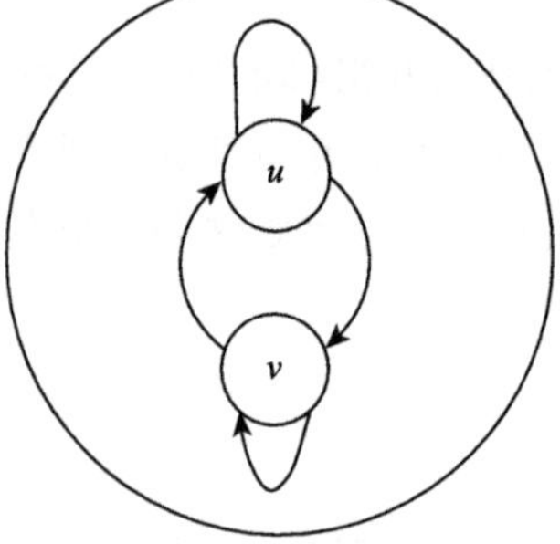

图 6.14 由两个相互连接的神经元组成的 CPG 的示意图（改编自文献[336]）

6.5.3 适合度函数

演化脑-体协同发育的适合度函数是动物在预定义时间段内游泳的距离。此外，应用约束来控制使用细胞数量，应用对发育神经元连通性的要求来控制演化动物的复杂性。

6.5.4 讨论

文献[336]中的实证研究表明，该模型已成功演化出游动行为。然而，形态和神经控制器之间的紧密耦合并未明显显示。这可能是由于 CPG 的神经结构大多是预定义的，并且由于计算复杂性，演化动物的复杂性受到约束。此外，演化的生物体并未展现出明确的形态对称性，因此，了解在何种约束下这种对称性可能出现，将是一个有趣的问题。

6.6 总　　结

本章介绍了几种不同抽象级别的模型，以验证神经控制器和形态之间的演化和发育耦合。总体而言，形体和大脑在演化和/或发育中呈现出明显的紧密耦合。本章研究揭示了几个有趣的发现，不仅对理解神经控制器和形体构型的演化与发育具有重要意义，同时也具有生物学意义。

第 7 章　形态发育群机器人的演化自组织

7.1　形态发育与自组织

7.1.1　生物形态发育

在生物学中，形态发育指的是导致多细胞生物形态形成的生物过程，包括形体构型和神经系统的发展。动物的形态发育可以分为早期胚胎发育和后期胚胎发育两个阶段[241]。早期胚胎发育通常涉及细胞分裂、胚胎形成和轴形成，而后期胚胎发育则主要负责神经系统的发展，这一过程始于外胚层的神经细胞和胶质细胞的分离[239]。

变形是生物发育中的另一个有趣的阶段，此时生物体的形状和大小会发生显著变化[339]。变形可以分为不完全变形和完全变形两种类型。不完全变形的生物需要经历三个发育阶段，包括卵、若虫和成虫，其中若虫与成虫在形态上相似，但通常体型较小，生殖器官未发育成熟。完全变形的生物则需经历四个阶段，包括卵、幼虫、蛹和成虫，从幼虫到成虫的转变过程中，生物的形态、生理和生态习性都会发生显著变化。

多细胞生物的形态发育和变形过程都受到基因调控网络的精准控制。在基因表达的过程中，首先基因组中的遗传信息被转录成 mRNA，随后这些 mRNA 被翻译成蛋白质。其中有些蛋白质作为转录因子有能力调节自身或其他基因的表达。这些转录因子相互作用，构成了一个复杂的调控网络，即基因调控网络，它们共同协调生物的发育和变形过程。

接下来，我们将讨论基因调控网络的计算模型，并展示如何利用这些模型来理解生物学现象及解决实际的工程问题。

7.1.2　形态发育自组织

有人提出[340, 341]，形态发育是一个受遗传和环境因素控制的自组织和自组装过程，这一过程通过细胞和分子间的相互作用实现。生物形态发育不仅涉及这些基本的生物过程，还展现出了显著的鲁棒性[342]。关于这一领域的最新计算模型综述，可以在文献[343]中找到。

正是由于生物形态发育的这些独特特性，设计机器人系统——尤其是自组织的群机器人系统和自重组模块机器人——已经成为一个热点研究领域。这种关注在采用基因和细胞机制进行机器人设计的过程中尤为明显。在人工生命和机器人学领域，大量的研究工作已经展开，目的是采用演化发育的方法[323, 344, 345]设计出机器人或计算动物的形体蓝图和神经控制器。

“形态发育机器人学”这一术语最初由 Jin 和 Meng[195]提出，他们建议将其视为一个新兴的机器人研究领域。这个领域专注于利用生物形态发育的机制来设计具备自组织、自组装和自适应能力的机器人[346]。根据 Jin 和 Meng 的主张，形态发育机器人学的研究可能包括但不限于以下三个主题：

（1）形态发育群机器人系统：利用生物早期形态发育的基因和细胞机制实现群机器人的自组织[347-350]。

（2）形态发育模块机器人：机器人能够根据形态发育原理自我调整其模块结构[283, 285]。

（3）采用演化发育方法设计机器人的形体构型：包括设计含传感器和执行器，以及/或机器人的控制器[351-353]在内的机器人的形体构型。

形态发育机器人学形成了一个独特的研究领域，它与表观遗传机器人学（包括发育机器人学和认知发育机器人学）有所不同[354-356]。形态发育机器人学侧重于应用生物形态发育的基因和细胞机制，以实现机器人的自组织、自重构、自组装和自适应[346]。这些机制使得形态发育机器人学与发育生物学和系统生物学紧密相关。相对地，表观遗传机器人学，特别是发育机器人学和认知发育机器人学，更专注于机器人认知能力的发育，包括语言、情感和社交技能等，这些能力通常是在机器人的“生活”经历中逐渐形成的。这类机器人的研究与认知科学、发展心理学和神经科学有着密切的联系。总体而言，形态发育机器人学和表观遗传机器人学共同为发育机器人学领域打下了坚实的基础。此外，形态发育机器人学也可以看作是形态发育工程[357]的一个分支，它专注于通过生物启发的方法来设计和构建能够自调整和适应环境的机器人系统。

此外，其他密切相关的术语主要有演化机器人学[233]、形态计算（也称为形态机器人学）[307]和形态发育系统[131]。传统的演化机器人学关注的是使用演化算法设计机器人控制器。与演化机器人学相辅相成的是，形态计算旨在将机器人设计中的大脑、身体和环境联系起来，而在演化机器人学中，机器人形态在实现智能行为中的作用在很大程度上被忽视了。遗憾的是，形态计算过分强调了机器人形态在塑造智能机器人行为中的作用，而没有足够关注发育方面。

7.2 形态发育的固定模式生成

7.2.1 多细胞与多机器人系统之间的隐喻

为了利用控制生物形态发育的基因和细胞机制，实现多机器人自组织的形态形成，需要建立多细胞生物体和多机器人系统之间的隐喻。例如，可以将一个细胞映射为一个机器人，其中细胞内的蛋白质浓度对应于机器人的内部状态或物理位置。代表机器人位置的蛋白质可以从细胞中扩散，生成细胞间的信号传递。为了通过蛋白质的扩散模拟细胞间的互动，模型考虑了相邻机器人之间的距离，以影响机器人的运动动力学。最终，多细胞生物体中的形态发生素梯度用于定义多机器人系统要形成的目标形态。然而，多细胞生物体与多机器人系统之间存在一个重要区别。在生物形态发育中，形态发生素梯度以胚胎中的生化物质形式分布，所有在胚胎内的细胞都能接触到这些生化物质。然而在多机器人系统中，除非在环境中添加额外的信息，否则让目标形态以环境中的化学浓度形式进行分布不切实际。在 7.3 节中，我们将描述一个能够根据从环境中收集到的信息（例如，需要被包围的移动目标）自适应生成形态的模型。

7.2.2 问题定义

我们面临的任务是利用有限数量的移动机器人来捕获静止或移动的目标。这一任务可以划分为两个主要步骤：形态生成和形态形成。在形态生成阶段，机器人需要根据目标的数量和位置生成一个适当的形态。在形态形成阶段，机器人需要将自身部署到生成的形态上，并在没有集中控制的情况下完成对目标的围捕。为了在多机器人模式形成中应用基因调控网络，我们作出以下假设。

（1）机器人定位：机器人可以随时使用其机载传感器（如编码器和声呐传感器）进行定位。根据文献[195]，可以通过机器人之间的局部通信建立局部坐标系统，从而消除对全局定位的依赖。此外，我们之前的研究[358]开发了一种基于卡尔曼滤波的算法，以提高定位的准确性。

（2）基站和机器人储备：存在一个基站，其中包含足够数量的机器人。如果执行任务的机器人无法完成形态形成任务，例如目标形态的周长过长，无法被当前机器人完全覆盖，它们可以从基站调用额外的机器人。同样，如果某些机器人在捕捉现有目标后不再被需要，它们可以找到回基站的路径。

（3）感应范围限制：所有机器人的感应范围有限，因此它们只能探测到在感应范围内的目标和其他机器人。

（4）通信范围限制：机器人之间的通信范围有限，它们只能与直接邻居（即与其相隔距离在通信范围内的机器人）交流目标的位置和速度信息。然而，机器人与基站之间的通信范围不受限制，每个机器人都可以始终与基站通信。

（5）目标探测：所关注区域内的所有目标都能至少被一个机器人探测到。为了满足这一假设，可以采用文献[359]中提出的覆盖算法，在初始化期间部署该区域内的机器人。

这些假设为我们提供了一个框架，以便设计和制造一个能够有效围捕目标的群机器人系统。

7.2.3 基因调控网络模型

如 1.2 节所述，目前已经提出了许多基因调控网络模型。在本章中，我们采用一个基于常微分方程（ODEs）的基因调控网络模型[360]：

$$\frac{\mathrm{d}g_i}{\mathrm{d}t} = -az_i + mp_i \tag{7.1}$$

$$\frac{\mathrm{d}p_i}{\mathrm{d}t} = -cp_i + kf(z_i) + bd_i \tag{7.2}$$

式中 $i = 1, 2, \cdots, n$，其中 n 是系统中机器人的总数，g_i 表示二维空间中第 i 个机器人所在位置的蛋白质浓度，p_i 表示第 i 个机器人内部状态（类似于速度，但并非数学等价）的蛋白质浓度。a 和 c 是衰减率，k 和 b 是合成率。在式（7.1）和式（7.2）中，d_i 代表蛋白质 g_i 从细胞中扩散出的浓度，表示其邻域中机器人和障碍物的密度：

$$d_i = \sum_{j=1}^{n_i} d_i^j \tag{7.3}$$

式中，n_i 为第 i 个机器人的近邻机器人数量，d_i^j 为第 j 个机器人的扩散蛋白质浓度：

$$d_i^j = \frac{g_i - g_j}{\left\| g_i - g_j \right\|} \tag{7.4}$$

请注意，只有当蛋白质的浓度超过给定阈值时，这种扩散的蛋白质才会被激活。调控模型中的扩散项模拟了多细胞系统中细胞间的信号传递。然而，在群机器人系统中，这一项将产生排斥力，以保持两个相邻机器人之间的预定义最小距离。

式（7.1）和式（7.2）中，$f(z_i)$ 为激活函数希尔系数，是一个 Sigmoid 函数：

$$f(z_i) = \frac{1 - \exp^{\alpha z_i}}{1 + \exp^{\alpha z_i}} \tag{7.5}$$

式中，α 为常数，z_i 表示第 i 个机器人当前位置的母体形态发生素梯度：

$$z_i = \frac{\mathrm{d}h_i(g_i)}{\mathrm{d}g_i} \tag{7.6}$$

其中 $h_i(g_i)$ 是一个函数，用于定义机器人生成的形态的边界。例如，我们可以使用以下函数在二维空间中定义一个圆形作为目标形态：

$$h_i = [(g_{i,x} - c_x)^2 + (g_{i,y} - c_y)^2 - r^2]^2 \tag{7.7}$$

其中 $g_{i,x}$ 和 $g_{i,y}$ 是与第 i 个机器人的 x 坐标和 y 坐标对应的蛋白质浓度，(c_x, c_y) 是圆的中心，r 是圆的半径。

理论上，任何闭合的二维形态都可以用函数 $f(g)$ 来定义。例如，一个四个顶点分别为（−0.5，−0.5）、（−0.5，0.5）、（0.5，0.5）和（0.5，−0.5）的单位正方形可以通过以下步骤定义。首先，定义以（0，0）为中心、半径为 $\sqrt{1/2}$ 的圆形：

$$s_1(g_{i,x}, g_{i,y}) = g_{i,x}^2 + g_{i,y}^2 - \frac{1}{2} = 0 \tag{7.8}$$

$$f_1 = (s_1(g_{i,x}, g_{i,y}))^2 \tag{7.9}$$

接下来可以定义如下函数 $s_2(g_{i,x}, g_{i,y})$：

$$s_2(g_{i,x}, g_{i,y}) = \begin{cases} g_{i,x} + 0.5, & g_{i,x} \leqslant 0 \text{ 且 } -0.5 \leqslant g_{i,y} \leqslant 0.5 \\ g_{i,x} - 0.5, & g_{i,x} \geqslant 0 \text{ 且 } -0.5 \leqslant g_{i,y} \leqslant 0.5 \\ g_{i,y} + 0.5, & g_{i,y} \leqslant 0 \text{ 且 } -0.5 \leqslant g_{i,x} \leqslant 0.5 \\ g_{i,y} - 0.5, & g_{i,y} \geqslant 0 \text{ 且 } -0.5 \leqslant g_{i,x} \leqslant 0.5 \end{cases} \tag{7.10}$$

则

$$f_2 = (s_2(g_{i,x}, g_{i,y}))^2 \tag{7.11}$$

尽管我们可以使用上述方法定义许多不同的形态，但这些形态通常局限于闭合形式。因此，为了构建更复杂和非闭合的形态，必须引入不同的几何表示方法。例如，Guo 等[347]采用了非均匀有理 B 样条（NURBS）[361]，而在文献[362]、[363]中则使用了径向基函数。理论上，任何其他几何表示方法也可以被应用，这些方法不仅限于二维形态的生成，还能够生成三维形态。

为了利用上一节的基因调控网络模型实现预定义形态的自组织生成，需要解决以下问题。

（1）参数定义：文献[347]中的理论证明，为确保状态（机器人的位置）收敛到函数（7.7）上的任意点，方程（7.1）和方程（7.2）中的基因调控网络参数必须满足以下条件：

$$ac \geqslant mk, \forall\, a, c, m, k > 0 \tag{7.12}$$

（2）参数优化：除了式（7.7）中的条件外，参数 a、c、m、k 还可以通过多目标演化算法进行进一步优化。优化的目标是最小化机器人收敛到期望形态所需的时间，以及所有机器人从初始位置到期望形态上某一位置所行进的总距离。

（3）形态收敛与机器人距离：如果在收敛到期望形态时，机器人之间的距离小于预定义的阈值，那么一个机器人收敛到的最终位置取决于它的初始位置及机器人之间的相互作用。每个机器人在发生机器人-机器人交互（排斥力）之前独立地朝着期望形态移动。排斥力确保机器人均匀分布在期望的形态上，尽管这可能导致机器人略微偏离定义的形态。然而，这并不妨碍机器人大致形成期望的形态。在群机器人形态形成中，拥有精确的圆形并不是关键。

（4）邻域大小的调整：控制机器人-机器人交互的邻域大小可以根据可用机器人数量和要覆盖的形状周长进行调整，以确保机器人均匀分布在形态的边界上。

（5）障碍物处理：如果场地中有静止或移动的障碍物，那么如果能检测到这些障碍物，机器人就能够避免与它们碰撞。一旦障碍物移开，机器人将重新形成期望的形态，尽管它们可能会回到形态上的不同位置。

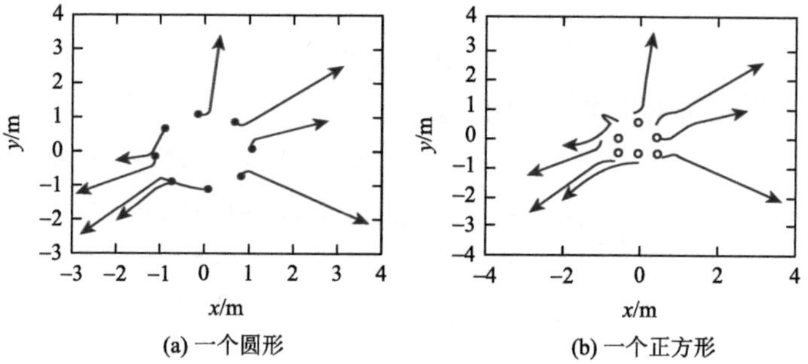

图 7.1　8 个机器人形成两个预定义形态

机器人的初始位置用 • 表示，最终位置用 ∘ 表示

7.2.4　基因调控网络的演化优化

为了优化方程（7.1）和方程（7.2）中基因调控网络的 5 个参数 a、m、c、k 和 b，我们使用 NSGA-II[164]进行优化。优化的目标是最小化机器人的行进距离和收敛时间，同时确保系统的稳定性得到维持。在演化优化过程中，我们设定机器人数量为 20，种群规模为 100，交叉概率为 0.9，交叉的分布指数为 20，突变概率为 0.2，突变的分布指数为 20。演化优化运行 50 代。在第一代中，参数 k、c、a 和 m 在 1～100 随机初始化，而 b 在 200～1000 随机初始化。较大的 b 值允许机器人彼此远离，以便它们可以收敛到目标形态上的不同点。需要注意的是，算法的计算复杂度几乎不受机器人数量的影响[358]。从获得的帕累托最优解中，挑选出一个在行进距离和收敛时间方面性能平衡的解进行实验，其中 $a=62.65$，$m=63.95$，$c=70.27$，$k=45.52$，以及 $b=380.42$。显然，方程（7.12）中的稳定条件得到满足。

7.2.5　仿真结果

图 7.1 展示了两个多机器人形态形成的实例。8 个机器人最初被随机部署在一

个 4×4 的场地上，用圆点（•）表示。随后，机器人最终移动到形成圆形的位置，其移动轨迹由曲线表示。最终位置用圆圈（∘）表示，如图 7.1（a）和（b）所示，分别形成了一个圆形和一个正方形。值得注意的是，这 8 个机器人均匀分布在形态的边界上，形成了期望形态的规则覆盖。

如图 7.2 所示，20 个机器人形成了一个更复杂的非封闭字母“N”形态，用 B 样条表示。

如图 7.3 所示，我们展示了一个在形态“R”形成后避免移动障碍物的示例。从图中可以验证，机器人能够自动避开由大圆圈表示的移动障碍物，并重新自组织成均匀分布的形态“R”。需要注意的是，即使机器人在障碍物移开后再次形成形态“R”，它们的位置可能已经发生变化，因为它们在形态上的位置并没有预先指定。相反，机器人通过基因动力学和机器人-机器人交互以自组织方式找到自己的位置。

如图 7.4 所示，已进行了使用 8 个 e-puck 机器人的概念验证物理实验。每个 e-puck 机器人（http://www.e-puck.org/）直径约 6cm，配备了 8 个红外近距传感器、2 个步进电机（以差分驱动配置）、3 个麦克风和 1 个 ZigBee 无线通信卡。红外近距传感器用于测量距离，步进电机用于里程计测量，麦克风用于触发实验的开始。图 7.5 展示了生成字母“R”形态的形成过程的快照。从这些结果中，我们可以看到 e-puck 机器人能够形成“R”形态，尽管由于机器人数量较少，形态并没有完全被均匀覆盖。

基因调控网络模型能够以自组织的方式驱动机器人达到预先描述的形态，使机器人均匀覆盖形态的边界。此外，该模型还可以实现其他功能，如避开移动障碍物、适应变化的机器人数量或变化的需要覆盖的周长。然而，预先定义目标形态的要求使得系统不够符合实际，因为在许多应用场景中，目标形态很可能事先未知。例如，如果机器人需要跟随和包围物体，则目标形态取决于要围绕的物体的位置。接下来，我们介绍一个能够根据目标位置动态生成所需形态的双层基因调控网络。

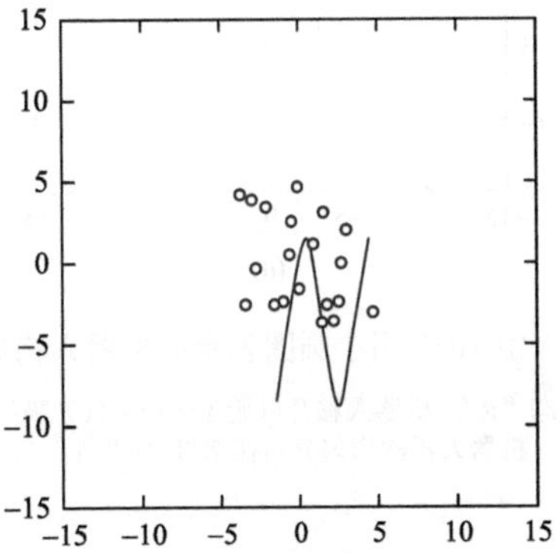

(a) 初始立场

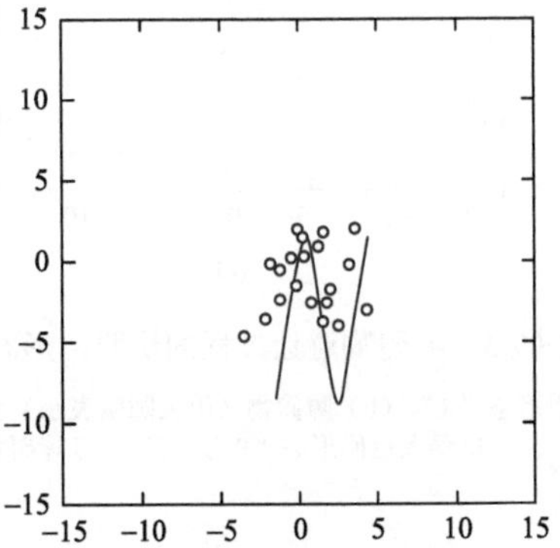

(b) 中间位置

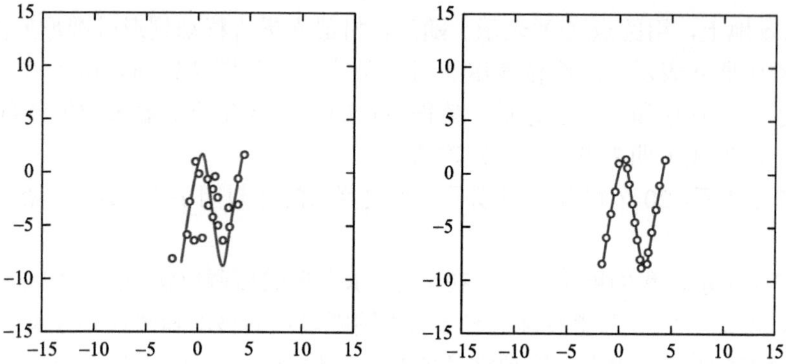

(c) 中间位置　　(d) 形成“N”形的最终位置，机器人均匀分布在其上

图 7.2　20 个机器人组成“N”形队形

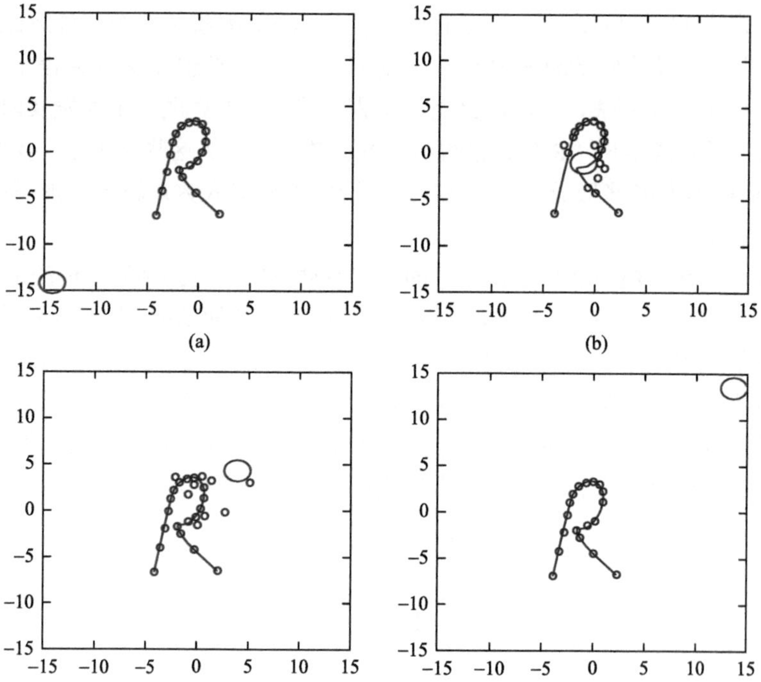

图 7.3　障碍物避让过程的快照，形态“R”由 20 个用小圆圈表示的机器人构成

(a）形成形态“R”。(b）障碍物（用大圆圈表示）穿过形态“R”，机器人移开以避免碰撞。(c）障碍物移开，机器人返回形态“R”。(d）一旦障碍物移开，机器人再次均匀分布在字母“R”上

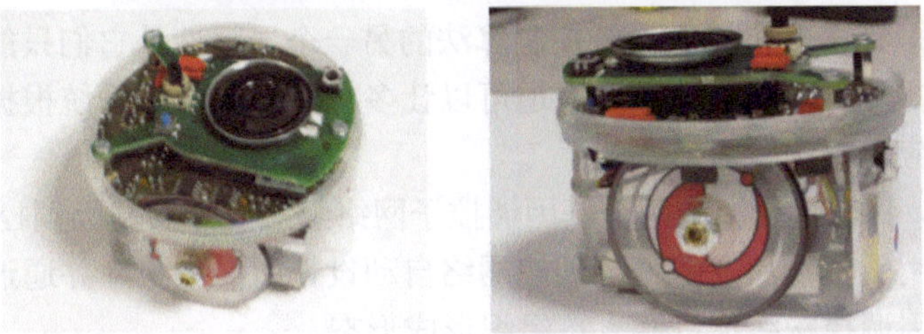

图 7.4　e-puck 机器人

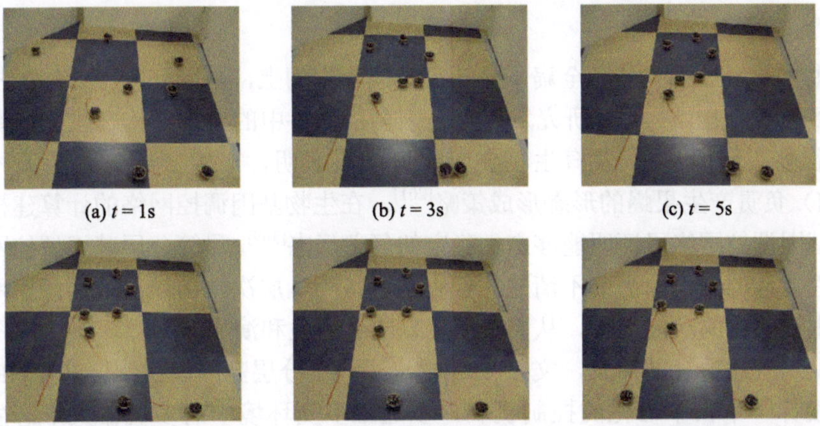

(a) $t = 1$s　(b) $t = 3$s　(c) $t = 5$s

(d) $t = 6$s　(e) $t = 7$s　(f) $t = 11$s

图 7.5　用 8 个 e-puck 机器人组成字母“R”

7.3　自适应形态发育边界覆盖

7.3.1　概述

在前一节中，我们介绍了形态发育机器人学的概念[195]，该领域借鉴了受生物形态发育启发的基因和细胞机制。同时，我们简要介绍了 Guo 等提出的采用一个函数定义目标形态的模型[347]，以及使用非均匀有理 B 样条（NURBS）构建更复杂的二维或三维形态的算法变体[361, 364]。值得注意的是，这些方法需要建立一个坐标系，使得机器人和障碍物的位置相对化，从而消除对全局坐标系的依赖[365]。

以上模型的一个重要限制是目标形态必须预定义，因此生成的形态无法适应未知的环境变化。这一限制同样适用于许多其他受生物启发的多机器人自组织系统[349]。此外，许多多机器人系统控制算法的另一个局限性是它们只能形成少量简单的形态。实际上，很少有研究报道可以让多机器人自组织系统根据要围绕的目标物体自适应地改变所需形态的。

接下来，我们将介绍由两个基因调控子网络组成的分层基因调控网络[365]，该网络能够利用受生物启发的基因调控网络自动设计所需形状，并通过前一节介绍的第二个基因调控网络使机器人自组织形成形态。

7.3.2 分层基因调控网络

生物发育过程并非完全扁平化，在时间和空间上，基因和分子过程的控制存在许多层次结构[366, 367]。研究发现，基因调控网络中的层次结构在生物发育演化中起着核心作用[368]。发育生物学的研究结果表明，一个分层的基因调控网络（GRN）负责产生果蝇的形态形成策略[201]。在生物基因调控网络的计算建模中，分层基因调控网络已证明能够产生稳定的复杂形态[369]。尽管分层基因调控网络的重要性背后的确切原因尚不清楚，但有假设认为，层次结构使得基因调控网络能够产生模块化的功能结构，从而获得更好的适应性和演化能力。

受到上述研究的启发，文献[192]提出了一个分层基因调控网络（H-GRN），用于设计一个去中心化的控制机制，以适应多变环境中的多机器人形态生成。所提出的 H-GRN 用于适应群机器人形态生成，由两层构成，如图 7.6 所示。其基本思想是，第一层根据目标的位置定义所需的形态，第二层与方程（7.1）和方程（7.2）中描述的基因调控网络相同。第一层根据目标的位置生成蛋白质浓度模式。一种特定的蛋白质（g_3）扮演形态发生素的角色，其梯度可以被第二层基因调控网络中的受体读取，该层负责控制机器人的运动动力学。在第二层中，蛋白质类型 g 和 p 分别代表机器人的位置和内部状态。如果形态是在二维（2D）空间中生成的，那么 G 和 P 的向量长度为 2。在三维（3D）空间中，位置和速度向量的维度都是 3。需要注意的是，只有蛋白质类型 g 能够扩散到其他细胞，并影响其他机器人的运动动力学。

第 1 层中的基因调控网络动态仅在能够检测到至少一个目标的组织机器人中被激活。根据检测到的目标位置，第 1 层中的基因调控网络将生成一个目标形态。第 2 层中的基因调控网络则感知生成的形态，以驱动组织机器人朝目标形态移动。因此，随着组织机器人向目标形态移动，目标形态可能会发生变化，因为组织机器人可以检测到的目标数量可能会变化。

系统中具有分层基因调控网络的主要优势在于，不再需要预先定义所需的形态，从而使模型更加实用。如果目标的位置发生变化，第 1 层生成的形态将会自动调整。

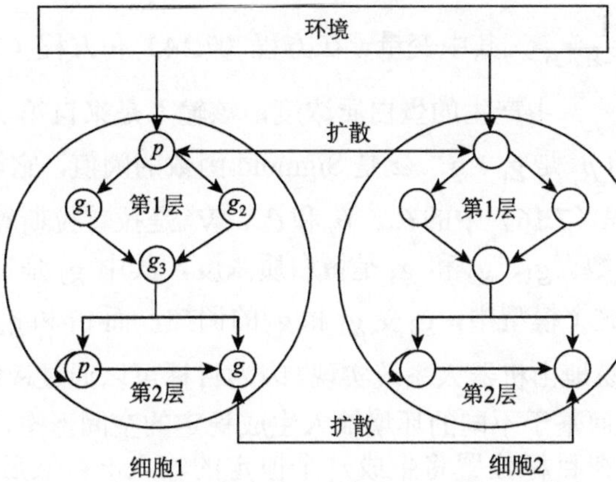

图 7.6　自适应自组织多机器人形态生成的分层基因调控网络示意图

国中显示了环境中的两个细胞（机器人），每个细胞包含一个包含两个层次的分层基因调控网络

1. 第 1 层：目标形态生成

在前一节中，机器人需要形成的目标形态是通过明确使用解析函数[347]或自由形式表示[364]来预定义的，如 NURBS 模型[361]。而在 H-GRN 中，目标形态则是由第 1 层的基因调控网络在线生成的。可能发生的情况是，一个机器人只能检测到目标的一个子集。因此，当它们接近目标时，不同机器人生成的目标形态（以每个机器人模拟的蛋白质浓度表示）可能会有所不同。我们假设，当机器人靠近目标时，它们能够知道所有目标的位置，这些位置要么是由机器人自身检测到的，要么是通过本地通信从其他组织机器人那里获知的。通过这种方式，最终所有机器人生成的形态将会一致。

在形态生成过程中，每个组织机器人将运行以下基因系统来生成定义目标形态的化学浓度。这些方程的输入是 γ_j，对应于检测到的目标的位置。在这里，组织机器人可以通过其板载传感器检测到目标位置，也可以通过知道目标位置的相邻组织机器人获取目标位置。

$$\frac{\mathrm{d}p_j}{\mathrm{d}t} = \nabla^2 p_j + \gamma_j - p_j \tag{7.13}$$

$$\frac{\mathrm{d}g_1}{\mathrm{d}t} = -g_1 + s(p_j, \theta_1, k) \tag{7.14}$$

$$\frac{\mathrm{d}g_2}{\mathrm{d}t} = -g_2 + [1 - s(p_j, \theta_2, k)] \tag{7.15}$$

$$\frac{\mathrm{d}g_3}{\mathrm{d}t} = -g_3 + s(g_1 + g_2, \theta_3, k) \tag{7.16}$$

其中$s(x,z,k)=\frac{1}{1+\mathrm{e}^{-k(x-z)}}$，其中变量$x$在方程（7.14）和方程（7.15）中等于$p_j$，这是从环境输入（$\gamma_j$）中产生的蛋白质浓度，该输入是来自第$j$个目标的结果。在方程（7.16）中的$p_j$是$g_1+g_2$。$z$是Sigmoid函数的阈值，它等于方程（7.14）、方程（7.15）和方程（7.16）中的θ_1、θ_2和θ_3，∇^2是拉普拉斯算子，在空间域中定义为p_j的二阶导数。g_1、g_2和g_3是蛋白质浓度，其中g_3是定义目标形态的形态发生素梯度。在这个模型中，g_3受g_1和g_2的调控，而g_1和g_2则受p_j的调控。这个设置可以很容易地由机器人系统实现，因为目标可以通过板载传感器检测到。

为了解释g_3如何基于不同的环境输入生成稳定的空间形态，假设环境中只有一个目标。首先，在目标位置将生成一个恒定的输入γ；然后，蛋白质p将建立一个随着与目标距离增加而衰减的浓度分布，如图7.7所示。从图中可以看出，蛋白质g_1、g_2和g_3只能在特定浓度的范围内受到蛋白质p的调控，参考方程（7.13）～方程（7.16）。特别地，当p的浓度在θ_1和θ_2之间时，蛋白质g_3才能被蛋白质p调控。因此，在二维空间中，由一个检测到的目标产生的g_3的激活形态将是一个圆形带。

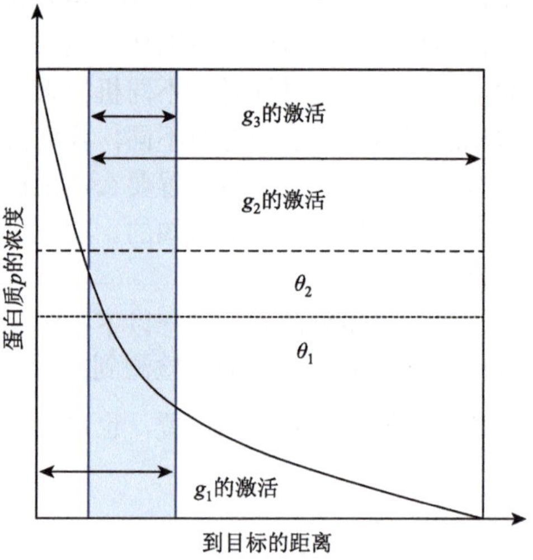

图7.7　蛋白质p的浓度分布和在一维空间中由此产生的蛋白质g_1、g_2和g_3的表达谱

2. 第2层：目标形态的自动调整

一旦H-GRN模型的第1层生成了目标形态，它将作为第2层的输入来触发其动态。第2层中基因调控网络的动态引导机器人到达目标形态。假设每个机器人的感知范围为r。第2层中的基因调控网络原则上与前一节中使用的模型相同：

$$\frac{\mathrm{d}g_{i,x}}{\mathrm{d}t} = -az_{i,x} + mp_{i,x} \tag{7.17}$$

$$\frac{\mathrm{d}g_{i,y}}{\mathrm{d}t} = -az_{i,y} + mp_{i,y} \tag{7.18}$$

$$\frac{\mathrm{d}p_{i,x}}{\mathrm{d}t} = -cp_{i,x} + rf(z_{i,x}) + bD_{i,x} \tag{7.19}$$

$$\frac{\mathrm{d}p_{i,y}}{\mathrm{d}t} = -cp_{i,y} + rf(z_{i,y}) + bD_{i,y} \tag{7.20}$$

其中 $i = 1, 2, \cdots, n$，n 为组织机器人的总数。$g_{i,x}$ 和 $g_{i,y}$ 表示第 i 个组织机器人的 x 和 y 位置，对应于细胞内两种类型 g 的蛋白质的浓度。$p_{i,x}$ 和 $p_{i,y}$ 表示机器人的两种内部状态，分别是细胞中两种类型 p 的蛋白质的浓度。D_i 可以看作从细胞中扩散出的蛋白质 g 的浓度，它代表了在群机器人系统中邻近的机器人和障碍物的数量。邻域的大小是预定义的，并且应该小于感知范围。可以看出，通过这种方式在多机器人系统中模拟蛋白质扩散是实用的，因为它只需要检测邻近的机器人和障碍物。更具体地说，

$$D_{i,x} = \sum_{j=1}^{N_i} D_{i,x}^j \tag{7.21}$$

$$D_{i,y} = \sum_{j=1}^{N_i} D_{i,y}^j \tag{7.22}$$

其中 N_i 表示机器人 i 的邻域中的机器人数量，$D_{i,x}^j$ 和 $D_{i,y}^j$ 分别表示机器人 i 从机器人 j 处接收到的沿着 x 和 y 轴的扩散蛋白质浓度，其定义为

$$D_{i,x}^j = \frac{(g_{i,x} - g_{j,x})}{\sqrt{(g_{i,x} - g_{j,x})^2 + (g_{i,y} - g_{j,y})^2}} \tag{7.23}$$

$$D_{i,y}^j = \frac{(g_{i,y} - g_{j,y})}{\sqrt{(g_{i,x} - g_{j,x})^2 + (g_{i,y} - g_{j,y})^2}} \tag{7.24}$$

这里，$f(z_i)$ 定义为如下的 Sigmoid 函数：

$$\begin{aligned} f(z_{i,x}) &= \frac{1 - \mathrm{e}^{-z_{i,x}}}{1 + \mathrm{e}^{-z_{i,x}}} \\ f(z_{i,y}) &= \frac{1 - \mathrm{e}^{-z_{i,y}}}{1 + \mathrm{e}^{-z_{i,y}}} \end{aligned} \tag{7.25}$$

其中，$z_{i,x}$ 和 $z_{i,y}$ 定义为

$$z_{i,x} = (g_{i,x} - g_{i,x}(u))$$
$$z_{i,y} = (g_{i,y} - g_{i,y}(u)) \quad (7.26)$$

其中 $g_{i,x}(u)$ 和 $g_{i,y}(u)$ 是由 NURBS 模型[361]表示的目标形态的 x 和 y 坐标。这里，u 是 NURBS 模型中的参数，范围为 0～1。有关使用 NURBS 模型进行几何表示的更多详细内容，请参阅文献[195]。

文献[364]还证明了第 2 层中基因调控网络的动态会收敛到目标形态。由于没有为机器人预定义目标位置，因此每个机器人将随机选择一个 u 值，其中 $u \in [0, 1]$。因此，可能会有多个机器人移动到目标形态上的同一点。然而，由于方程（7.19）和方程（7.20）中的扩散项，机器人将自动调整其动态以保持彼此之间的距离，从而使机器人均匀分布在目标形态上。这些扩散项也有助于避障。一旦机器人在其邻域内检测到障碍物，扩散项将驱使机器人远离障碍物。

3. 跟随动力学

对于那些没有检测到任何目标的机器人，它们的运动行为受以下动态规律的控制。假设一个非组织机器人在其感知范围内有 N 个邻居：

$$\frac{\mathrm{d}x}{\mathrm{d}t} = \sum_{j=1}^{N}\left(\frac{\mathrm{d}x_j}{\mathrm{d}t} - \frac{\mathrm{d}x}{\mathrm{d}t}\right) \quad (7.27)$$

这里的 x 表示非组织机器人的当前位置，$\frac{\mathrm{d}x}{\mathrm{d}t}$ 是机器人的速度。一旦机器人检测到目标，它将成为一个组织机器人，并且其基因调控网络动态将被激活。

7.3.3 分层基因调控网络模型的演化优化

1. 第 1 层

第 1 层中的几个参数，包括 θ_1、θ_2、θ_3 和 k［方程（7.13）～方程（7.16）］，需要具体确定。为了实现这一点，采用协方差矩阵自适应演化策略（CMA-ES）[31]（具体描述见 1.1.2 节）以优化这些参数，因为 CMA-ES 已被证明在种群规模较小时对连续优化非常有效。对于 H-GRN 参数的演化优化，我们首先需要定义一个适合度函数来评估形态生成的效果。由于我们考虑的是针对多个目标的形态生成，机器人将收敛到的所形成的形态既不应该离目标太远（可能无法将目标围住），也不应该太靠近目标（如果太靠近目标，目标可能会对机器人构成危险）。因此，我们采用以下适合度函数：

$$\text{fitness} = 1 - s(d_{\min}, d_0, k) + s(d_{\max}, d_0 + 1, k) \quad (7.28)$$

其中，d_0 设定为 1，$s(\cdot)$是一个如方程（7.25）所定义的 Sigmoid 函数，$d_{\min}$ 和 $d_{\max}$ 分别是形态和目标之间被允许的最小和最大距离，其中我们定义 $d_{\min} > d_0$ 且 $d_{\max} < d_0 + 1$。换句话说，生成的形态与目标之间的距离应在 d_0 和 $d_0 + 1$ 之间。上述适应度函数需要被最小化以找到最优参数。

在演化优化中，θ_1 和 θ_2 在 0～1 随机初始化，θ_3 的均值在 1～2 随机初始化，k 的均值在 1～100 随机初始化。当最近 20 代中适合度变化的总和小于 0.005 或者代数超过 50 时，演化过程终止。种群大小设置为 100。这些参数是根据经验选择的。优化后的参数为：$\theta_1 = 0.271$，$\theta_2 = 0.326$，$\theta_3 = 1.672$，$k = 81.338$。根据第 1 层的 GRN 动态的收敛条件，将 γ 设置为 $\sqrt{\pi/2}$。

2. 第 2 层

我们期望机器人能够迅速收敛到第 1 层中基因调控网络生成的目标形态，并且行进距离最小。因此，第 2 层中基因调控网络参数的优化有两个目标，即最小化机器人的行进距离和最小化收敛时间。与 7.3.3 节类似，采用 NSGA-Ⅱ[164]来解决这个双目标优化问题，以优化第 2 层中的基因调控网络参数。

从帕累托最优解中可以得出一个有趣的结论，即在最小化所有机器人行进距离的总和和收敛时间之间存在权衡。表 7.1 展示了三个具有代表性的帕累托解。

表 7.1　三种具有代表性的帕累托解

帕累托解	r	c	b	a	m	td	ct
(a)	45.88	69.13	387.5	69.28	63.77	19.64	0.39
(n)	79.46	70.06	420.8	44.39	6.85	19.77	0.25
(c)	91.81	57.65	599.9	1.04	1.00	20.5	0.09

注：td 表示行进距离，单位为 m，ct 表示收敛时间，单位为 s。

7.3.4　结果与讨论

1. 适应环境变化

我们提出的模型的主要创新之处在于其能够适应环境变化，动态生成形态。为了展示这一能力，我们在测试场景中模拟了两个目标在模拟区域内移动，这导致所需的目标形态在形状和数量上都必须发生变化。在初始场景中，两个目标彼此接近，可以生成一个形态来包围这两个目标。随后，这两个目标开始朝相反方向移动，这意味着所需形态将逐渐变化，最终需要形成两个独立的形态。图 7.8 展示了这一场景中形态生成过程的快照，展示了 H-GRN 模型如何适应环境变化并调整其生成的形态。值得注意的是，形态的分裂或合并完全是由第一层基因调控网络动态自动产生的。机器人只需检测目标的位置并更新第一层基因调控网络动态的输入（γ_j），整个过程不需要用户干预。

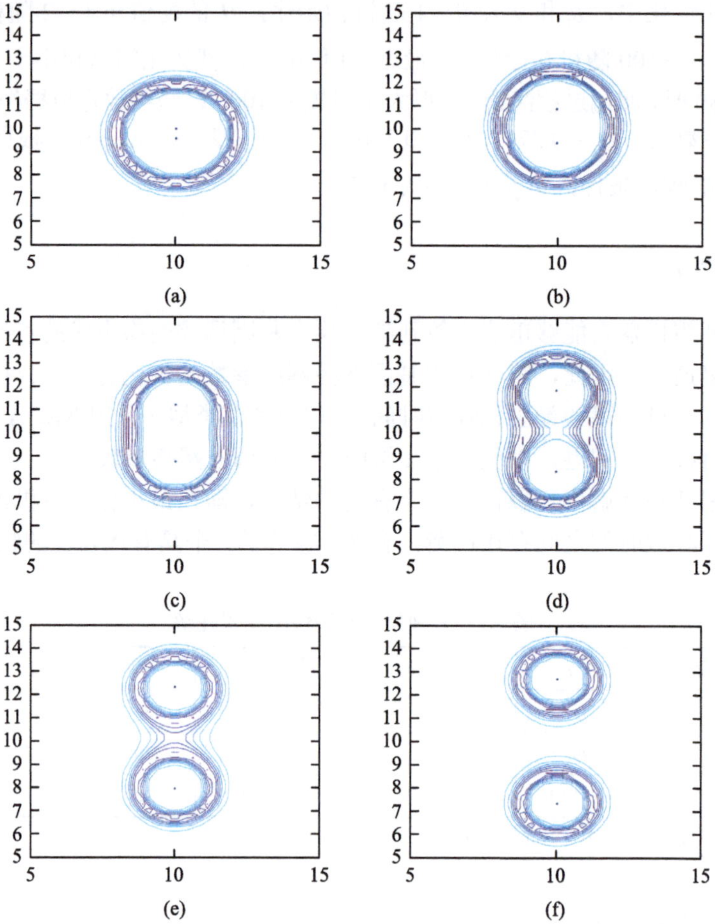

图 7.8　当两个靠近的目标彼此远离时，目标形态自动改变

2. 机器人数量的可扩展性

接下来，我们检验模型在所有机器人收敛到目标形态所需的时间方面的可扩展性。收敛时间包括三个部分：从基地部署机器人覆盖整个区域所需的时间、组织机器人生成稳定目标形态所需的时间，以及所有机器人收敛到目标形态所需的时间。如果在部署过程中所有机器人的速度都低于最大速度的 1%，则认为部署已完成。当蛋白质浓度变化小于最大浓度变化的 1%时，形态视为稳定。在形态形成

阶段，一旦机器人的位置误差（机器人与最靠近机器人的目标形态点之间的距离）小于 0.05m，即两个包围目标的机器人之间允许的最小距离的 5%，则认为机器人已经收敛到目标形态。这些标准是经验性定义的，它们的轻微变化不会影响我们的结论。

假设要覆盖的区域为 20m×20m，目标随机放置在中心区域的一个 6m×6m 的网格中，所有机器人都在要覆盖区域的左下角的一个 5m×5m 的基地中被初始化。在模拟中，考虑了 9 种情况，其中目标数量分别为 5、10 和 15，机器人数量分别为 25、36 和 49。这些情况所需的时间分别列在表 7.2～表 7.4 中。从这些结果可以得出结论，收敛时间对机器人数量和目标数量不敏感。然而，未计算组织机器人获取无法自行检测到的目标位置所需的通信时间。

表 7.2　部署时间（平均值±标准差）　（单位：s）

目标数量/个	机器人数量/个		
	25	36	49
5	8.891±1.063	9.046±0.965	9.297±1.197
10	8.936±1.539	9.810±1.436	10.700±1.259
15	9.589±1.389	10.193±1.071	10.533±1.537

表 7.3　模式生成时间（平均值±标准差）　（单位：s）

目标数量/个	机器人数量/个		
	25	36	49
5	8.326±0.343	8.314±0.304	8.383±0.263
10	8.336±0.234	8.352±0.309	8.375±0.205
15	8.394±0.250	8.415±0.199	8.352±0.199

表 7.4　机器人收敛到目标形态的时间（平均值±标准差）　（单位：s）

目标数量/个	机器人数量/个		
	25	36	49
5	1.198±0.031	1.203±0.025	1.203±0.031
10	1.192±0.029	1.191±0.025	1.200±0.031
15	1.195±0.030	1.202±0.028	1.202±0.031

7.4 区域覆盖的形态发育自组织

7.4.1 概述

尽管已有大量关于自组织多机器人形态形成的研究，但在控制大量机器人生成与未知且动态环境互动的自适应形态发育方面的工作相对较少。群体化学（swarm chemistry）[370]是一个计算模型，展示了遵循特定动力学规则的粒子群体如何形成形态，这是一个很好的自组织和自修复群体形态形成方法的例子。然而，这需要获取附近粒子的速度，这一点难以实现，而且设计出产生所需形态的动力学规则也不直观。Mamei 等[371]使用了形态发生素梯度扩散的概念来实现形态形成，但所形成的形态仅限于多边形形态，并假设机器人能够在没有物理大小的情况下相互穿过。在前一节介绍的分层双层基因调控网络（H-GRN）能够在两个基因调控子网络的帮助下以自适应的方式生成形态，但只能覆盖目标形态的边界，这对于某些实际场景可能不够鲁棒。

文献[372]中提出了一种基于区域的形态控制方法，使用势场技术，其中每个机器人作为一个群体在一个区域内，并保持彼此之间的最小距离，以实现对预设区域的均匀覆盖。文献[372]中的算法提供了收敛性分析，并考虑了目标区域的各种形态。然而，目标形态需要预定义，并且复杂度有限，这可能导致该方法不足以处理未知的环境变化。

通过扩展上一节中的分层双层基因调控网络（H-GRN），我们在这里介绍一种使用自组织群机器人进行区域覆盖的形态发育方法[373]。在 H-GRN 中，上层负责形态生成，为下层提供一个形态发生素梯度。与上一节中的下层不同，这里的下层实施了一种基于区域的形态控制策略，该策略引导所有机器人进入上层指定的区域，并且还维持每个机器人与其邻近机器人之间指定的最小距离。机器人之间的最小距离被调整，以便将机器人均匀分布到所需区域中。使用这种基于区域的形态控制进行目标围捕，而不是仅仅覆盖边界，使得机器人能更紧密地包围目标，并通过直接接触和推动目标，引导它们形成期望的形态。

7.4.2 区域覆盖的分层双层基因调控网络模型

分层双层基因调控网络（H-GRN）模型的结构如图 7.6 所示。对于区域覆盖，组织机器人将利用上层的以下基因调控动力学来生成所需的浓度：

$$\frac{\mathrm{d}p_j}{\mathrm{d}t} = -p_j + \nabla^2 p_j + \gamma_j, P = \sum_{j=1}^{n_t} p_j \tag{7.29}$$

$$\frac{\mathrm{d}g_1}{\mathrm{d}t} = -g_1 + \mathrm{sig}(p, \theta_1, k) \tag{7.30}$$

$$\frac{\mathrm{d}g_2}{\mathrm{d}t} = -g_2 + [1 - \mathrm{sig}(p, \theta_2, k)] \tag{7.31}$$

$$\frac{\mathrm{d}g_3}{\mathrm{d}t} = -g_3 + \mathrm{sig}(g_1 + g_2, \theta_{13}, k) \tag{7.32}$$

$$\mathrm{sig}(x, z, k) = \frac{1}{1 + \mathrm{e}^{-k(x-z)}} \tag{7.33}$$

其中，p_j 代表由第 j 个目标输入 γ_j 产生的蛋白质浓度，p 是所有检测到的 n_t 个目标的浓度之和。整合的蛋白质 p 将激活内部蛋白质浓度。k 是一个正常数，决定了 S 形函数的斜率，而 g_1、g_2 和 g_3 是蛋白质浓度，其中 g_3 定义了目标围捕形态。注意，g_3 受到仅在其浓度的特定范围内由 p 调控的 g_1 和 g_2 的双重调控。特别地，蛋白质 g_3 只有在 p 的浓度位于 θ_1 和 θ_2 之间时才能被蛋白质 p 调控，这导致了一个取决于 Sigmoid 函数阈值 θ_1、θ_2 和 θ_3 的激活圆形带，如图 7.9 所示。

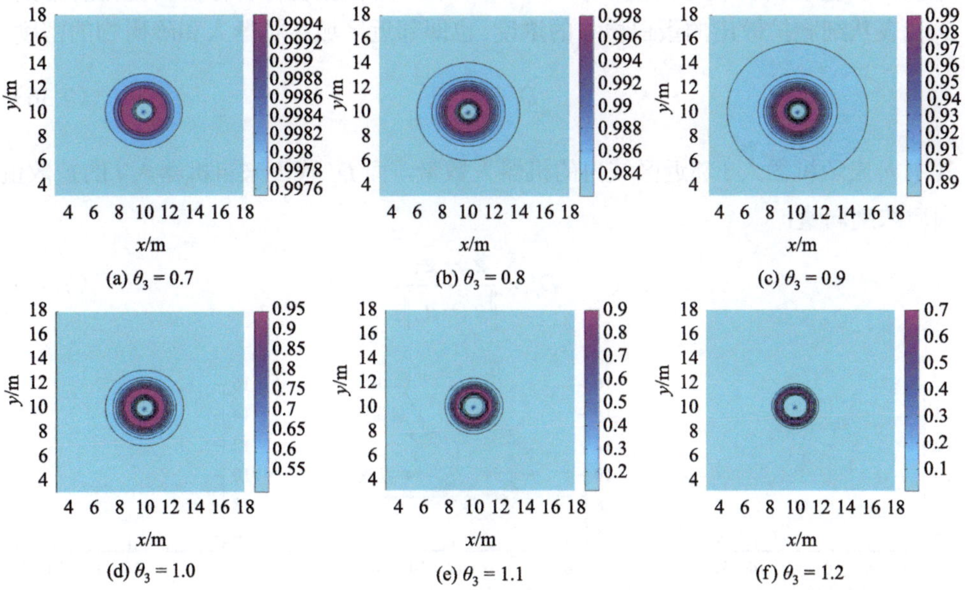

图 7.9　由 H-GRN 上层的蛋白质浓度 g_3 生成的目标形态示例，阈值 θ_3 取不同的值，而 $\theta_1 = 0.25$ 和 $\theta_2 = 0.3$ 是固定的。目标位于$(x, y) = (10, 10)$

为了使用 H-GRN 下层的生成形态，需要提取目标形态的轮廓。为此，使用一类对象的子集——Splinegons[374]，用于创建一组通过恒定曲率的线段连接的顶点，这些线段代表目标形态的曲线特性，形成一组弧线段。首先，选择形态上 g_3 浓度高于阈值的一组代表性点来描述目标形态，这些点通过恒定曲率的线段连接，这让我们能构建方便用于区域覆盖的形态约束。构建完整 Splinegon 的更多细节可以在文献[374]中找到。图 7.10 显示了使用选定的代表性点从给定目标形态生成 Splinegon 表示的过程。其次，H-GRN 上层生成的区域可以被模型化为一组圆弧段 $s_1 \in S=\{s_1,\cdots,s_n\}$。对于每个弧段，只使用中心位置和其曲率进行区域覆盖。H-GRN 的下层旨在引导所有机器人进入由上层生成的目标区域，并维持机器人之间指定的最小距离。然后，我们描述驱动机器人到目标区域的基因调控网络动力学，并介绍基于区域的形态控制逻辑。最后，讨论在基因调控网络框架内实施基于区域的形态控制的一些问题。下层的基因调控网络基本上与上一节中的相同：

$$\frac{\mathrm{d}g_i}{\mathrm{d}t}=-az_i+mp_i \tag{7.34}$$

$$\frac{\mathrm{d}p_i}{\mathrm{d}t}=-cp_i+rf(z_i)+bD_i \tag{7.35}$$

其中 $i\in\{1,\cdots,N_o\}$，表示第 i 个组织机器人，蛋白质类型 g_i 和 p_i 分别对应于机器人 i 的 2D 位置和内部状态向量。a、m、c、r 和 b 是根据任务目标需要优化的常数。D_i 代表从细胞扩散出的蛋白质 g 的浓度，也即邻近区域中机器人和障碍物的密度：

$$D_i=\sum_{j=1}^{n_i}D_i^j \tag{7.36}$$

其中 n_i 表示机器人 i 邻近区域内的机器人数量，而 D_i^j 代表来自机器人 j 的扩散蛋白质浓度向量：

$$D_i^j=\frac{g_i-g_j}{\left\|g_i-g_j\right\|} \tag{7.37}$$

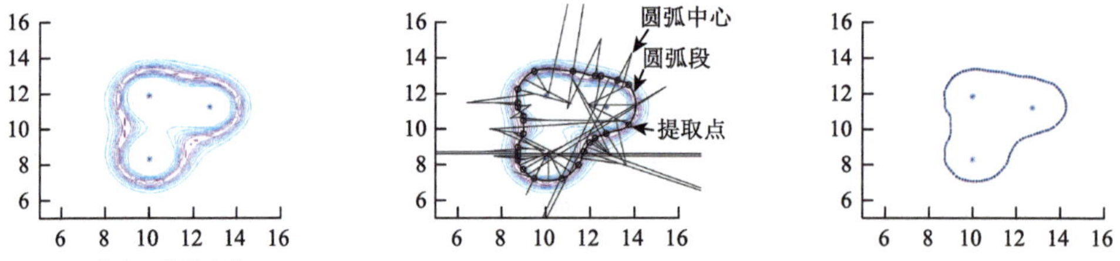

(a) 来自g_3的梯度值　(b) 曲率段　(c) 样条多边形

图 7.10　从上层基因调控网络生成的目标形态中提取 Splinegon 表示

扩散过程仅当机器人到邻居的距离小于阈值 r_n 时被激活。为了将目标形态嵌入调控动力学，$f(z_i)$ 定义为以下 Sigmoid 函数：

$$f(z_i)=\frac{1-\mathrm{e}^{\alpha z_i}}{1+\mathrm{e}^{\alpha z_i}} \tag{7.38}$$

其中 z_i 代表机器人当前位置的梯度值，而 $\alpha>0$ 确定了 Sigmoid 函数的斜率。这个 z_i 在基因调控网络动力学中作为前馈输入调控着蛋白质 g 和 p 的浓度，如式（7.34）所示，以便机器人能够形成所需的形态，其定义如下：

$$z_i=\frac{\mathrm{d}h_i}{\mathrm{d}G_i} \tag{7.39}$$

其中 h_i 是机器人需要部署的目标形态，由上层定义。例如，如果机器人需要部署到半径为 R 的圆上的一个点 $c=[c_x,c_y]^{\mathrm{T}}$，则形态函数可以定义为

$$h_i=[(g_{i,x}-c_x)^2+(g_{i,y}-c_y)^2-R^2]^2 \tag{7.40}$$

请注意，如果圆的半径 R 趋近于 0，那么机器人将被部署到一个点 c 上，而不是一个圆上。区域形态控制是基于区域开发的，其中目标区域由不等式函数指定，如下所示：

$$F(X)\leqslant 0 \tag{7.41}$$

这里，$F(X)$是一个具有连续一阶偏导数的连续标量函数。目标形态被表示为一组弧段：

$$S_l(g_i)=(g_{i,x}-c_{l,x})^2+(g_{i,y}-c_{l,y})^2-\left(\frac{1}{K_l}\right)^2=0 \tag{7.42}$$

其中 $[c_{l,x},c_{l,y}]^{\mathrm{T}}$ 和 K_l 分别是第 l 个圆弧段的中心位置和曲率。因此，区域形态控制的不等式函数可以通过 $S_l(g_i)\leqslant 0$ 来定义，以保持机器人在弧段内部，或者通过 $-S_l(g_i)\leqslant 0$ 来将机器人推向弧段外部。对于使用 Splinegon 表示的整个复杂形态，不等式函数可以表示为

$$F(g_i)=[\pm S_1(g_i),\pm S_2(g_i),\cdots,\pm S_{n_s}(g_i)]^{\mathrm{T}}\leqslant 0 \tag{7.43}$$

为了有效地覆盖区域，每个机器人在其当前位置找到其最近的弧段 $s_{l_i^*}$，而不是考虑构成 Splinegon 的所有弧段：

$$s_{l_i^*}=\arg\min_{s_l\in S}(\|\mathrm{g}_i-s_l^m\|) \tag{7.44}$$

其中 s_l^m 是第 l 个圆弧段的中间点。

根据圆弧曲率的符号和目标位置，形态控制逻辑分为三种，具有梯度 z_i 和最近圆弧段的不等式函数如下。

情况 1： $K_{l_i^*}\leqslant 0$

$$z_i=\begin{cases}0, & S_{l_i^*}(g_i)\leqslant 0\\ \dfrac{\mathrm{d}h_{1,i}}{\mathrm{d}g_i}, & 其他\end{cases} \tag{7.45}$$

其中 $h_{1,i}=[(g_{i,x}-c_{l_i^*,x})^2+(g_{i,y}-c_{l_i^*,y})^2]^2$。这个梯度将机器人驱动到其最近圆弧段的中心，一旦机器人进入所需 Splinegon 的一个圆形扇区，梯度就变为零，如图 7.11 所示。

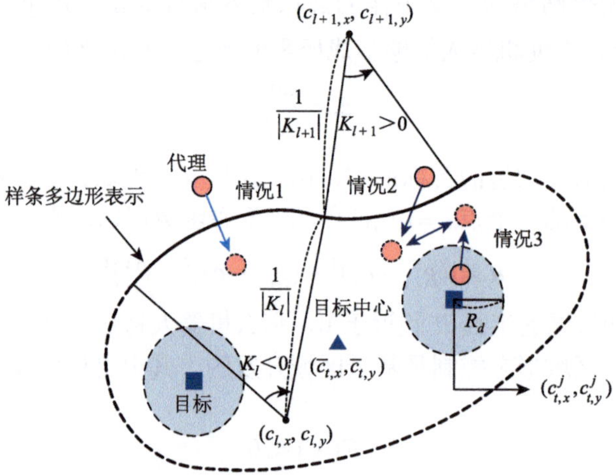

图 7.11　区域覆盖的几何关系

情况 2： $K_{l_i^*}>0$

$$z_i=\begin{cases}0, & -S_{l_i^*}(g_i)\leqslant 0 \text{ 且 } \|g_i-\bar{c}_t\|\leqslant\|g_i-c_{l_i^*}\| \\ \dfrac{\mathrm{d}h_{2,i}}{\mathrm{d}g_i}, & \text{其他}\end{cases}\tag{7.46}$$

其中 $h_{2,i}=[(g_{i,x}-\bar{c}_{t,x})^2+(g_{i,y}-\bar{c}_{t,y})^2]^2$，在这里，$\bar{c}_t=[\bar{c}_{t,x},\bar{c}_{t,y}]^{\mathrm{T}}$ 是目标组的中心位置。这个梯度让机器人朝着目标组的中心而不是 Splinegon 外部的圆弧段的中心移动。仅当机器人位于一个圆形扇区 $(-S_{l_i^*}(g_i)\leqslant 0)$ 之外，并且比圆弧段的中心更接近目标组的中心 $\left(\|g_i-\bar{c}_t\|\leqslant\|g_i-c_{l_i^*}\|\right)$ 时，梯度才为零。

情况 3： $\|g_i-g_t^j\|<R_d$（对于所有 $j\in\{1,\cdots,n_t\}$，无论 $K_{l_i^*}$ 的符号如何）

$$z_i=\frac{\mathrm{d}h_{3,i}}{\mathrm{d}g_i}\tag{7.47}$$

其中 $h_{3,i}=[(1+\varepsilon)R_d^2-(g_{i,x}-c_{t,y}^j)^2-(g_{i,y}-c_{t,y}^j)^2]^2$。在这里，$\varepsilon$ 是一个正常数。如果一个机器人在目标周围的 R_d 的某个圆形边界内部，那么机器人将被推出该区域，即大于 R_d 的范围，即 $(1+\varepsilon)R_d$，以避免与目标发生碰撞。

同时，在将上述算法应用到不断变化的环境中的真实物理机器人时，需要解决几个问题。

（1）机器人定位：机器人应能够利用其自身的板载传感器如编码器或惯性导航系统进行定位。这种定位可以在本地坐标系中通过选择一个参考点作为原点，借助机器人间的通信实现。例如，可以选择首先检测到目标机器人的位置作为参考点。根据任务目标也可以采用许多其他方法。

（2）邻域大小的自适应调整：在实践中，无法预定义扩散过程中方程（7.36）中的最佳邻域大小，以确保系统的收敛或在要覆盖的区域中均匀分布机器人，因为每个机器人都不知道机器人和目标的总数。在这里，我们采用文献[367]中使用的邻域自适应方法，该方法通过碰撞范围 $d_{\min}$ 和传感器范围 $d_{\max}$ 这两个机器人的物理约束来调整距离的初始猜测。如果当前的邻居距离 d 很小，那么它将被更新为 d 和 $d_{\max}$ 之和的一半，从而增加；相反，如果距离很大，则使用 $d_{\min}$ 进行更新。当前距离是否接近最佳距离可通过计算机器人在区域内经过足够长的时间稳定了几次迭代后的邻居平均数量来确定。

（3）通信/感知噪声和延迟的影响：应仔细考虑通信/感知噪声和延迟的影响，因为这可能导致形态控制的性能降低甚至不稳定。

7.4.3　仿真结果

在本节中，我们将展示一些针对周围静止或移动目标的模拟结果，以验证基于 H-GRN 的形态发育区域覆盖算法的可行性和效益。模拟中使用的机器人数量为 100。为了设置参数，运行一个演化算法[195]来优化它们，进一步对它们进行微调，以在合理的时间内将机器人稳定在期望的区域内。H-GRN 的上层参数设置如下：$\theta_1 = 0.25$；$\theta_2 = 0.3$；$\theta_3 = 1.2$；$k = 20$。对于下层，参数设置如下：$a = 6.5$；$m = 4.2$；$c = 9.9$；$r = 4.3$；$b = 3.5$。此外，考虑到机器人的物理能力，机器人的最大速度被限制为 0.8m/s。

1. 形成预定义的目标区域

为了包围一个静止目标，首先采用预定义的简单环形。假设目标位于一个圆的中心，圆的内半径和外半径分别为 0.2m 和 0.5m，机器人之间的期望距离为 0.065m，机器人与障碍物之间的期望距离为 0.3m。在空间中随机分布了 100 个机器人，它们形成了目标区域并避开了两个移动障碍物的情况的 6 个快照如图 7.12 所示。需要注意的是，为了避开障碍物，使用了类似于方程（7.34）～方程（7.37）中机器人和障碍物之间的扩散项 D，这样基因调控网络动态就会自适应于这两个移动障碍物。

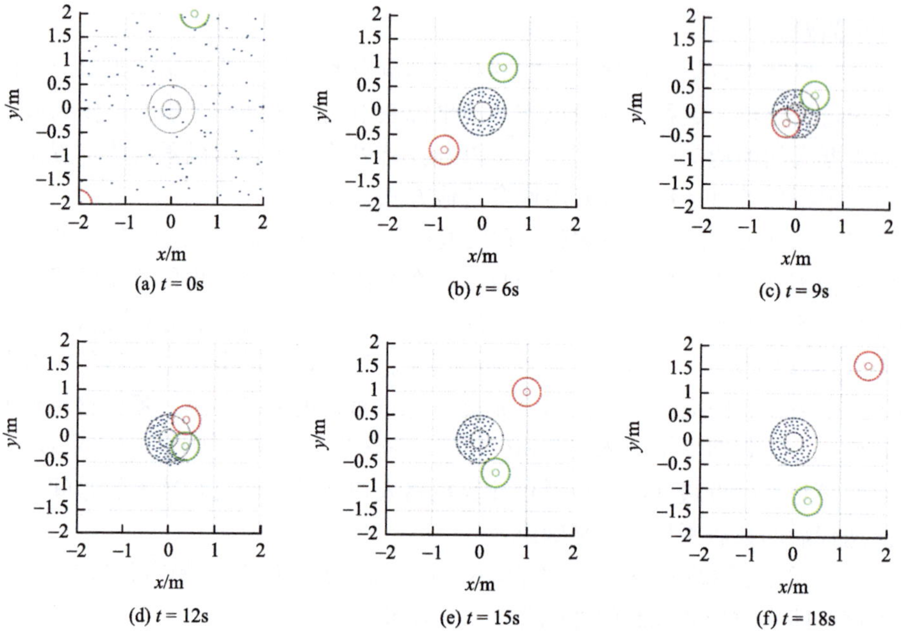

图 7.12　100 个机器人（蓝色点）形成一个由环形表示的目标形态，并避开两个移动障碍物，分别用红色和绿色圆圈表示

接下来，我们考虑让这些机器人在保持环形的情况下追踪单个移动目标。如果目标的轨迹已知或可以估计，可以通过修改方程（7.34）将其嵌入基因调控网络动态，如下所示：

$$\frac{\mathrm{d}g_i}{\mathrm{d}t} = -az_i + mp_i + v_t \tag{7.48}$$

其中 v_t 是要跟踪的目标的速度。模拟结果显示了机器人在保持环形的同时跟踪移动目标的情况，无论目标的运动信息是否已知。移动目标的轨迹由红色线表示，由 $c_t = [c_x, c_x]^{\mathrm{T}} = 0.1[t\ 3\sin(t/3)]^{\mathrm{T}}$ 确定，其中 t 表示时间（s）。假设每个机器人都配备有传感器，可以感知目标的距离和方向。感知噪声设置为标准差为 $\sigma_r = 0.2\mathrm{m}$ 的白色高斯噪声，方向为 $\sigma_\phi = 2°$。为了获得目标运动的准确估计，采用分布式扩展信息滤波器（DEIF）[375]和恒定速度目标模型。如果目标速度未知，那么群机器人将很难在形成所需的环形的同时紧密跟随移动目标，如图 7.13（a）所示；相反，如果 DEIF 可以估计目标的位置和速度，那么机器人可以成功地包围移动目标，如图 7.13（b）所示，估计结果如图 7.14 所示；当目标的位置和速度都已知时的跟踪结果如图 7.13（c）所示。

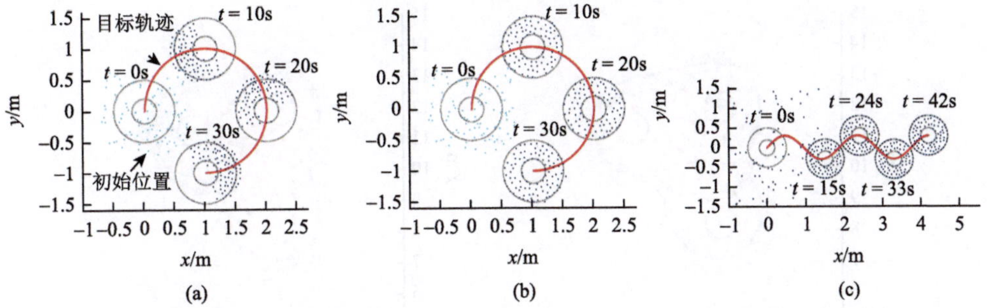

图 7.13　在跟踪目标的同时形成环形时，情况如下：（a）目标位置已知但速度未知；（b）目标位置和速度均已估计；（c）目标的位置和速度都已知

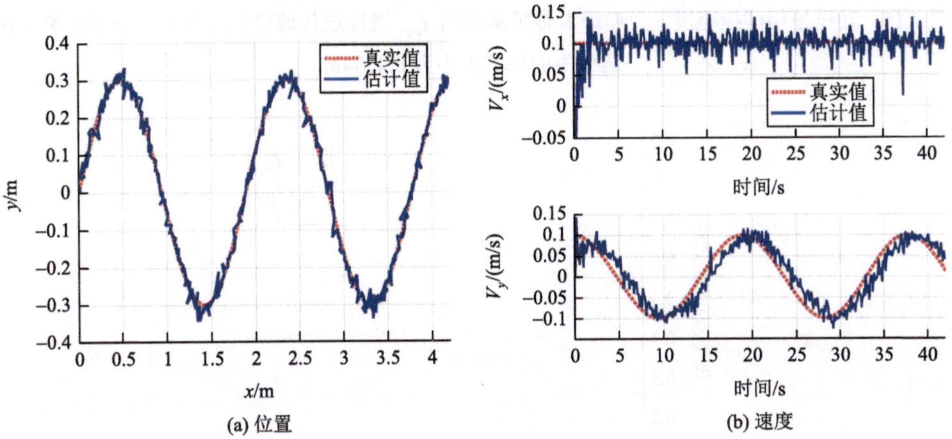

图 7.14　使用 DEIF 的位置和速度估计结果

2. 复杂区域的适应性形成

为了包围多个目标，由 H-GRN 的上层生成的目标区域可能变得非常复杂，需要使用 Splinegon 进行表示。图 7.15（a）展示了初始邻域大小为 0.55m 的多个静止目标的情况，这种情况无法使运动稳定在区域内，并保持机器人之间给定的距离。通过在 $d_{\max}=1.0\text{m}$ 和 $d_{\min}=0.1\text{m}$ 之间进行适应迭代调整邻域大小，如图 7.16 所示，最终的邻域大小为 0.4234m，从而使机器人均匀分布，如图 7.15（b）所示。

图 7.17 展示了多个移动目标被包围的过程，其中包含一个变化的复杂形态。随着目标相互远离，由于 H-GRN 的上层，目标形态在动态变化。在 20s 后，目标停止移动，机器人能够组织自己成为一个围绕着目标的区域，如图 7.17（e）所示。

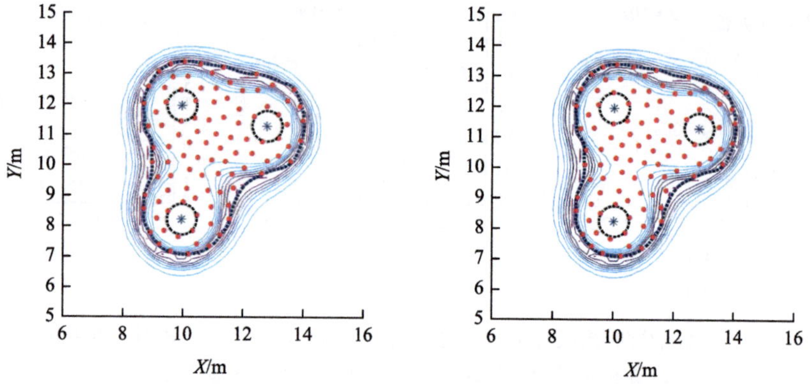

(a) 迭代次数 = 1　　(b) 迭代次数 = 6

图 7.15　通过使用碰撞范围 d_{min} 和最大传感器范围 d_{max} 进行迭代调整邻域大小，最后在第 6 次迭代中的邻域大小为 0.4234m

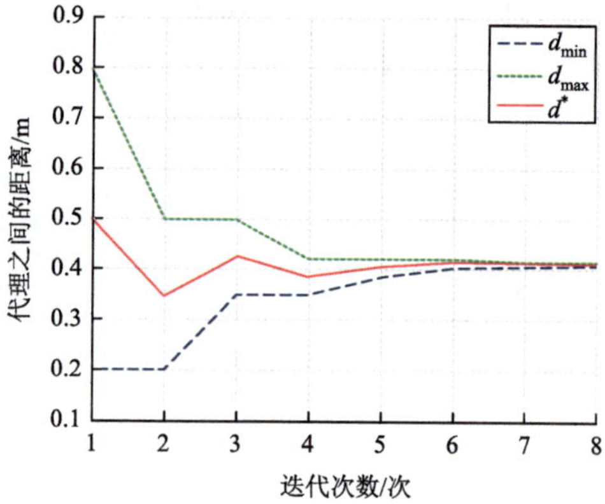

图 7.16　邻域距离自适应迭代

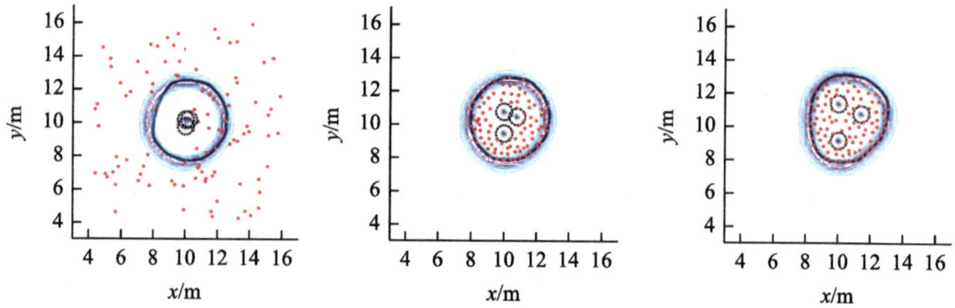

(a) $t = 0$s　　(b) $t = 5$s　　(c) $t = 10$s

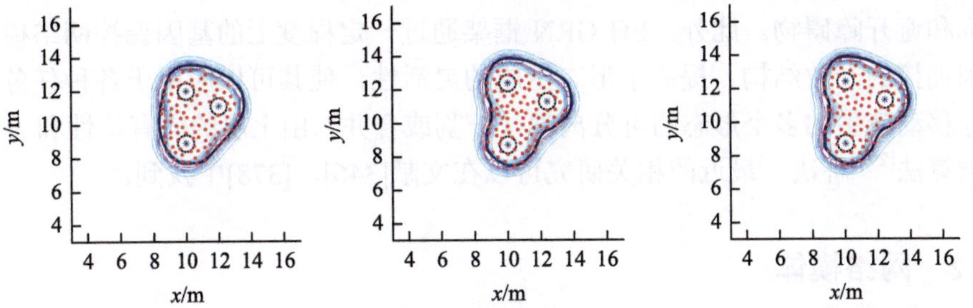

图 7.17　随着目标相互远离，一个能包围目标的目标形态会相应地发生变化，因此机器人会组织自己在一个形态内

7.5　基于基因模体的形态生成

7.5.1　概述

大多数现有的多机器人系统形态形成算法都存在一个重要局限性，即目标形态需要预先定义且通常只能形成少量简单的几何形状，这不足以应对未知的复杂环境。为了解决这个问题，Belta 和 Kumar[376]提出了一种大量机器人的形成控制方法，这种方法基于将团队抽象为与机器人数量无关的小维流形。尽管目标形状可以通过改变形状大小来适应环境变化（如窄通道通过场景所示），但该方法仅考虑了两种简单的形状，并且最终形成的结果是机器人松散地分布在形状内。Cheah 等[377]提出了一种基于潜在场的机器人群体的区域形状控制方法，其中组中的每个机器人都保持在一个移动区域内，同时保持彼此之间的最小距离。然而，目标形状的复杂性仍然有限，且目标形状必须预定义。在前面介绍的基于 H-GRN 的形态发育自组织系统能够生成适应于待捕捉目标位置的形态。然而，H-GRN 中上层的结构必须手动定义，并且其生成多样化形态的能力可能受到限制。此外，该算法必须依赖于使用机器人和障碍物的扩散项的斥力避免方案来避免障碍物。

为了克服这些弱点，我们介绍了一种算法[373]，它可以通过演化一些在 2.2 节中描述的广泛存在的网络模体作为构建块来自动生成基因调控网络。演化的基因调控网络应该能够生成不同但适合的形态，以便机器人穿越未知的动态环境。这称为演化的层级基因调控网络（EH-GRN）。EH-GRN 由两个层组成。上层用于自适应形态生成，其中基因调控网络模型通过基因和环境输入的网络模体进行演化，而下层基因调控网络用于驱动机器人到上层生成的目标形态。这个框架使我们能够生成适应环境变化的形态，并且对于环境输入包括障碍物，它可以缓解 H-GRN 生成的形态的缺点，因为它允许群体中的所有机器人同时完成两项任务，即包围目标和避开障碍物。此外，EH-GRN 框架通过一定程度上的基因调控网络模型中基因调控的开放结构，提高了形态生成的灵活性，使其可以应用于各种任务。由目标移动产生的多个形态的可分离性（分割或合并）由上层的固有特性和 k 均值聚类算法[295]解决。最近的相关研究可以在文献[346]、[378]中找到。

7.5.2 网络模体

本节采用 5 种基本的网络模体，包括正向、负向、与、或和异或调控模体，作为构建上层基因调控网络的基本模块。

首先，正向（或负向）调控定义为基因 X 激活（或抑制）或对基因 Y 施加正向（或负向）反馈。从 X 到 Y 的正向调控的数学描述可以表示为

$$\frac{\mathrm{d}y}{\mathrm{d}t}=-y+\mathrm{sig}(x,\theta) \tag{7.49}$$

$$\mathrm{sig}(x,\theta)=\frac{1}{1+\mathrm{e}^{-k(x-\theta)}} \tag{7.50}$$

其中，x 和 y 分别表示基因 X 和 Y 的表达水平，θ 是基因表达的调控参数。类似地，负向调控表示为

$$\frac{\mathrm{d}y}{\mathrm{d}t}=-y+(1-\mathrm{sig}(x,\theta)) \tag{7.51}$$

在 AND 调控中，当且仅当基因 X_1 和 X_2 都表达时，基因 Y 才表达，定义为

$$\frac{\mathrm{d}y}{\mathrm{d}t}=-y+\mathrm{sig}(g_1\cdot g_2,\theta) \tag{7.52}$$

其中，g_1 和 g_2 分别是基因 X_1 和 X_2 的表达水平。每个基因的表达水平受到正向或负向调控，其调控参数分别为 θ_1 或 θ_2。在 OR 调控逻辑中，当基因 X_1 或 X_2 表达时，基因 Y 表达：

$$\frac{\mathrm{d}y}{\mathrm{d}t}=-y+\mathrm{sig}(g_1+g_2,\theta) \tag{7.53}$$

最后，在 XOR 调控逻辑中，只有当基因 X_1 和 X_2 的表达水平不同才会表达基因 Y，定义为

$$\frac{\mathrm{d}y}{\mathrm{d}t}=-y+\mathrm{sig}(g_1(1-g_2),\theta)\ +\mathrm{sig}((1-g_1)g_2,\theta) \tag{7.54}$$

因此，如果基因 X_1 表达而基因 X_2 不表达（或反之），则基因 Y 表达。这些调控模体将是基因调控网络结构的基本构建模块，并且通过演化算法优化调控参数 θ。

7.5.3　基于网络模体演化 H-GRN

1. 总体框架

图 7.18 展示了所提出的 EH-GRN 的通用结构，该结构利用基因调控模体进行演化。EH-GRN 的上层主要用于自适应形态生成，其中基因调控网络模型通过基本网络模体与基因和环境输入的组合进行演化。在图 7.18 中，p_1 和 p_2 表示由环境输入产生的蛋白浓度，即目标和可能的障碍物，并在空间上扩散。这些将作为上层基因调控网络的输入，并激活基因 g_1、g_2 和 g_3。特别地，M 的浓度起着形成围绕目标的期望形状的形态因子的作用，这将传递到下层。需要注意的是，上层基因调控网络的动态仅在能够检测目标的组织机器人中被激活，而非组织机器人只是跟随相邻的组织机器人的移动。通过将障碍物与目标一起引入作为环境输入之一，当障碍物接近时，包围目标的形态本身会发生变化，所有机器人将同时围住目标并避开障碍物。在这里，只有上层是演化的，基因数量是固定的。然而，整个结构，包括下层和可变数量的基因，都可以使用相同的方法利用基本的基因调控模体。

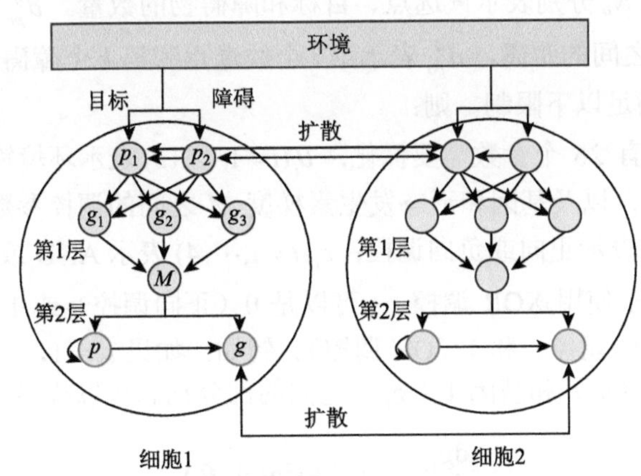

图 7.18　由两层组成的用于目标围捕的 EH-GRN

一旦上层生成了目标形态，它将作为下层的输入来触发其动态。下层负责模体形成控制，引导所有机器人进入生成的形态并始终保持机器人之间的最小距离。这些功能由另一个基因调控网络动态实现，其中蛋白质 g 和 p 用来表示机器人的当前位置和内部状态。通过 p_1、p_2 和 g 的扩散，机器人可以共享有关目标和障碍物的信息，并保持机器人之间的期望最小距离，以避免机器人之间的碰撞。

2. EH-GRN 的上层

自适应目标围捕形态的生成过程包括两个步骤：首先，根据演化的基因调控网络模型形成形态发生素梯度空间，并提取梯度值高于阈值的候选点；其次，用非均匀有理 B 样条（NURBS）[361]表示这些候选点，以生成机器人跟随的目标形态，如图 7.19 所示。具体来说，首先通过使用上层的调控参数和环境输入生成形态发生素梯度空间，如图 7.19（a）所示；随后，在图 7.19（b）中选择梯度值高于最大值的某个百分比的点作为候选点。用于目标围捕的目标形态发生素梯度空间需要尽可能多的候选点，这些点不太靠近（$d_{\min}$）或远离（$d_{\max}$）目标，并且与障碍物保持最小距离（$d_{\min}^{\text{obs}}$）。因此，可以定义以下用于演化算法的适合度函数：

$$f=\sum_{i=1}^{N_p}\sum_{j=1}^{N_t}\frac{\text{sig}(d_{pt}^{ij},d_{\max},k_1)+\text{sig}(d_{\min},d_{pt}^{ij},k_2)-A_{ij}}{N_pN_t}+\sum_{i=1}^{N_p}\sum_{k=1}^{N_o}\frac{\text{sig}(d_{po}^{ik},d_{\min}^{\text{obs}},k_3)}{N_pN_o} \tag{7.55}$$

其中

$$A_{ij}=\begin{cases}1, & d_{\min}\leqslant d_{pt}^{ij}\leqslant d_{\max}\\ 0, & \text{其他}\end{cases} \tag{7.56}$$

其中，N_p、N_t 和 N_o 分别表示候选点、目标和障碍物的数量。d_{pt}^{ij} 表示第 i 个候选点和第 j 个目标之间的距离，d_{po}^{ik} 表示第 i 个候选点和第 k 个障碍物之间的距离。如果候选点 A_{ij} 满足以下限制，则：

对于上层，有 26 个参数需要优化：$\theta_i(i=1,\cdots,13)$ 表示环境输入 $p_i(i=1,2)$ 和基因 $g_i(i=1,2,3)$，以及基因和形态发生素梯度 M 之间的调控参数，如图 7.18 所示；$t_i(i=1,\cdots,9)$ 表示正向或负向调控；$c_i(i=1,\cdots,4)$ 表示 AND 或 OR 调控。为了简化起见，这里不使用 XOR 调控。t_i 可以是 0（正向调控）或 1（负向调控），c_i 也可以是 0（AND 调控）和 1（OR 调控）。例如，如果 $t_1=1$，$t_2=0$，$c_1=0$，则目标 p_1、障碍物（p_2）和基因 1（g_1）之间的部分动态可以描述为

$$\frac{\text{d}g_{11}}{\text{d}t}=-g_{11}+\text{sig}(p_1,\theta_1) \tag{7.57}$$

$$\frac{\text{d}g_{12}}{\text{d}t}=-g_{12}+(1-\text{sig}(p_2,\theta_2)) \tag{7.58}$$

$$\frac{\text{d}g_{11}}{\text{d}t}=-g_1+\text{sig}(g_{11}g_{12},\theta_7) \tag{7.59}$$

其中，g_{11} 和 g_{12} 是环境输入和 g_1 之间的内部基因。可以使用定义的 26 个参数类似的方式构建 EH-GRN 的整个上层动态。

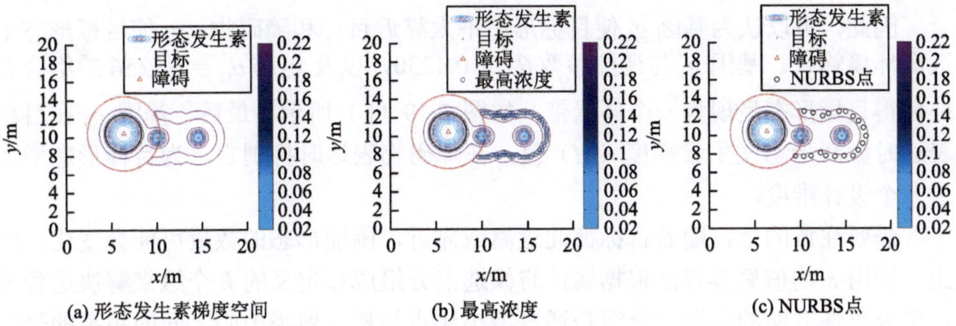

图 7.19　目标捕获形态的 NURBS 表示

使用 1.1.2 节中介绍的协方差矩阵自适应演化策略（CMA-ES）来优化调控参数。由于 CMA-ES 在连续域中执行优化，因此需要将离散参数（如正向/负向调控）和（AND/OR 逻辑）转换为连续值。例如，如果参数小于 0.5，则视为 0，否则视为 1。种群大小设置为 400，CMA-ES 运行了 50 代。将 θ_7、θ_8、θ_9 和 θ_{13} 分配为从 0 到 2 的实数，其余参数分配为从 0 到 1 的实数。上层演化结构的结果如图 7.20 所示，其中参数值如下：$\theta_1 = 0.0891$，$\theta_2 = 0.2764$，$\theta_3 = 0.0783$，$\theta_4 = 0.8363$，$\theta_5 = 0$，$\theta_6 = 0$，$\theta_7 = 1.1956$，$\theta_8 = 0.2957$，$\theta_9 = 0.8352$，$\theta_{10} = 0.4230$，$\theta_{11} = 0.3256$，$\theta_{12} = 0.3226$，和 $\theta_{13} = 1.4299$。在图 7.20 中，定义目标形态梯度空间的形态发生素梯度 M 受到以下调控：①由 p_1 和 p_2 共同激活的 g_1 最终抑制 M，②被 p_1 和 p_2 抑制的 g_2，激活 M，以及③由 p_1 激活并受到 p_2 抑制的 g_3。

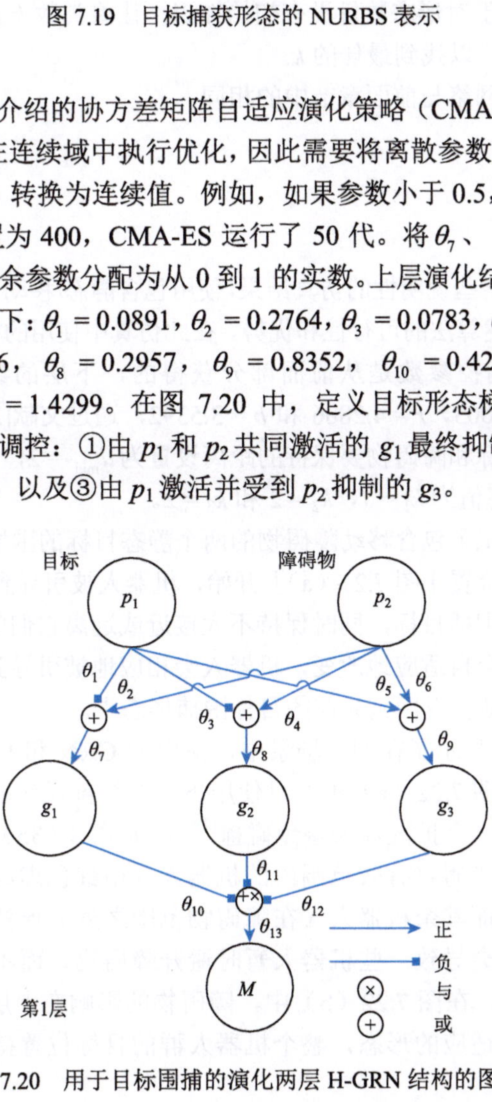

图 7.20　用于目标围捕的演化两层 H-GRN 结构的图示

因此，可以认为基因 g_1 使目标形态不太靠近目标和障碍物，g_2 使目标形态不远离环境输入。基因 g_1 与调控参数 $\theta_{10}=0.4230$，以及 g_2 与 $\theta_{11}=0.3256$ 的组合调控使得目标形态呈现为一个环状带，如图 7.19（b）所示。最后，基因 g_3 在目标表达时激活形态发生素梯度（M）值，在障碍物表达时抑制它，为目标形态增加了一个设计维度。

需要注意的是，随着目标彼此远离或靠近，围捕形态的数量可能会变化。因此，使用 k 均值聚类算法根据属性将候选点分组成预定义的 k 个组来解决这种模式可分离性方面的问题。分组是通过最小化点与相应聚类中心之间的距离的平方和 J 来完成的。由于对形态数量没有初始知识，让聚类数 k 从一个开始，通过比较成本 J 逐渐增加，以找到最佳的 k。

下层基因调控网络与前面章节中的相同。

7.5.4 仿真结果

下面我们展示一些说明性的仿真结果，使用包含静态/移动目标以及移动障碍物的场景，以验证上述算法的可行性和优势。在此仿真中使用的机器人数量为 20 个。EH-GRN 的上层调控参数是从前面部分获得的，下层的参数为 $a=6.4986$，$m=4.2417$，$c=9.9003$，$r=4.2886$ 和 $b=3.5392$，通过文献[251]中解释的演化优化获得。相对于目标和障碍物要保持的距离设置为 $d_{\text{min}}=2$，$d_{\text{max}}=4$ 和 $d_{\text{min}}^{\text{obs}}=4$。Sigmoid 函数的斜率值为 $k_1=1$，$k_2=2$ 和 $k_3=2$。

首先，我们测试了包含移动障碍物的两个静态目标的围捕，如图 7.21 所示。从它们的随机初始位置［图 7.21（a）］开始，机器人被引导到由 EH-GRN 的上层生成的形态中，以围捕目标，同时保持不太接近或远离它们的约束。随着障碍物的靠近，围捕形态会自适应地改变，机器人会相应地被引导到新的位置。一旦障碍物远离，机器人就会返回到先前的目标围捕形态中。

其次，图 7.22 显示了在同一场景中，使用 H-GRN 和 EH-GRN 的障碍物避让方法的比较。在图 7.22（a）中，只使用下层的局部反应控制实现的结果被显示出来，它使用了一个扩散项来避免碰撞[195]，如式（7.35）所示。随着障碍物的接近，一些位于障碍物有效范围内的机器人（由红色虚线表示）被推离它们原来的期望位置，而其余机器人（在障碍物范围之外）保持位置以围捕目标。因此，这种方案只会导致一些机器人暂时避开障碍物，而不继续执行原始的目标围捕任务。另外，在图 7.22（b）中，障碍物的影响在上层和下层均被考虑，从而产生了一个自适应的形态，整个机器人群的目标位置持续变化，反映了环境的变化。

最后，图 7.23 显示了随着目标彼此远离时的围捕形态分离情况。使用之前解释过的 k 均值聚类算法和聚类分析，确定了围捕形态的数量，并相应地将机器人分配到这些形态中。所有这些仿真验证了所提算法对目标和障碍物移动等环境变化的鲁棒性和适应性。

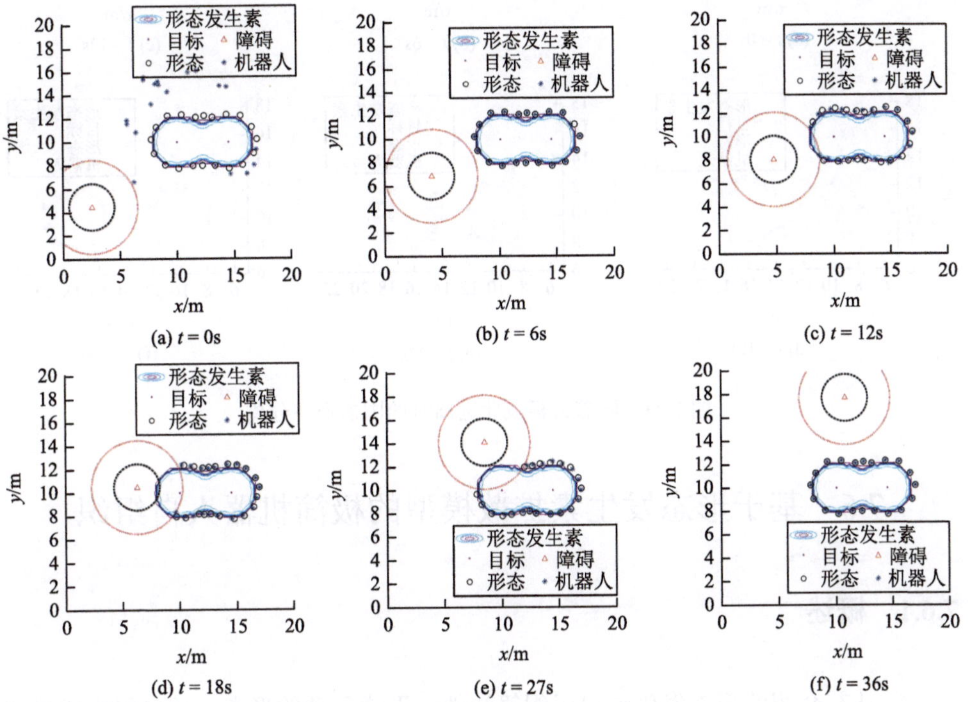

图 7.21　包含移动障碍物时对两个目标的围捕

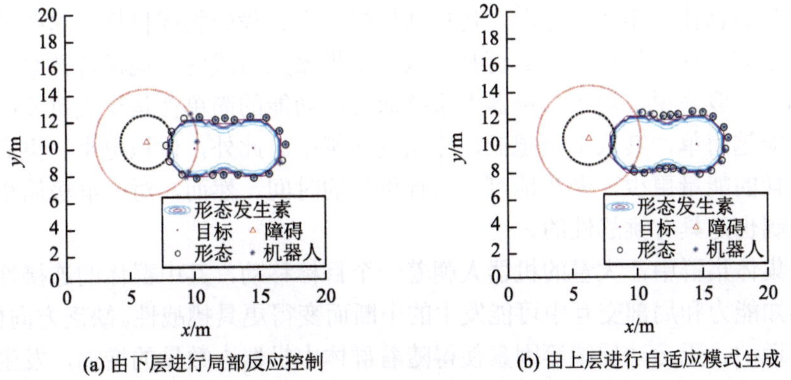

图 7.22　不同避障方法的比较

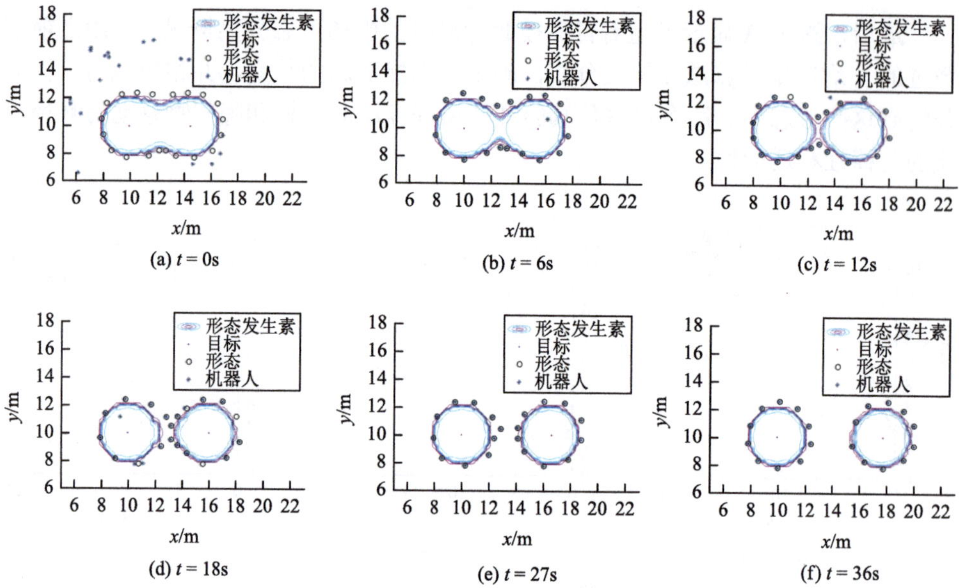

图 7.23　随着目标彼此远离时的围捕形态分离

7.6　基于形态发生素扩散模型的极简机器人自组织

7.6.1　概述

前几节介绍的形态发生素自组织算法能够形成复杂的形态，并自组织成群的机器人来覆盖所需形态的边界或区域，即使在存在动态的情况下，例如，被围绕的目标是移动的情况下。然而，这些算法要求机器人能够自我定位，并能够检测环境中其他物体的距离和方向，包括其他机器人、障碍物或目标。这些要求并不总是可行的，这使得构建由数百甚至数千个机器人组成的大规模群体系统变得不太实际。一般来说，对于群机器人系统而言，功能的简单性是至关重要的。机器人的功能越简单，其成本就越低，体积也就越小。此外，体积更小、更简单的机器人消耗的能量更少，潜在地可以运行更长的时间。然而，对一群极简型机器人进行控制也是具有挑战性的。

在集体集群中，大量的机器人朝着一个目标移动，其中群体的连接性由于有限的感知能力和局部交互中可能发生的中断而变得更具挑战性。缺乏方向性感知、非完整运动、无运动反馈等因素使得随着群体中机器人数量的增加，发生碰撞的可能性也大大增加，这对运动规划产生了破坏性影响。

7.6.2 Kilobots：一种极简型机器人平台

以下将介绍三种利用形态发生素扩散的自组织极简型机器人算法。这些算法是基于 Rubenstein 等人开发的 Swarm 机器人测试平台 Kilobots 设计的。在运动方面，Kilobots 采用了两个封闭的硬币形振动电机，并配有三根针脚，应用了滑动-黏附原理，如图 7.24 所示。Kilobots 可以通过差分控制两个电机的振动幅度，从而实现顺时针和逆时针旋转及直线移动。与典型的轮式驱动机器人系统相比，滑动-黏附运动显著减少了硬件复杂性、机器人尺寸及成本。在通信方面，Kilobots 使用红外（IR）发射器和接收器，允许在 10cm 的距离内以高达 30kb/s 的速率进行数字消息传输，并通过测量入射 IR 光的强度来估计与相邻机器人的距离。在当前设置下，通过中断每隔约 0.1s 发送一条消息，接收过程在每个字节结束时被触发。Kilobots 还配备了环境光强度传感器，开发了一个顶部红外发射器使得可以远程打开和关闭电源，并将程序同时上传到集体中的所有机器人，不受机器人数量的限制，使系统可扩展到大量机器人。通过将机器人悬挂在充电杆上，电池充电也可以扩展，如图 7.24 所示。有关 Kilobots 的更多细节，请参阅文献[379]。

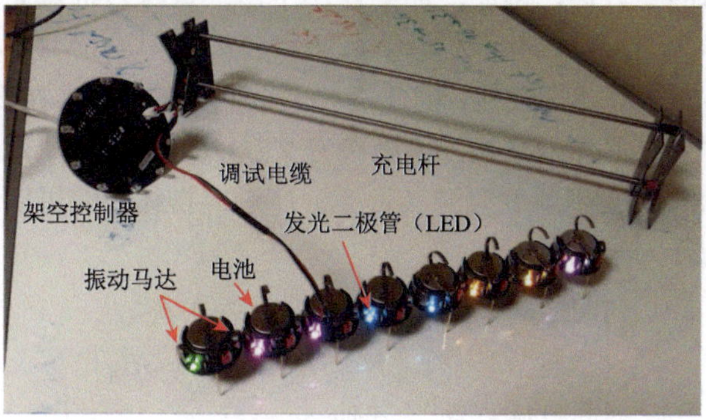

图 7.24　Kilobots 平台包括架空控制器和电池充电杆

Kilobots 测试平台的功能非常有限。其红外通信距离仅为 10cm，且只能传输几个字节的数据，距离和环境光感知不提供方向信息，并且没有自定位能力。这意味着 Kilobots 既不知道自己的位置也不知道方向，因为没有编码器或传感器来跟踪运动或者推测位置。此外，它们由振动电机产生的运动对表面和校准设置敏感，因此不准确。在启动振动电机时，需要一个加速过程，通过施加高振动功率来克服摩擦和惯性，这可能导致不可预测的打滑、从表面反弹和控制延迟。

在测试真实机器人之前，我们先在 Kilobots 的仿真系统 Kbsim 上测试形态形成算法。该仿真器是由 Halme[380]设计的，使用 Python 代码和 Pygame 库进行模拟，并提供用户界面。Kbsim 模拟了 Kilobots 在感知、通信和运动方面最重要的功能，但没有明确考虑来自感知、电机控制和机器人之间物理相互作用的噪声和干扰。

7.6.3 形态发生素扩散模型用于跟踪和驱赶

1. 保持连通性

设计能够在高度受限的感知、通信和运动能力下保持机器人连通性的算法确实是一个既具有挑战性又充满趣味的任务。下面将要介绍的算法专注于两个基本的群体行为：跟踪和驱赶。这些行为是群体智能和机器人协同工作的核心，它们允许机器人集体执行复杂的任务，即使是在资源受限的情况下。假设初始群体已经形成，并且群体中的部分机器人处于光源的有效范围内，此时要实现的目标是接近光源，这可以视为跟踪和包围一个静止目标。同时，机器人应保持群体的聚集性和与群体的网络连通性[381]。为此，每个机器人都会评估时空决策参数。第一个参数是 $\alpha = N_k - N_{k-1}$，作为时间点 k 的网络连通性度量，其中 N 代表邻居的数量。第二个参数是 $\beta_k = N_k - \bar{N}_k$，作为空间连通性度量，其中 $\bar{N}$ 代表邻居的邻居的平均数量。通过分析这些参数，系统可以推断每个机器人在跟踪过程中是否正确地保持了群体的一致性。例如，如果 α 小于零，意味着机器人正在失去一些网络连接；如果 β 小于零，意味着机器人处于群体的边缘或稀疏区域。在这些情况下，机器人即将失去群体一致性，因此需要采取必要的行动。在物体跟踪过程中，要从这种情况中恢复群体一致性，可以参考文献[381]中的方法，即让丢失的机器人立即向后转 180°，否则就朝光源（目标）前进。物体跟踪可以通过以下三种基于网络连通性的行为来实现：

$$\begin{cases} \text{向后转}, & N < N_{\text{th}}, \alpha \leqslant 0, \beta < \beta_{\text{th}} \\ \text{直行}, & N < N_{\text{th}}, \alpha > 0, \beta < \beta_{\text{th}} \\ \text{向目标移动}, & \text{其他} \end{cases} \tag{7.60}$$

其中，值 N_{th} 和 β_{th} 分别是邻居数量和空间连通性度量的正阈值。

当机器人没有足够的邻居 ($N < N_{\text{th}}$)、处于群体边缘 ($\beta < \beta_{\text{th}}$)，并且正在失去网络连接 $\alpha \leqslant 0$ 时，机器人应向后转以避免失去群体一致性。当机器人处于不利情况下［即 ($N < N_{\text{th}}$) 且 ($\beta < \beta_{\text{th}}$)］但 $\alpha > 0$ 时，机器人应直行几步以获得更多的网络连接并确保群体一致性。否则，机器人应朝光源中心的目标移动。为了确定朝目标的行进方向，机器人会执行几次随机移动，直到找到正确的方向。如果机器人超出光源范围，它会进行随机移动。该算法的优势在于，它只需要机器人之间交换最少量信息，即邻居数量 N，即可完成任务。考虑到 Kilobots 人的运动，“向后转”行为是通过在一个方向上连续转动一定时间步数来实现的。需要注意的是，“向后转”

行为不必是精确的 180°转弯，转向相反方向以保持群体一致性即可。

图 7.25 展示了目标（光源）跟踪的示例过程。初始机器人组被给出，其中一部分组成员位于光源的有效范围内，用实线圆圈表示。光源范围之外的机器人最初会随机移动，但随着剩余机器人向光源移动，它们会被“向后转”和“直行”行为所吸引，逐渐被群体所吸纳。在图 7.25（a）～（d）的整个过程中，整个机器人群成功地朝着光源（带有黑点的机器人）移动，同时保持群体的凝聚力。此外，使用 11 个 Kilobots 进行概念验证实验，如图 7.26 所示，尽管受到环境光感知噪声和不准确性的影响，但群体仍朝着光源移动。

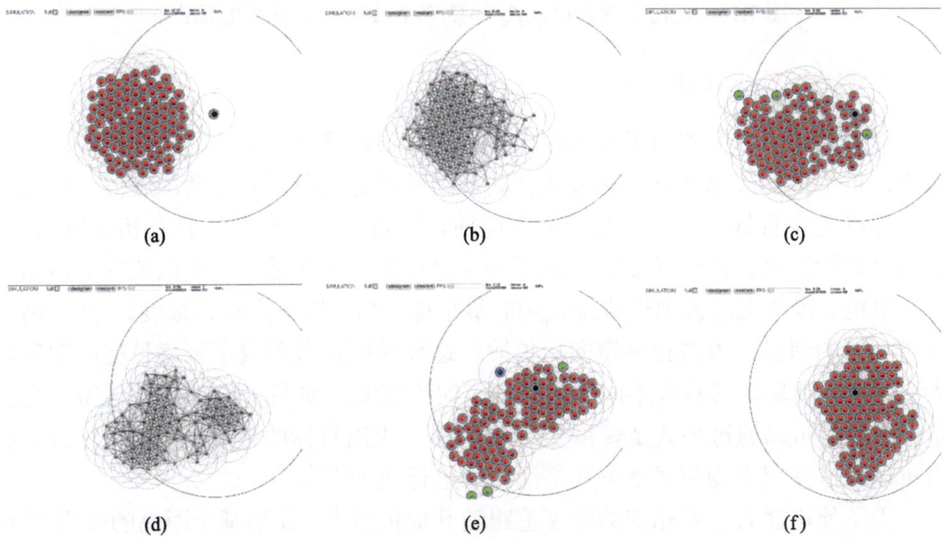

(a)　(b)　(c)　(d)　(e)　(f)

图 7.25　在使用 Kilobots 仿真器时，进行光源跟踪过程并保持网络连通性。参数设置为 $(N_{\mathrm{th}}, \beta_{\mathrm{th}}) = (3,2)$

图中大圆表示光源的有效范围，小圆表示通信范围。红色机器人表示该机器人正在向目标移动，蓝色机器人表示它正在直行，绿色机器人表示它正在向后转向

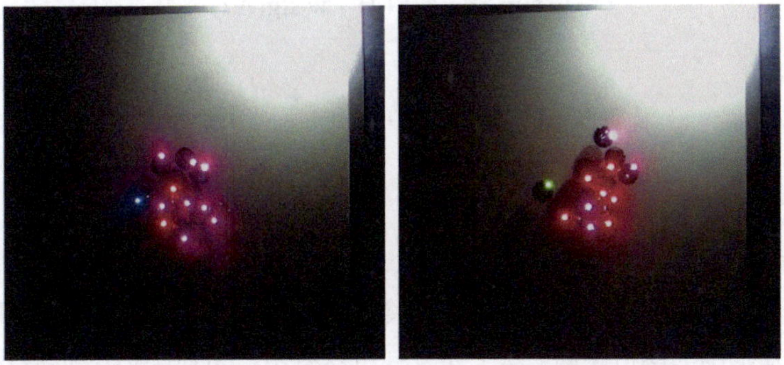

(a)　(b)

(c)　　　　　　　　　　(d)

图 7.26　使用参数为 $(N_{\mathrm{th}}, \beta_{\mathrm{th}}) = (3, 2)$ 的 Kilobots 进行光源跟踪

2. 形态发生素梯度跟随

形态发生素扩散被用于对象跟踪。为了在跟踪移动对象的同时保持群体的凝聚力，每个机器人都会以一种方式移动，以维持它们所需的梯度浓度值。形态发生素梯度是由目标对象（或起源）发起的，通过向其邻居发送具有初始值 $h=0$ 的消息来初始化。这个梯度值 h 从源头（目标）向外传播，在通信范围 r 内递增一个单位。每个机器人都维持接收到的最小梯度值（以下简称为浓度），并忽略包含更大值的消息，以防止梯度向后扩散。这种梯度扩散形成了围绕目标的宽度约为 r 的同心圆环，其具有不同颜色和相应的浓度值，如图 7.27 所示。值得一提的是，浓度值可以通过公式 $d \leqslant hr$ 提供的机器人距离目标的最短距离 d 来估计，然后可以通过使用平均邻居密度和平滑算法进行改进[382]。

为了使机器人按照相应的浓度值跟随其他机器人，使用基于距离的吸引/排斥控制器。假设中心的机器人受到同质机器人（蓝色）的吸引和异质机器人（红色）的排斥，那么最终的运动方向应该是绿色箭头指向的方向。然而，由于 Kilobots 没有方向感知和自我定位能力，因此运动方向是间接获得的，方法是为每个机器人定义并分析以下目标函数：

$$f = w_a \mathrm{sig}(\Delta d_a, k_a) + (1 - w_r \mathrm{sig}(\Delta d_r, k_r)) \tag{7.61}$$

其中

$$\Delta d_a = \sum_{j=1}^{N_a} \frac{d_j - d_{a,\mathrm{th}}}{N_a},\ \Delta d_r = \sum_{j=1}^{N_r} \frac{d_j - d_{r,\mathrm{th}}}{N_r} \tag{7.62}$$

$$\mathrm{sig}(x,k) = \frac{1}{1+\mathrm{e}^{-kx}} \tag{7.63}$$

其中，k_a 和 k_r 代表 Sigmoid 函数的斜率，w_a 和 w_r 是正的加权因子，N_a 和 N_r 分别是要吸引和排斥的机器人数，d_j 是与其邻近机器人之间的距离，$d_{a,\mathrm{th}}$ 和 $d_{r,\mathrm{th}}$ 是确定有效感知范围的阈值距离。从上述方程可以看出，f 的值越小，机器人在吸引和排斥任务中定位得越好。因此，如果目标函数的时间导数小于零（$\mathrm{d}f/\mathrm{d}t<0$），则机器人保持其先前的运动方向；否则，机器人将随机移动。如果机器人的目标是被其他机器人吸引或排斥，那么只使用函数 f 中相应的项。接下来，根据浓度值提出两种对象跟踪的梯度跟随算法。

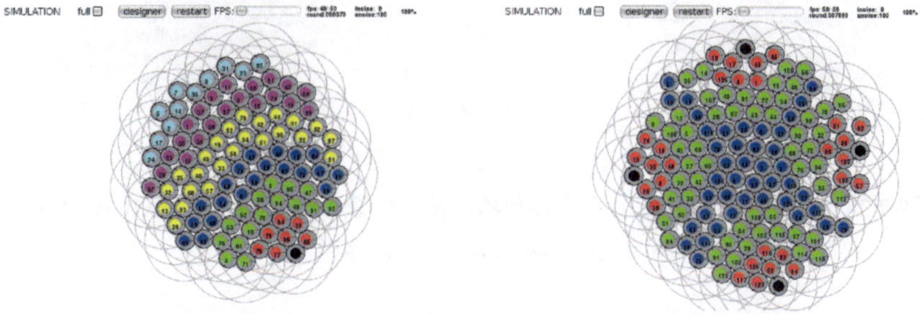

(a) 单个目标　(b) 多个目标

图 7.27　形态发生素从目标（带有黑点的机器人）扩散

不同颜色代表不同类别的浓度值

3. 跟随形态发生素梯度

为了让机器人在维持群体的同时跟随一个对象，机器人被编程为依据式（7.61）中的吸引项跟随其前方浓度低于自身的邻居。通过这种方式，机器人仅依靠形态发生素梯度的局部通信及它们之间的距离，相互吸引并朝目标移动。只要机器人通过多次通信跳与目标保持连接，就允许机器人群体聚集在一个团体周围，并作为一个整体跟随移动目标。图 7.28 展示了使用 Kilobots 仿真器，通过形态发生素扩散和基于距离的吸引控制器来追踪和包围一个随机移动目标的过程。起初，机器人随机分布，并从中心的目标（黑色）向其他机器人传播梯度值。白色的机器人通过形态发生素扩散与目标建立连接，直到它们从邻居那里获得梯度值。机器人逐渐被吸引向目标，跟随其浓度低于自身的邻居，成功地包围了移动目标。图 7.29 展示了使用 23 个 Kilobots 进行相同过程的初步实验结果。

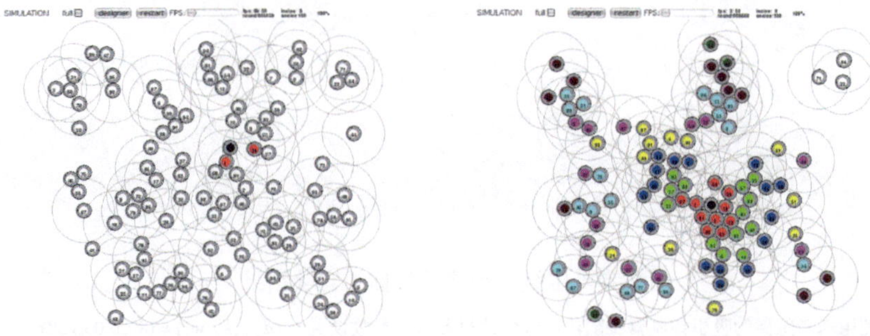

(a)　(b)

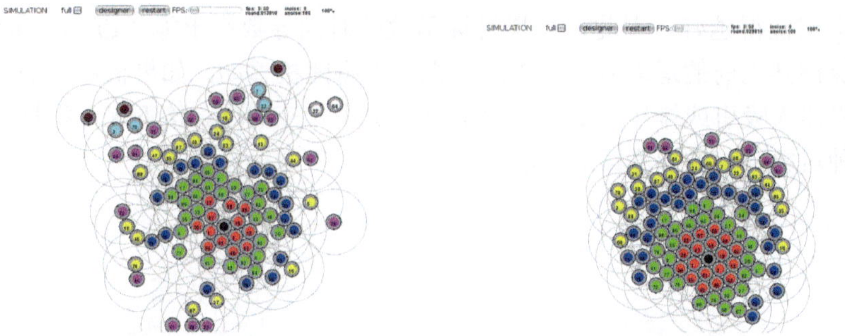

(c) (d)

图 7.28 通过距离为基础的吸引控制器，使用参数 $(d_{a,\mathrm{th}}, k_a, w_a) = (69, 0.05, 128)$ 围绕一个移动目标的过程

(a) (b)

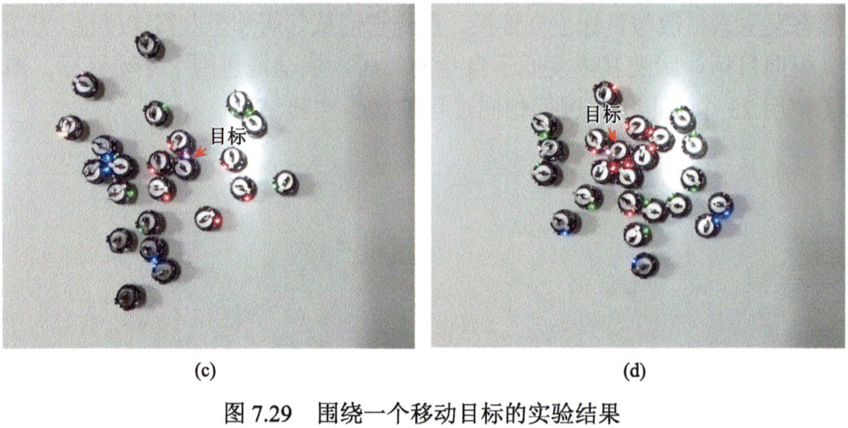

(c) (d)

图 7.29 围绕一个移动目标的实验结果

使用基于距离的吸引控制器跟随浓度较低的机器人。参数设置为 $(d_{a,\mathrm{th}}, k_a, w_a) = (80, 0.05, 128)$

4. 维持形态发生素梯度

为了使机器人围绕一个目标聚集并保持最初给定的期望形态，目标方程中包含了初始浓度值和当前浓度值之间的差异及吸引项，具体如下：

$$f = w_a \mathrm{sig}(\Delta d_a, k_a) + w_h |\Delta h| \tag{7.64}$$

其中，$|\Delta h| = h_{\mathrm{ini}} - h_{\mathrm{current}}$ 是初始浓度值和当前浓度值之间的差异，w_h 是一个正的加权因子。机器人应该保持其初始形态发生素浓度，以便它们可以在相对于目标的位置上与初始配置相同。如果在跟踪过程中形态发生素浓度保持不变，则这与先前的算法类似；然而，如果机器人的浓度发生变化，机器人应该跟随浓度高于或低于自身的其他机器人来恢复其初始值。因此，机器人在跟踪过程中可以松散地保持初始空间排列，如图 7.30 所示。在整个图 7.30 中，初始群体空间排列为同一颜色，机器人数量与初始情况类似。图 7.31 显示了 9 个 Kilobots 跟踪移动物体的一些初步结果。

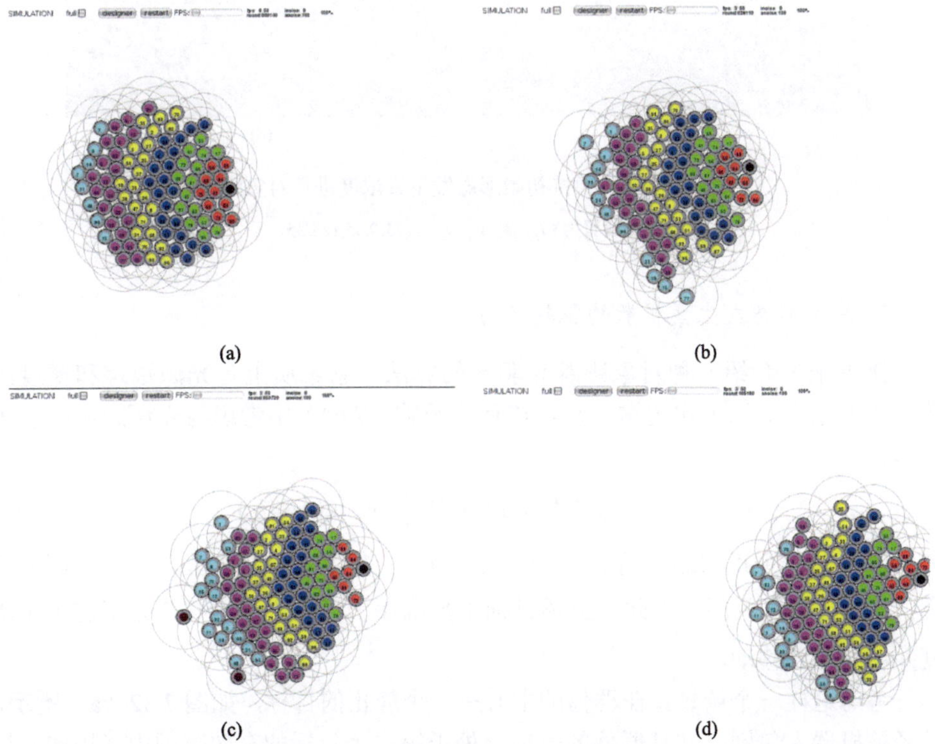

图 7.30　通过保持初始形态发生素浓度进行对象跟踪以保持形态

参数设置为 $(d_{a,\mathrm{th}}, k_a, w_a, w_h) = (69, 0.05, 128, 20)$

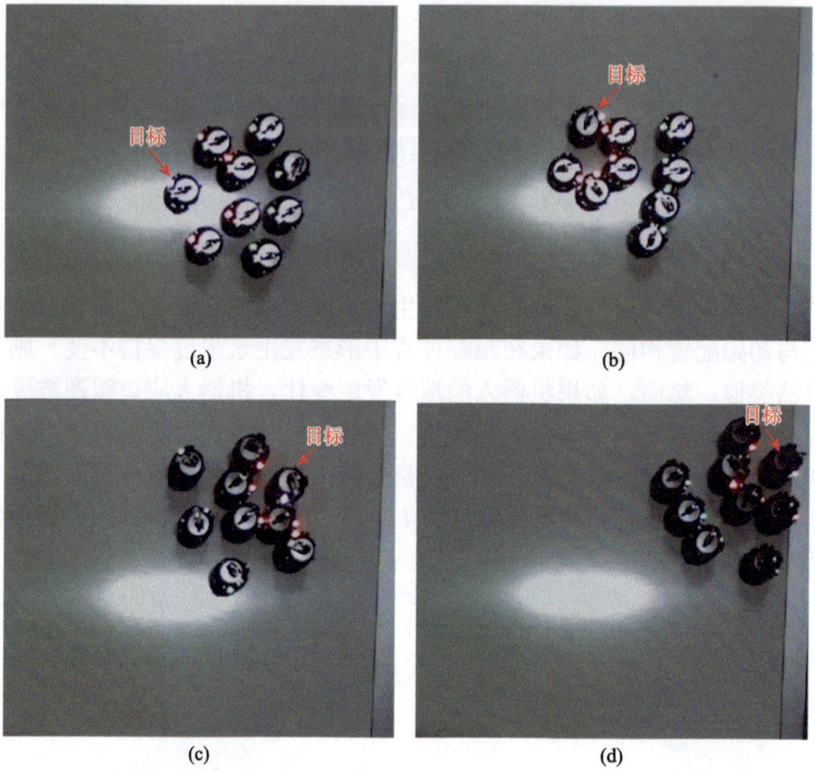

图 7.31　通过保持初始形态发生素浓度进行对象跟踪

参数设置为 $(d_{a,\mathrm{th}}, k_a, w_a, w_h) = (75, 0.05, 128, 35)$

5. 基于形态发生素扩散的驱赶行为

接下来，介绍一种对象跟踪和驱赶的算法，它本质上是光源跟踪和梯度跟随行为的结合。为了实现这一点，在目标函数（7.64）中考虑与光源距离的以下成本：

$$f = w_a \mathrm{sig}(\Delta d_a, k_a) + w_h |\Delta h| + w_l \mathrm{sig}(\Delta d_l, k_l) \tag{7.65}$$

其中，w_l 是一个正的加权因子。$\Delta d_l = d_l - d_{l,\mathrm{th}}$，其中 d_l 是机器人与光源之间的距离，$d_{l,\mathrm{th}}$ 是阈值距离。因此，上述目标函数确保了机器人保持其初始形态因子浓度并朝着光源移动。

考虑这样一个场景：在群体的中心有一个静止的目标，如图 7.32（a）所示，已经被机器人包围，并且群体的一部分处于第二个目标的有效范围内（用实心黑色圆圈表示）。通过应用式（7.65），可以实现将第一个目标驱赶到第二个目标的行为，如图 7.32 所示。由于机器人应该保持其初始浓度值，所以群体中的目标被周围的机器人推向第二个目标，即光源，因为它们正在朝着第二个目标移动。一旦一些机器人靠近得足以接收到从第二个目标扩散出的浓度值，它们就保持收到的最小浓度值。然后，边缘处具有高浓度值的机器人将成为相对于具有最低浓度值的第二个目标的内部机器人，如图 7.32（b）所示。因此，它们会不断向外移动，直到恢复其初始浓度值。经过足够长的时间后，两个目标都被形成一个群体的机器人包围，其空间排列与初始形态类似，如图 7.32（d）所示。上述行为可以视为将第一个目标驱赶到另一个目标的行为。

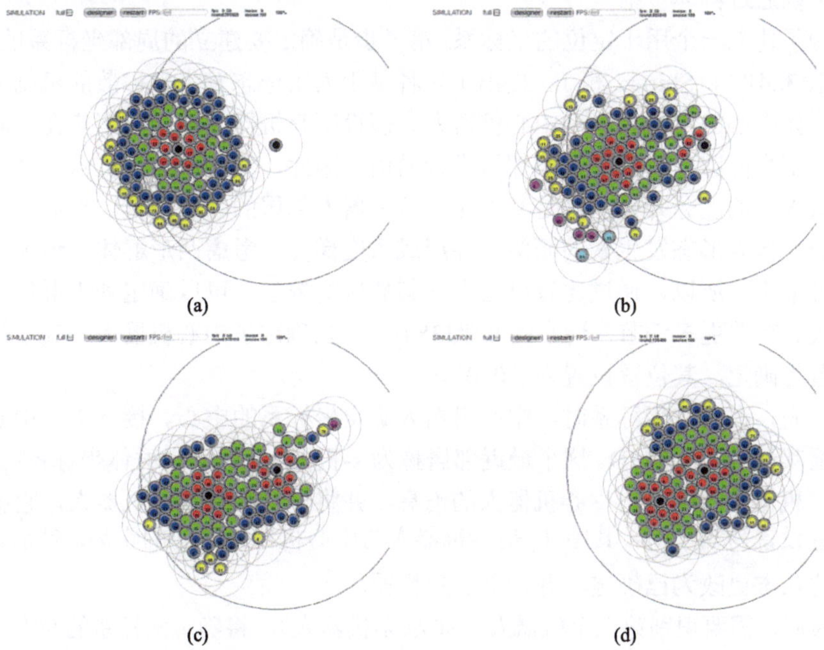

图 7.32　通过组合梯度跟随和光源跟踪行为，将一个目标驱赶到另一个目标

参数设置为 $(d_{a,\mathrm{th}}, d_{l,\mathrm{th}}, k_a, k_l, w_a, w_h, w_l) = (60, 30, 0.02, 0.01, 128, 35, 100)$

7.6.4　自组织的极简机器人协调运动

1. 动机

正如前面讨论的那样，许多极简机器人，如 Kilobots，没有自我定位能力，也没有方向感知能力。此外，Kilobots 使用三根针脚移动，这很容易导致碰撞和纠缠。为了解决这些问题，机器人的协调运动变得特别重要，下面将介绍一个算法[383]。

为实现这一目标，建立一个局部坐标系是必不可少的步骤，这可以通过局部机器人-机器人通信来实现。考虑一个机器人群体，其中每个机器人都能够测量与在其通信范围内的机器人的距离。机器人群体中的每个机器人可以看作是图中的一个节点，该图称为通信图。如果节点 B 在节点 A 的通信范围内，则图中的节点 A 与节点 B 相连。基于所有机器人通信范围相等的假设，通信图的连接是双向的。如果一个节点在其邻域内具有三个已知距离的局部化节点，则它能够使用三角定位法计算自己的相对位置。为此，必须假设机器人群体中的机器人分布良好，以使通信图连通，即每个节点与其他节点有超过两条链接。借助三角定位法，位置信息可以通过群体传播。

为了建立一个用于定位的坐标系，第一步是确定要建立的局部坐标系的中心。在文献[384]中，Shirazi 和 Jin 提出了一种基于人工形态发生素扩散的机制来识别处于群体中心的机器人——中心机器人。假设所有机器人最初都聚集在一起，以便它们至少能够与它们的直接邻居进行通信。因此，算法从边界机器人（称为边缘机器人）的区分开始，这是基于比较该机器人邻居的邻居数量。然后，所有边缘机器人作为形态发生素的源头，并形成浓度梯度。考虑凸形群体，该梯度将在中心处最小。所以，通过比较机器人与其邻居的浓度，可以确定处于群体中心的机器人。有关更多细节，请参阅文献[384]。一旦确定了中心机器人，其定位状态就设置为确定，其位置设置为（0, 0）。

首先，在建立坐标系时，中心机器人确定坐标系的中心。接下来，中心机器人传播其最近邻居的 ID。这个最近邻居称为 x-机器人，它确定群体坐标系的 x 轴。一旦 x-机器人收到来自中心机器人的消息，并将自己识别为 x-机器人，它就会将其位置设置为$(d_{cx},0)$，其中 d_{cx} 是 x-机器人与中心机器人之间的距离。然后，它将其定位状态更改为已确定，并传播自身位置。

最后，需要识别第三个机器人（称为 h-机器人），将确定坐标系的左右手性。h-机器人应该在 x-机器人和中心机器人的通信范围内，并且不应靠近通过 x-机器人和中心机器人的直线。否则，由于噪声测量，其他机器人可能无法正确地定位自己。

一旦 x-机器人确定了自己，它会在状态字节中设置一个专用位来标记自己为 x-机器人。因此，那些可以与 x-机器人通信的机器人会在状态字节中设置另一个位，以指示“我看到了 x-机器人”，并发送包含它们与 x-机器人的距离的消息。完成这些步骤后，中心机器人可以从那些能看到 x-机器人的机器人中选择一个作为 h-机器人。最终，中心机器人选择最小化以下标准的机器人作为 h-机器人，并传播其 ID。

$$\min_i\left(\left|d_{cx}-d_{ix}\right|+\left|d_{cx}-d_{ci}\right|\right) \tag{7.66}$$

其中，d_{cx} 和 d_{ci} 分别是中心机器人到 x-机器人和机器人 i 的距离，而 d_{ix} 是机器人 i 和 x-机器人之间的距离，由机器人 i 测量并发送。

由于全向感知和缺乏全局信息，如果没有移动，确定坐标系的左右手性是不可能的。所以，在这个阶段，首先忽略坐标系的翻转歧义。一旦机器人开始移动，这种翻转歧义将被检测和纠正。因此，假设 h-机器人位于 x 轴的顶部，h-机器人可以计算其相对位置为 $[d_{hc}\cos(\alpha), d_{hc}\sqrt{(1-\cos(\alpha))}]$，其中 d_{hc} 是 h-机器人与中心机器人之间的距离，由 h-机器人测量，$\cos(\alpha)$ 的计算方法如下：

$$\cos(\alpha)=\frac{d_{cx}^2+d_{hc}^2-d_{hx}^2}{2d_{cx}d_{hc}} \tag{7.67}$$

其中，d_{hx} 是由 h-机器人测量的 h-机器人到 x-机器人的距离，d_{cx} 是中心机器人和 x-机器人之间的距离，可以由 h-机器人在它们传播它们的相对位置后计算。

到目前为止，群体中的三个机器人已经知道了它们的位置，这将使得所有可以与它们通信的机器人都能够使用三角定位法计算它们的相对位置。一旦某个机器人计算出其相对位置，它就将其估计位置传播给其邻居，于是最终位置信息通过整个群体传播。每当 x-机器人或 h-机器人之一离开中心机器人的邻域时，中心机器人将确定一个新的 x-机器人和一个新的 h-机器人，并传播它们的 ID，然后触发一个新的程序来计算和传播位置信息。

2. 运动协调

为了对极简机器人进行定位和运动协调，一些机器人必须保持静止一段时间，以作为其他机器人的信标，原因如下。首先，计算和传播位置需要时间，受限于计算和通信能力，如果所有机器人都在移动，那么在此期间，机器人的位移将显著影响基于三角定位的估计位置的准确性；其次，由于缺乏观察其他机器人速度和航向的能力，当所有机器人都在移动时，机器人之间的碰撞数量会增加；最后，当目标机器人的速度未知时，基于距离测量来接近移动目标机器人比较困难。

因此，会有一些静止的机器人围绕着每个移动的机器人，以避免碰撞。这样，移动机器人也将拥有足够数量的静止邻居来定位自己。

在图 7.33 中给出了一个静止和移动机器人示例，其中蓝色的移动机器人被一个由绿色静止机器人组成的“多边形”包围，这些静止机器人位于其通信范围 R_c 内。这些相邻的机器人称为一阶自然邻居。为了最大化移动机器人的数量，期望只有移动机器人的一阶自然邻居保持静止。因此，一个机器人应能区分其一阶自然邻居与其他相邻机器人。接下来，需要识别每个机器人的一阶自然邻居。本节将实现德洛奈三角剖分法，以生成一个将每个机器人与其一阶自然邻居连接的图。对于平面直线图 $G=(V,E)$，德洛奈三角剖分返回子图 $G_D=(V,E')$，其中 $E'\subseteq E$，使得每个节点 $v_i\subseteq V$ 都与其一阶自然邻居相连，而不与高阶邻居相连[385]。这里，采用三角剖分来规划机器人移动，将机器人分为两组，一组为移动机器人，另一组为静止机器人，所有移动机器人都被静止机器人包围。

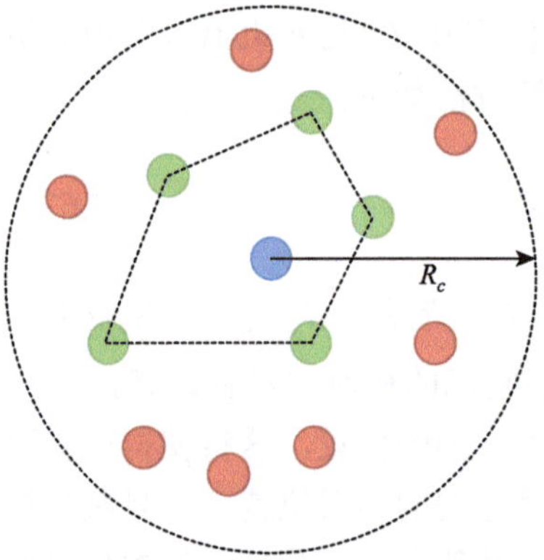

图 7.33　一个代理的一阶自然邻居（用绿色表示）形成了运动协调的操作多边形

每个机器人在其所有邻居完成定位并广播包含其估计位置的消息后进行一次三角剖分。然而，可能会出现某个机器人由于其邻域内缺少三个已知位置的机器人或通信中缺失消息而无法完成自我定位的情况。在这种情况下，该机器人将在三角剖分前等待一定时间。因此，机器人在以下两种情况下执行三角剖分：所有邻居都完成定位，或经过了一定的时间。

此处采用了文献[385]中的德洛奈三角剖分算法。假设 T_v 使用从节点 v 的邻近节点接收到的位置信息进行初始化。因此，$T_v^{i,pos}$ 存储第 i 个邻居的估计位置 P_{u_i}。同样地，$T_v^{i,id}$ 存储第 i 个邻居的相关 ID_{u_i}。令 $S_v \subset T_v$ 为德洛奈图 G_D 中与节点 v 连接的节点。首先，算法根据角度递增对 T_v 中的元素进行排序。已证明与最近邻 $\min(\overline{vu_i})$ 的链接是 E' 的成员。因此，数组 T_v 会被移动，直到最近邻位于数组的开头。然后，对从最近邻开始的每三个径向相邻节点执行局部优化过程（LOP），以从 T_v 中移除不在德洛奈图中的链接。函数 $\mathrm{LOP}(P_v, P_{u_i}, P_{u_{i+1}}, P_{u_{i+2}})$ 表示优化结果，其中 P_v 是节点 v 的位置，P_{u_i}、$P_{u_{i+1}}$ 和 $P_{u_{i+2}}$ 是节点 v 的三个径向相邻节点的位置。如果 u_{i+1} 是 S_v 的成员，优化过程返回 true；如果不是，则返回 false。

在完成定位和三角剖分后，机器人能够区分其直接邻居。接下来，需要制定一个运动规划策略，以确保当一个机器人变为移动状态时，其直接邻居必须保持静止。该运动规划策略还确保当一个静止机器人所有的一阶自然邻居都变为移动状态后，该机器人将切换为移动状态。有关运动规划的详细信息可以参考文献[383]。

3. 运动规划与避障

接着设计一种运动规划方法，以实现以下目标：首先，该方法应能够保持群体的连通性；其次，应尽量减少碰撞次数；最后，应在每个运动周期内最大程度地朝目标推进。

为了避免与其他移动机器人发生碰撞，每个移动机器人必须保持在其直接静止机器人定义的操作多边形内。为此，需要定义一个到其直接邻居的最小距离 $d_{\min}$。此外，我们定义一个到机器人直接邻居的最大距离 $d_{\max}$ 以保持群体的连通性。为了在每个运动周期内最大程度地朝目标推进，每个机器人将计算一个替代方向，使其在不违反约束的情况下仍能前进。若向量集合 $\boldsymbol{O}$ 中的向量 $\boldsymbol{u}_i\boldsymbol{v}$ 满足以下两个条件之一，则将其作为成员之一：

$$\boldsymbol{O}=\begin{cases}\text{如果 } \left|\overline{\boldsymbol{vu}_i}\right|<d_{\min}\vee\angle \boldsymbol{Gvu}_i<\dfrac{\pi}{2},\text{ 则 } \overline{\boldsymbol{vu}_i}\in\boldsymbol{O}\\ \text{如果 } \left|\overline{\boldsymbol{vu}_i}\right|>d_{\max}\vee\angle \boldsymbol{Gvu}_i>\dfrac{\pi}{2},\text{ 则 } \overline{\boldsymbol{vu}_i}\in\boldsymbol{O}\end{cases} \tag{7.68}$$

假设 $\boldsymbol{G}$ 是从机器人指向目标方向的唯一向量，用以下方程计算机器人可以移动的替代方向 $\boldsymbol{H}$：

$$\boldsymbol{o}=\sum_{\boldsymbol{vu}_i\in\boldsymbol{O}}\frac{\overline{\boldsymbol{vu}_i}}{\left|\overline{\boldsymbol{vu}_i}\right|} \tag{7.69}$$

$$\begin{cases}\text{如果 } \angle\boldsymbol{GvO}\geqslant 2\theta_T,\text{ 则 } \boldsymbol{H}=\boldsymbol{G}-\dfrac{\boldsymbol{o}}{|\boldsymbol{o}|}\\ \text{如果 } \angle\boldsymbol{GvO}<2\theta_T,\text{ 则 state}_v\rightarrow\text{稳定的}\end{cases} \tag{7.70}$$

在上述方程中，θ_T 指定了允许的替代方向与目标方向之间的最大差异，$\boldsymbol{O}$ 是包含违反约束的所有方向的集合，$\boldsymbol{o}$ 是结果方向。参与运动规划的向量的方向如图 7.34 所示。为了估计目标方向 $\boldsymbol{G}$，机器人仅使用其直接邻居的信息。这些信息可以是环境变量，如化学物质的浓度、热量和光线，也可以是使用邻居的邻居信息计算得到的一些内部变量。

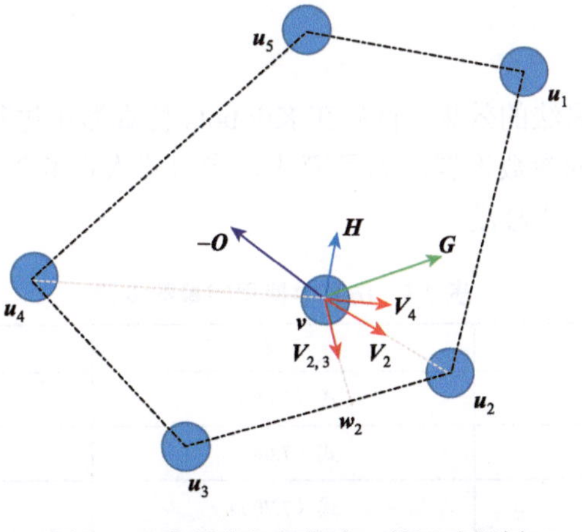

图 7.34　向量参与机器人 v 的运动规划

虚线代表由机器人 v 的直接邻居定义的多边形

为了给方程（7.70）定义一个额外的项，以提供更多对保持连通性的控制，定义一个名为聚合力（coherence force）的向量 $\boldsymbol{F}$，如下所示：

$$\boldsymbol{F}=\frac{\sum_{u_i\in \boldsymbol{S}_v}\boldsymbol{vu}_i}{\sum_{u_i\in \boldsymbol{S}_v}|\boldsymbol{vu}_i|} \tag{7.71}$$

考虑聚合力，替代方向 $\boldsymbol{H}$ 被更新如下：

$$\boldsymbol{H}'=\boldsymbol{H}+\beta\boldsymbol{F} \tag{7.72}$$

由于聚合力被直接邻居的距离之和所除，其大小取决于直接邻居的数量和它们的距离。因此，在群体边界处直接邻居较少的地方或者机器人数量较多的区域，聚合力会变大，导致与直接邻居的距离变得更短。图 7.35 展示了一个具有不规则形状群体的聚合力大小和方向的说明性示例。从中我们可以看出，当机器人处于边界时，聚合力的方向指向群体的中心；当机器人处于多边形内部时，聚合力的方向指向一些空旷的空间。

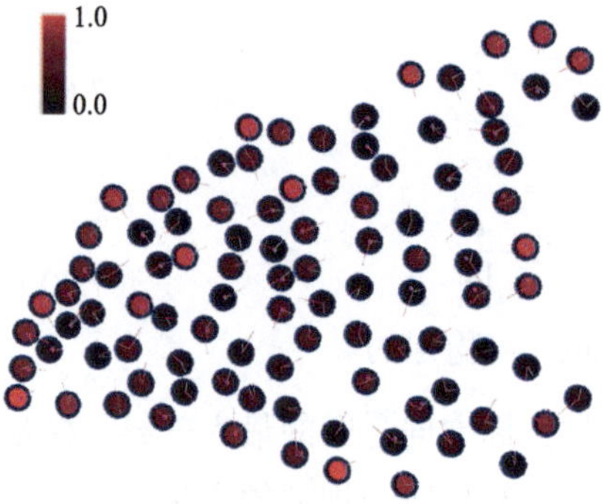

图 7.35　聚合力的大小和方向

红线表示聚合力的方向

β 值为正可能导致机器人倾向于向直接邻居定义的多边形的中心移动。对于位于该多边形外部的边缘机器人，聚合力指向群体的中心，这可以促进连通性。需要注意的是，β 的值将影响在集群聚合期间集群的形状，β 值为负将阻止集群变得细长。关于机器人之间信息通信的详细信息可以在文献[383]中找到。

4. 结果与讨论

为了评估协调算法的效果，首先在 Kilobots 仿真器中进行计算机仿真。表 7.5 列出了仿真中使用的参数设置。为了简化，当机器人在其邻域内看不到任何定位的机器人时，它将停止移动。

表 7.5　仿真中使用的参数设置

参数	定义	取值
$d_{\min}$	式（7.68）	47mm
$d_{\max}$	式（7.68）	80mm
θ_T	式（7.70）	π/5
β	聚合力系数，式（7.72）	−0.2
$\delta_{\max}$	允许处于移动状态的最长时间	30s

对于简约型机器人，保持通信连接非常重要，因为一旦机器人从群体中断开连接，在没有全球位置信息的情况下，聚合将变得困难。为了定量评估协调算法在维持群体中的表现，提出一种对每一次通信丢失都敏感的度量方法，该方法通过以下定义来衡量具有限定通信范围的群体的连通性：

$$\text{connectivity} = \frac{|E_{cr}|}{|E_{\infty}|} \tag{7.73}$$

其中，E_{cr} 表示当通信范围等于 cr 时德洛奈图中的链接数量，而 E_{∞} 表示当通信范围等于无穷大时德洛奈图中的链接数量。不同群体排列的连通性度量在图 7.36 中绘制。从这些结果中可以看出，这一度量对于机器人之间的通信丢失以及群体密度都很敏感。当机器人彼此靠近时，连通性度量会变大。

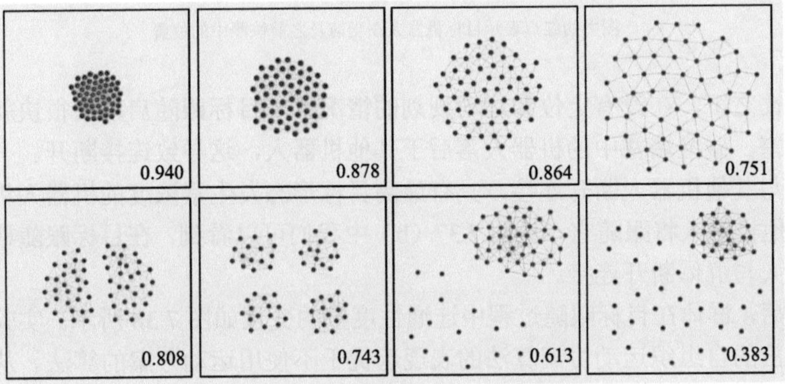

图 7.36　不同群体排列的连通性度量

通信范围内的机器人通过线条连接

为了评估我们算法的效率，比较使用和不使用协调运动规划的基于形态发生素扩散的目标跟随群体的连通性表现。为了维持连通性，如果机器人的邻居数量降低到某个阈值以下，它会转向。如前所述，机器人仅使用那些形态发生素浓度较低的机器人的信息更新其形态发生素浓度。因此，如果没有机器人的浓度更低，机器人的形态发生素浓度就会停止变化。在算法中，如果在一个运动步骤之后形态发生素浓度没有变化，机器人将随机移动。所以，如果一个机器人与群体断开连接，它将开始随机游走，直到找到一个形态发生素浓度更低的机器人。

实验对比结果的快照如图 7.37 所示。从图 7.37（a）可以看出，在使用协调运动的情况下，即使没有为失联的机器人指定运动策略，机器人也能够保持连通性。然而，由于通信范围较短，机器人之间仍然如预期一样发生了碰撞。尽管如此，运动规划策略成功地减少了碰撞和堵塞。此外，由于向外的聚合力，边缘机器人倾向于沿着垂直于目标方向的方向移动，超过它们前方的邻居。这能导致更好的群集行为，并为群体内部的机器人提供更多的移动空间，防止群体变得细长。

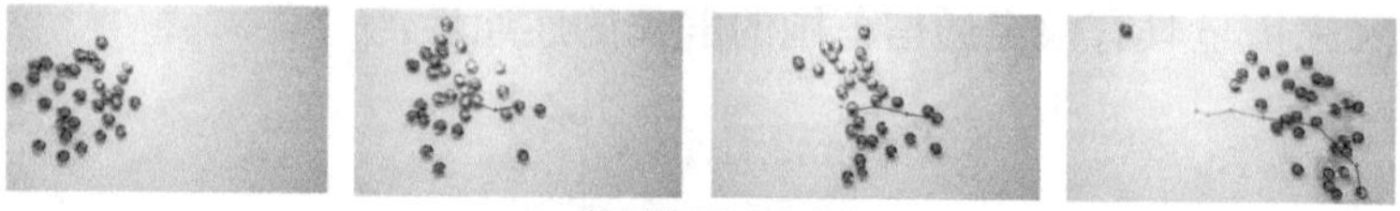

(a) 使用协调运动方案

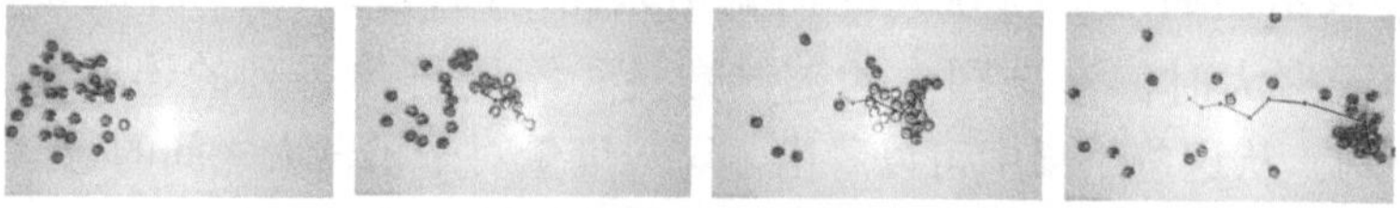

(b) 不使用协调运动方案

图 7.37　基于形态发生素扩散的目标跟随

图中的红点表示目标机器人在当前及之前快照中的位置

相比之下，在没有定位和运动规划的情况下，目标跟随启动后很快就会发生碰撞堵塞。碰撞堵塞中的机器人落后于其他机器人，这导致连接断开。一旦一组机器人与其他机器人断开连接，具有最高目标形态发生素浓度的机器人将随机移动，其他机器人将跟随它。从图 7.37（b）中我们可以看到，在目标跟随期间有许多机器人与群体断开连接。

最后，群体在目标跟随过程中连通性度量的变化如图 7.38 所示。实验结果证实，提出的自组织运动协调算法的表现远优于不使用运动方案的算法。从这些结果中，我们可以看到，没有运动规划的算法在群集过程中持续失去连通性。相比之下，当机器人运动得到协调时，群体能够在一定范围内维持连通性。

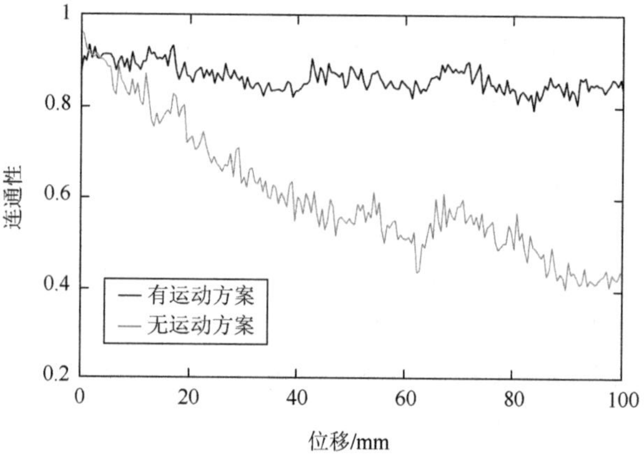

图 7.38　比较有无运动方案的两个群体的连通性与目标位移的关系

7.6.5　调控形态发生素梯度实现目标包围与自适应形态生成

本节描述了使用具有有限全向感测能力的简约型机器人包围静态目标的算法[23]。假设目标只能被在目标通信范围内的机器人直接检测到，并且接收到此信号的机器人将信号传递给其邻居。通过这种方式，可以模拟形态发生素的扩散，使得机器人能够大致估计它们与目标的距离。期望的行为是从所有侧面均匀地封闭目标，这可以通过形成一个圆形群体来实现。为此，机器人需要能够识别群体边缘的位置，以便更多的机器人可以使用由目标形态发生素调控的第二种形态发生素聚集在那里。

1. 目标形态发生素的扩散和调控

我们假设目标发射的形态发生素梯度可以被目标附近的机器人检测到并解释。这些机器人还可以将形态发生素浓度信息传递给它们相邻的机器人，这个过程持续进行，直到扩散过程稳定。以下是模拟形态发生素扩散的方程：

$$\frac{C^i}{\mathrm{d}t}=\alpha\sum_{j}^{N^i}\left(\frac{R}{d^{ij}}\right)C_j-\gamma C^i\quad\left|\begin{array}{l}\alpha,\gamma>0\\0<C^i<C_{\mathrm{MAX}}\end{array}\right.\tag{7.74}$$

其中，C^i 表示机器人 i 的形态发生素浓度，C_{MAX} 是最大浓度，d^{ij} 表示机器人 i 与机器人 j 之间的距离，R 是每个机器人的半径，用于归一化和无量纲化，N^i 是机器人 i 的邻居数量，α 和 γ 分别表示扩散率和衰减率。在中间有形态发生素源的聚集中，形态发生素浓度如图 7.39 所示。源位置的形态发生素浓度最高（C_{MAX}）。

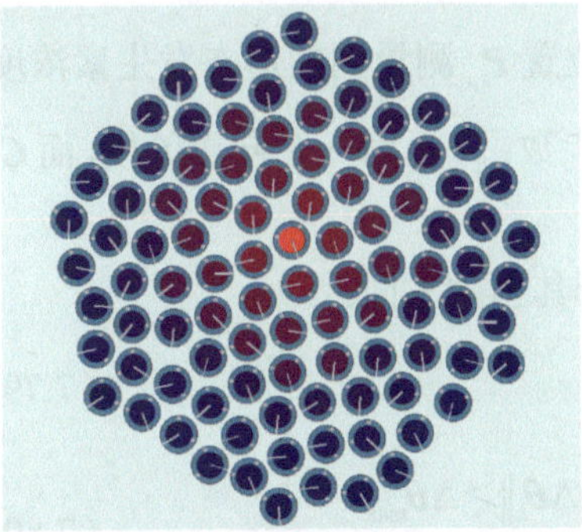

(a)

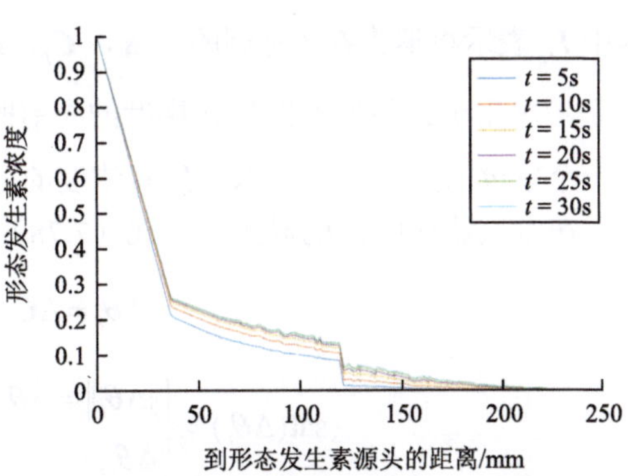

(b)

图 7.39　形态发生素从聚合体中间的源头扩散。(a) 红色的强度表示形态发生素浓度的水平。(b) 形态发生素浓度与源头的距离关系

扩散开始后的不同时间点上机器人的形态发生素浓度（表征了机器人与源的距离）如图 7.39（b）所示。通过选择适当的α和γ值，形态发生素梯度可以从源向群体聚集的边界形成，并在短时间内达到稳态。

2. 目标跟踪

文献[80]提出了一种使用形态发生素扩散的目标跟踪算法，适用于没有方向感知和自我定位能力的最小化机器人。基于根据先前位置计算的形态发生素浓度，机器人能够决定应该向哪个方向及旋转多少度，以便与形态发生素浓度增加或减少的方向对齐。可以使用机器人坐标系中的多个先前估计的位置来估计形态发生素梯度的方向。机器人在本地坐标系中的位置可以按照以下方式估计：

$$\boldsymbol{P}_{t+1} = \boldsymbol{P}_t + \hat{\boldsymbol{\theta}}_t V \mathrm{d}t \tag{7.75}$$

其中$\boldsymbol{P}_t$是当前位置，$\boldsymbol{P}_{t+1}$是下一个位置，V是机器人的速度，$\hat{\boldsymbol{\theta}}_t$是确定移动方向的单位向量，d$t$是时间的变化。通过这种方式，机器人可以近似地自我定位。可以使用以下方程来估计形态发生素梯度的方向：

$$\Delta \boldsymbol{C}_{t,i} = \frac{\boldsymbol{P}_{t,i} - \boldsymbol{P}_{t-1,i}}{\left\| \boldsymbol{P}_{t,i} - \boldsymbol{P}_{t-1,i} \right\|} (\boldsymbol{C}_{P_{t,i}} - \boldsymbol{C}_{P_{t-1,i}}) \tag{7.76}$$

$$\boldsymbol{C}_{T,i} = \sum_{T=t-N_S}^{t} \Delta \boldsymbol{C}_{T,i} \tag{7.77}$$

$$\hat{\boldsymbol{C}}_{T,i} = \frac{\boldsymbol{C}_{T,i}}{\left\| \boldsymbol{C}_{T,i} \right\|} \tag{7.78}$$

其中$\boldsymbol{P}_{t,i}$表示机器人在t时刻的位置，$\boldsymbol{C}_{P_{t,i}}$是在位置$\boldsymbol{P}_{t,i}$测量到的形态发生素浓度，N_s是考虑用于评估形态发生素梯度的先前时间步数，$\|\cdot\|$返回一个向量的模，而$\hat{\boldsymbol{C}}_{T,i}$是一个单位向量，指示形态发生素浓度的方向。

在每次迭代中，机器人使用式（7.78）更新其当前方向：

$$\Delta \boldsymbol{\theta}_t = \Delta \hat{\boldsymbol{C}}_t - \hat{\boldsymbol{\theta}}_{t-1} \tag{7.79}$$

$$\mathrm{sat}(\Delta \boldsymbol{\theta}_t) = \begin{cases} \left\| \Delta \boldsymbol{\theta}_t \right\| = \Delta \boldsymbol{\theta}_{\max}, & \left\| \Delta \boldsymbol{\theta}_t \right\| > \Delta \boldsymbol{\theta}_{\max} \\ \Delta \boldsymbol{\theta}_t, & \text{其他} \end{cases} \tag{7.80}$$

$$\hat{\boldsymbol{\theta}}_t = \hat{\boldsymbol{\theta}}_{t-1} + \mathrm{sat}(\Delta \boldsymbol{\theta}_t) \tag{7.81}$$

在实验中，我们需要考虑旋转速度的限制，即如果模拟中某一步的方向改变

大于 $\Delta\boldsymbol{\theta}_{\max}$，那么方向改变将被限制，参见式（7.80）。同样的机制也用于接近一个扩散目标。仅凭目标跟踪无法保证在所有侧面都对目标进行完整且鲁棒的包围。如图 7.40 所示，当围绕目标的机器人分布极其不均匀时，跟踪并到达目标可能不会导致对目标的可靠包围。然而，对于只有有限局部传感能力的机器人来说，均匀地包围目标并非易事。接下来的内容将展示如何利用形态发生素扩散引导机器人到群体中机器人聚集不足的位置。

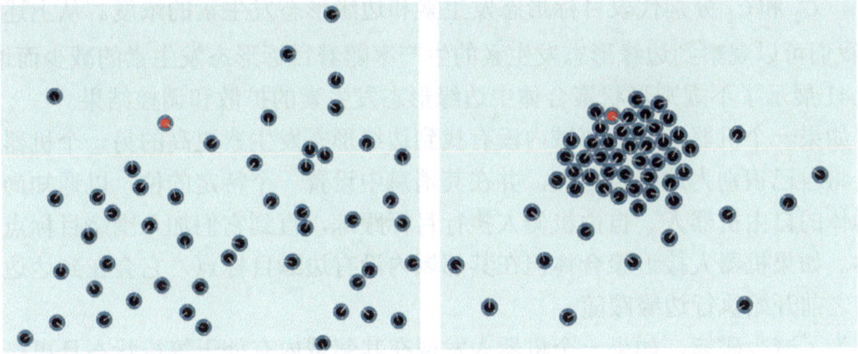

(a) (b)

图 7.40 跟踪目标并不总是以完全包围目标告终

3. 边缘形态发生素扩散与调控

形态发生素在细胞器官中的反应和扩散可以导致多样化且复杂的模式[386, 387]。通过将反应项添加到方程（7.74）中，我们得到

$$\frac{\Delta C_{bi}}{\Delta t}=\sum_{j}w_{ij}f_{ij}(C_{bi},C_{bj})+D_{i}\sum_{b'=1}^{N_b}\frac{(C_{bi}-C_{b'i})}{n_{i}d_{bb'}}-r_{i}C_{bi} \tag{7.82}$$

其中 w_{ij} 表示相互作用矩阵，f_{ij} 是相互作用函数，通常由 Sigmoid 函数定义。图灵是第一个解释两种形态发生素的反应-扩散[388]的人，其中一种形态发生素充当激活剂，而另一种则抑制激活剂的表达。图灵的反应-扩散模型在自组织系统的分布式控制领域得到了许多成功的应用[349]。受图灵反应-扩散模型的启发，定义用于包围目标的形态发生素扩散，如方程（7.74）所示，其中来自聚合体中间的扩散目标的形态发生素抑制了聚合体边缘的第二形态发生素的产生。为了实现围绕目标的圆形聚合体，引入一种边缘形态发生素，它只由聚合体边界处的机器人（称为边缘机器人）产生和扩散。然后定义边缘形态发生素的扩散-反应方程，该方程受目标形态发生素的调控：

$$\frac{\mathrm{d}C_E^i}{\mathrm{d}t} = \phi \cdot \mathrm{sig}(C_{\mathrm{MAX}} - C_T^i, k, m) - \omega \cdot \mathrm{sig}(C_T^i, k, m) + \alpha \sum_j^{N^i} \left(\frac{R}{d_{ij}}\right) \cdot \left(\frac{C_E^j - C_E^i}{C_{\mathrm{MAX}}}\right) \cdot C_E^j - \gamma_E \cdot C_E^i \tag{7.83}$$

$$\mathrm{sig}(x,k,m) = \frac{2}{\pi} a\tan(k \cdot (x+m)) \tag{7.84}$$

其中，C_T 和 C_E 分别代表目标形态发生素和边缘形态发生素的浓度。从上述方程中，我们可以观察到边缘形态发生素的生产率随着目标形态发生素的减少而增加。图 7.41 展示了不规则形状聚合体中边缘形态发生素的扩散和调控结果。

如果一个机器人在其邻域内没有找到边缘形态发生素更高的另一个机器人，它会将自己识别为边缘目标点，并在其消息中设置一个特定的位，以通知尚未加入群体的自由机器人。自由机器人执行目标跟踪，直到它们加入围绕目标点的聚合体。如果机器人接近聚合体但在其邻域内没有边缘目标点，它会在到达边缘目标点之前开始执行边缘跟随。

为了减少碰撞，如果一个机器人发现在其邻域内有处于等待状态且更接近群体的机器人，它会停止移动。这意味着第一层等待状态的机器人产生了另一层等待状态的机器人。但是第二层机器人不会将它们的状态改变为等待，这是为了避免整个群体停止移动。这种方式使得有两层机器人停止移动，而处于边缘跟随状态的机器人被允许加入聚合体。

4. 基于形态发生素浓度的边缘分化

在算法中，群体边界的机器人应该分化为边缘机器人，以便产生和扩散边缘形态发生素，指示自由机器人应该在边界的哪个位置加入。当边缘机器人被另一层机器人覆盖时，它必须重新分化为正常的聚合机器人。已经有研究者提出，可以利用邻居数量或邻居的邻居数量作为边缘分化的标准[384, 389]。如果这个数字低于某个阈值，机器人将分化为边缘机器人。然而，这个阈值取决于群体的大小。此外，对于具有非凸形状的机器人群体，上述方法可能无效。因此，当包围群体大小增长，或在某些生长点形状为非凸时，我们不能简单地依赖于邻居数量或邻居的邻居数量来确定自由机器人应该加入的点。

利用机器人邻居的目标形态发生素浓度，提出一个边缘分化标准，该标准对于群体的大小和形状的凸性，以及群体内目标的位置都是不变的。在提出的算法[350]中，一个机器人计算在一定的距离内具有低形态发生素浓度的邻居数量。如果这个数量低于预定义的阈值，机器人就会分化为边缘机器人。一旦这个数量再次大于阈值，机器人就不再是边缘机器人。对不同大小、形状和目标位置的群体的边缘分化的模拟结果如图 7.42 所示。从这些结果可以看出，如果模拟的 Kilobots 在 7cm 内有 4 个机器人的目标形态发生素浓度较低，它们就会将自己识别为边缘机器人。

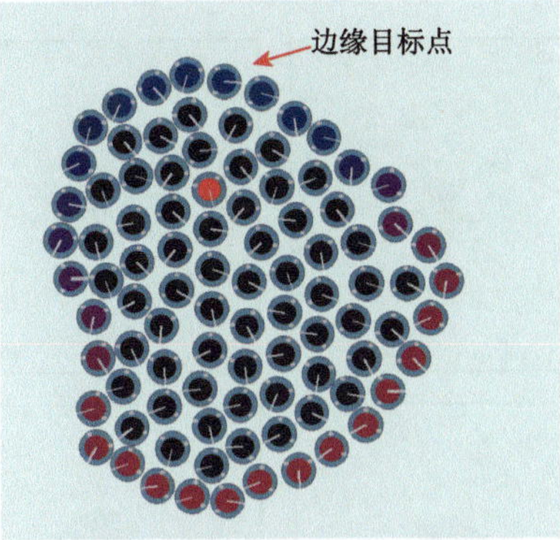

(a) 100个机器人的聚合体的边缘形态发生素浓度。边缘机器人的颜色表示边缘形态发生素的浓度，蓝色代表低浓度，红色代表高浓度

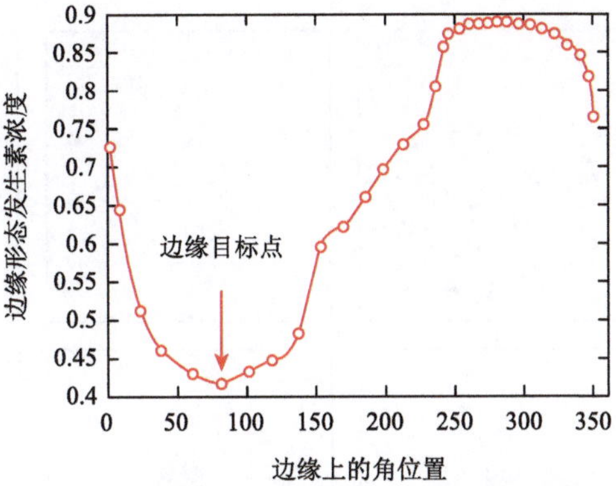

(b) 曲线表示每个机器人的边缘形态发生素浓度，以其角位置定义，即它与目标形成的角度

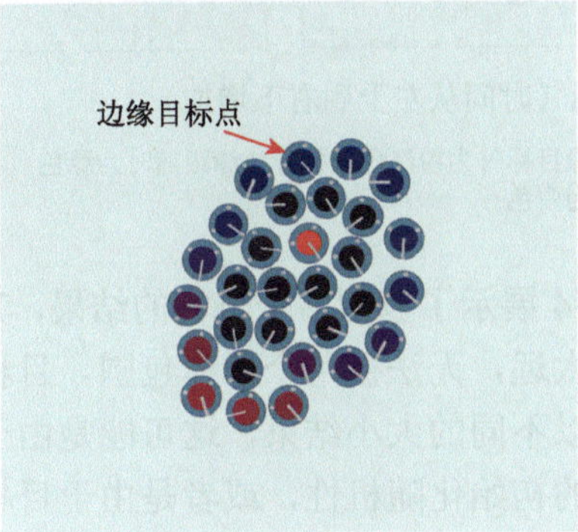

(c) 30个机器人聚合体的边缘机器人的边缘形态发生素浓度

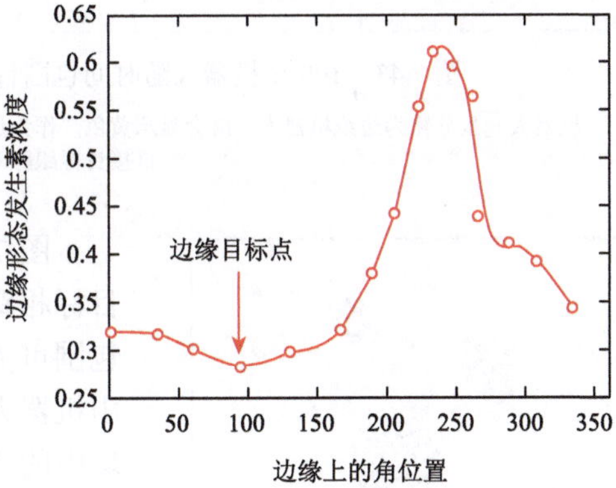

(d) 是其相关的边缘形态发生素浓度

图 7.41　边缘形态发生素从聚合体中间的目标扩散，由红色表示

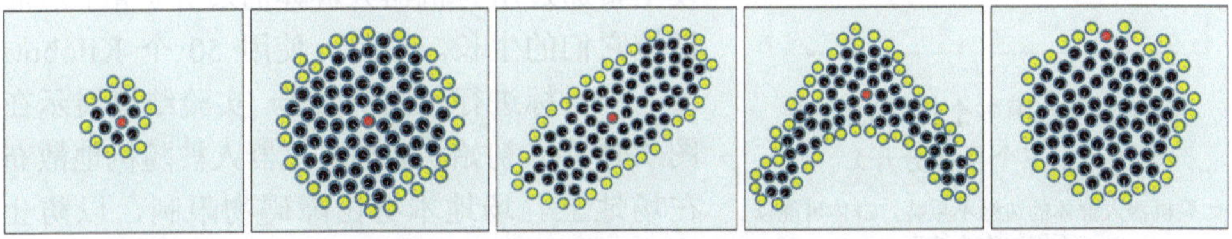

图 7.42　对不同大小、形状和目标位置的机器人聚合体进行边缘分化

红色圆圈表示目标，黄色的是分化为边缘的机器人

5. 结果与讨论

在仿真实验中，100 个仿真的 Kilobots 在 120cm×120cm 的受限区域内不均匀地散布。图 7.43 展示了包围单个目标的过程的快照。结果显示，该算法能够调控围绕目标的聚合体的圆形形状。

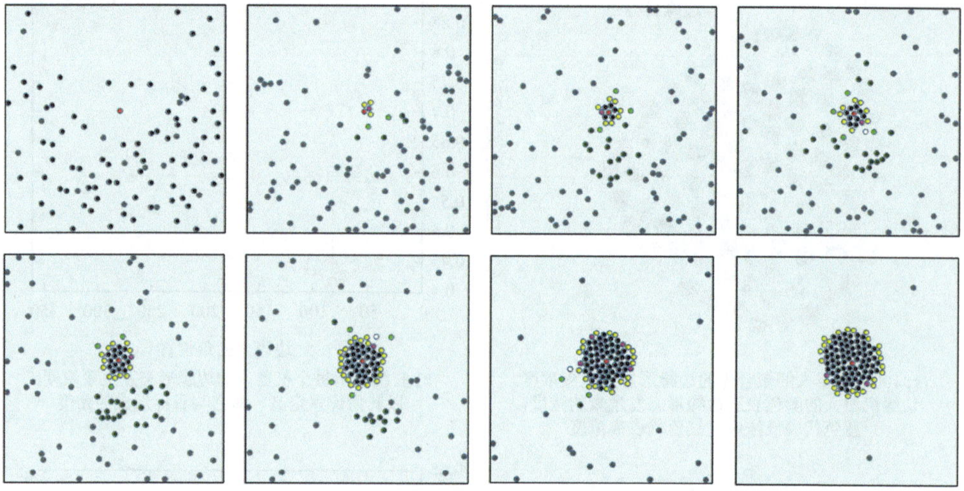

图 7.43 100 个机器人随时间包围目标（时间从左上到右下增加）

机器人一旦分化为边缘机器人，就会显示黄色，作为边缘目标时为粉红色，执行边缘跟随时为绿色，直接目标跟踪时为白色

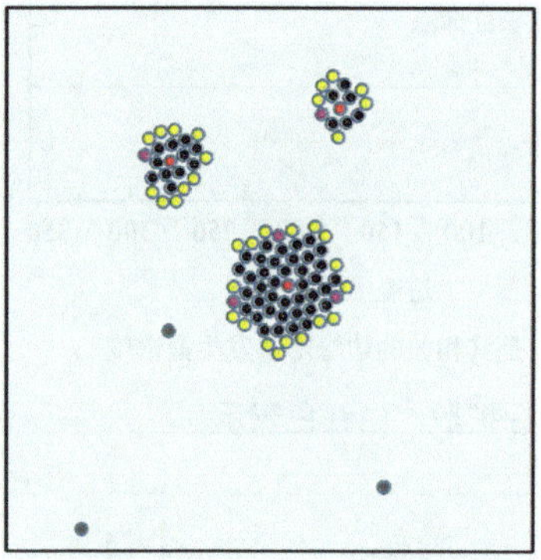

图 7.44 包围多个目标的结果（其中三个目标分开）

如果机器人群体的边缘不重叠，群体可能以不同的大小结束

图 7.44 展示了包围多个目标的结果，其中目标相距太远，无法被单个群体包围。目标的包围可能以不同的大小结束，这可能是由于自由机器人的初始化随机性，或者是由于目标在场中的不同位置。然而，当目标足够近以至于可以被单个群体包围时，最终聚合体的形状会以单个圆形结束，如图 7.45 所示。边缘形态发生素通过所有机器人群体的边界扩散，从而调控它们的生长。最后，使用 50 个 Kilobots 对一个目标进行包围的实验。实验结果展示在图 7.46 中。初始状态时，机器人被随机地散布在场地上。场地本身由障碍物限制，以防止 Kilobots 逃逸。然而，由于移动能力的限制，Kilobots 很容易在边界上卡住，特别是在角落处。在这种情况下，我们需要旋转

卡在边界上的机器人，让它们回到场地内。因此，照片和视频中没有覆盖障碍物。包围过程的快照显示在图 7.46（a）中，从中我们可以得出结论，所提出的算法工作正常，因为机器人群体成功地以相当均匀分布的圆形包围了目标。为了比较，从包围算法中移除了形状适应过程，并再次进行实验。结果显示在图 7.46（b）中，这表明最终的聚合体形状不太规则，围绕目标的包围效果较差。

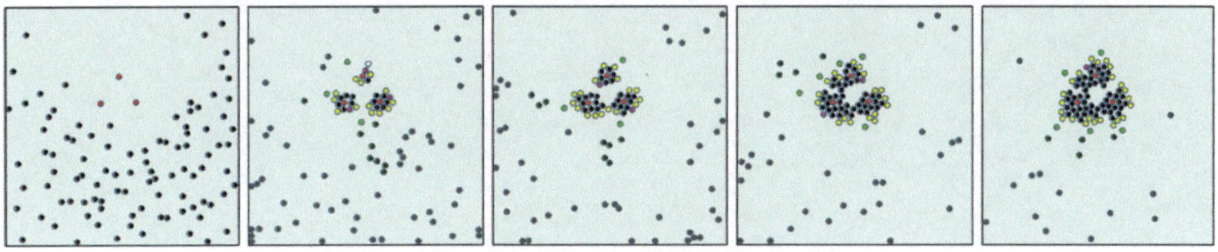

图 7.45　包围三个位置相近的目标

当边缘层重叠时，边缘形态发生素的扩散调控机器人聚合体的形状

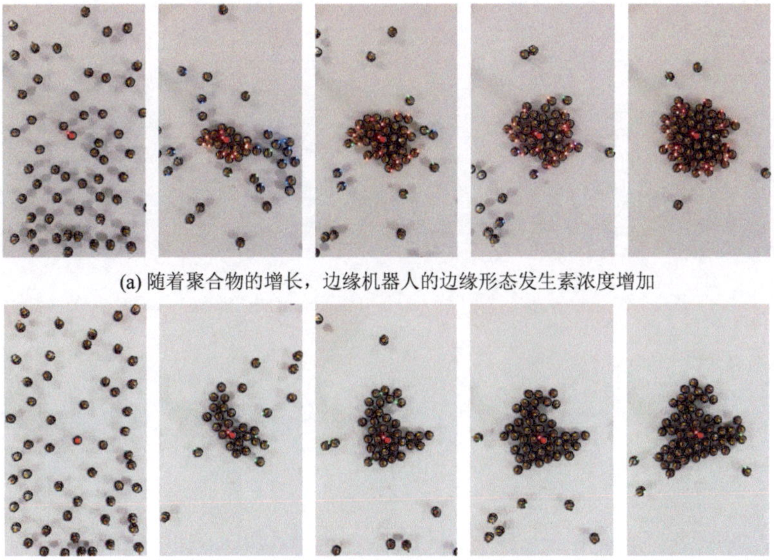

(a) 随着聚合物的增长，边缘机器人的边缘形态发生素浓度增加

(b) 边缘机器人与目标之间的距离

图 7.46　机器人聚合体的生长适应

7.7　总　　结

本章介绍了将基因和细胞机制应用于自组织群机器人的研究，这一领域称为形态发育机器人学。其核心思想是将生物形态发育视为一个对环境变化具有鲁棒

性的自组织过程。通过演化算法，单个基因调控网络或分层基因调控网络被演化以形成从边界覆盖到区域覆盖的形态。此外，研究还表明，分层基因调控网络可以通过演化基本的调控模体获得。最后，基于形态发生素的扩散机制，提出了一种适用于没有自我定位和方向感知能力的自组织极简机器人的算法。研究结果显示，即使是非常基础的扩散机制，也能够引导极简机器人在保持群体形态的同时追踪目标或包围目标。

第 8 章　通向演化发育系统

在过去十年里，深度学习[390]在许多领域取得了巨大的成功，从传统的机器学习任务（如计算机视觉）到围棋游戏[391]，再到蛋白质结构预测[392]，以及当前非常流行的聊天机器人 ChatGPT[393]。ChatGPT 是一种强大的大语言模型。尽管许多深度学习模型在原理上受到人脑信息处理的启发，但它们仍然缺乏一些人类智能的基本特性，例如，基于少量数据的多任务学习、规划、预测，以及自主学习等能力。通过本书，我们展示了早期神经和形态演化与发育的初步建模结果，强调了计算系统中基因与环境因素对神经和形态演化与发育的影响。实验结果表明，基因型和表现型水平上的适应性调整对于解决鲁棒性和可演化性之间的权衡至关重要，特别是在动态环境中维护适应性。此外，能量最小化是神经系统组织背后的一个主要原则，并且大脑、身体与环境之间在演化与发育过程中存在紧密的耦合关系。我们还展示了生物发育背后的基因与细胞机制为解决工程问题（如群机器人自组织）提供了丰富的可能性。

考虑自然智能是由三种主要的适应机制（演化、发育和学习）塑造的，我们认为演化发育方法是人工智能持续发展的重要路径，特别是针对通用人工智能。尽管可以利用人工生命[394]或人工智能中的多种方法来研究演化发育系统，但演化发育机器人学可能为研究生物系统中认知行为的发育提供一个有效的平台。这些认知行为包括语言、情感、好奇心、预期和社会技能，以及嵌入式环境中的形态发育。显然，和目前大部分人工智能方法一样，仅仅关注认知发育的发育机器人学受到本体论及形态发育学的挑战。首先，生物体的发育既包括形态发育也包括心智发育。因此，仅专注于心智发育的发育机器人学是不完整的。神经科学研究[294]和计算系统（如第 6 章所述）的研究表明，神经网络的活动依赖性和非活动依赖性发育也是密不可分的。

演化机器人学[395]应用演化算法来自动设计用于自主机器人的神经控制器。不幸的是，生物发育过程在这一领域的作用在很大程度上被忽视了。因此，整合表观遗传学、形态发育学的研究与演化机器人学至关重要。发育可塑性不仅能够影响演化，还可以通过维持基因多样性来解决动态环境中的鲁棒性-变异性权衡，从而增强可演化性。例如，从演化的角度研究自主学习可能带来新的洞见，以理解推动心智发育的驱动力[396]。

生物学证据表明，自主心智的发育在很大程度上由内在动机系统驱动[397]。这种发现引发了表观遗传机器人学中一个关键的研究领域，即内在动机系统在心智发育中的作用[398, 399]。通常情况下，机器人系统中的内在动机系统是预先定义的，然而，生物系统中的自主心智发育并非完全依赖于先天的预编程。相反，它是通过大脑与形体在不断变化的环境中的协同演化逐渐形成的。

本书介绍的形态发育自组织和多细胞生物的发育模型，在一定程度上通过整合心智和形态的发育，回应了发育机器人学的首个挑战。然而，解释形态和心智发育的演化起源仍然缺乏深入研究。此外，在形态发育机器人学中，控制神经和形态发育的基因调控网络不应由人工手动设计，因此在研究机器人系统中的形态和心智发育时，演化的角色变得越来越重要[373]。

有趣的是，过去十年也见证了演化发育生物学（evo-devo）[400-402] 在理解控制生物形态发育的分子和细胞机制方面取得的技术和理论快速进展。演化发育生物学不仅帮助我们深入了解人类认知发展[403]，包括情感[404]和病理学[405]，还为类人智能系统的研发提供了新启示。由于基因在认知发展中的关键作用[406]，现在是时候采用演化发育的方法来塑造人工智能的未来了。

将表观遗传机器人学的认知发育研究拓展到考虑神经和形态发育的演化发育机器人学是至关重要的。许多重要问题仍然有待解决，例如，如何在机器人系统中实现身体的发育？我们是否必须使用硬件（真实的机器人系统）来进行演化发育机器人（evo-devo-robo）研究？另一个问题是，考虑演化和发育的两种不同时间尺度，应在演化和发育之间如何合理分配资源？如何提供足够复杂的物理环境，使系统能够演化和发育出具有认知意义的行为？即使在计算系统中，许多问题依然难以捉摸，例如，演化和发育如何促进高级神经系统（如大脑）的模块化和连接性？演化发育系统如何引导并重复利用环境约束，而无须在 DNA 中明确编码这些约束？

总之，从纯粹的认知模型（包括深度学习模型）转向演化发育系统，可能会带来许多新的机会，尽管在通用人工智能研究中，这一转变可能提出更多的问题而非答案。

参考文献

[1] Holland J H. Adaptation in Natural and Artificial Systems[M]. Michigan：Michigan University Press，1975.

[2] Goldberg D E. Genetic Algorithm in Search，Optimization and Machine Learning[M]. Boston：Addison-Wesley，1989.

[3] Schwefel H P. Numerical Optimization of Computer Models[M]. Chichester：John Wiley，1994.

[4] Bäck T. Evolutionary Algorithms in Theory and Practice：Evolution Strategies，Evolutionary Programming，Genetic Algorithms[M]. Oxford：Oxford University Press，1996.

[5] Fogel L，Owens J，Walsh M. Artificial Intelligence Through Simulated Evolution[M]. New York：John Wiley，1966.

[6] Fogel D. Evolving Artificial Intelligence[M]. San Diego：University of California，1992.

[7] Koza J. Genetic Programming：On the Programming of Computers by Means of Natural Selection[M]. Cambridge：MIT Press，1992.

[8] Langdon W. Genetic Programming and Data Structures：Genetic Programming + Data Structures = Automatic Programming[M]. Boston：Kluwer，1998.

[9] Caruana R A，Schaffer J D. Representation and hidden bias：Gray vs. binary coding for genetic algorithms[J]. Machine Learning Proceedings，1988：153-161.

[10] Ramsey C L，De Jong K A，Grefenstette J J，et al. Genome length as an evolutionary self-adaptation[C]//Parallel Problem Solving from Nature-PPSN V：5th International Conference Amsterdam，1998：345-353.

[11] Mathias K E，Whitley L D. Initial performance comparisons for the delta coding algorithms[C]//Proceedings of the First IEEE Conference on Evolutionary Computation，IEEE World Congress on Computational Intelligence，Orlando，FL，1994，1：433-438.

[12] Sendhoff B. Evolution of structures：Optimization of artificial neural structures for information processing[D]. Bochum：Ruhr-Universität Bochum，1998.

[13] Zhu H Y，Jin Y C. Multi-objective evolutionary federated learning[J]. IEEE Transactions on Neural Networks and Learning Systems，2020，31（4）：1310-1322.

[14] Zhang H Y，Jin Y C，Cheng R，et al. Efficient evolutionary search of attention convolutional networks via sampled training and node inheritance[J]. IEEE Transactions on Evolutionary Computation，2021，25（2）：371-385.

[15] Herrera F，Lozano M，Snchez A M. A taxonomy for the crossover operator for real-coded genetic algorithms：An experimental study[J]. International Journal of Intelligent Systems，2003，18（3）：309-338.

[16] Kitano H. Designing neural networks using genetic algorithms with graph generation system[J]. Complex Systems，1990，4：461-476.

[17] Gruau F. Genetic synthesis of boolean neural networks with a cell rewriting developmental process[C]//Proceedings of International Workshop on Combinations of Genetic Algorithms and Neural Networks，Baltimore，MD，1992：55-74.

[18] Sendhoff B，Kreutz M. Evolutionary optimization of the structure of neural networks using a recursive mapping as encoding[C]//Proceedings of International Conference on Artificial Neural Nets and Genetic Algorithms，1998：370-374.

[19] Leitch D D. A new genetic algorithm for the evolution of fuzzy systems[D]. Oxford：University of Oxford，1995.

[20] Sendhoff B，Kreutz M，von Seelen W. A condition for the genotype-phenotype mapping：Causality[C]//Baeck T. Proceedings of the Seventh International Conference on Genetic Algorithms （ICGA'97）. San Francisco：Morgan Kauffman，1997：73-80.

[21] Spears W. Recombination parameters[M]//Bäck T，Fogel D B，Michalewicz Z. Evolutionary Computation，vol. 2. Bristol：Institute of Physics Publication，2000：152-169.

[22] De Jong D A. Analysis of the behavior of a class of genetic adaptive systems[D]. Ann Arbor：University of Michigan，1975.

[23] Sebag M，Schoenauer M. Controlling crossover through inductive learning[C]//Davidor Y，Schwefel H-P，Männer R. Parallel Problem Solving from Nature-PPS III. Berlin：Springer，1994：209-218.

[24] Syswerda G. Uniform crossover in genetic algorithms[C]//Schaffer J D. Proceedings of International Conference on Genetic Algorithms. San Francisco：Morgan Kaufmann Publishers Inc.，1989：2-9.

[25] Fogarty T C. Varying the probability of mutation in the genetic algorithm[C]//Schaffer J D. Proceedings of International Conference on Genetic Algorithms. San Francisco：Morgan Kaufmann Publishers Inc.，1989：104-109.

[26] Sendhoff B，Kreutz M. Analysis of possible genome-dependence of mutation rates in genetic algorithms[M]//Fogarty T C. Evolutionary Computing：AISB Workshop，Brighton，U.K.，April 1-2，1996. Selected Papers. Berlin：Springer，1996：257-268.

[27] Goldberg D E，Deb K. A comparative analysis of selection schemes used in genetic algorithms[J]. Foundations of Genetic Algorithms，1991，1：69-93.

[28] Rudolph G. Convergence analysis of canonical genetic algorithms[J]. IEEE Transactions on Neural Networks，1994，5（1）：96-101.

[29] Hansen N，Ostermeier A，Gawelczyk A. On the adaptation of arbitrary normal mutation distributions in evolution strategies：The generating set adaptation[C]//Proceedings of International Conference on genetic Algorithms，1995：57-64.

[30] OstermeierA，Gawelczyk A，Hansen N. A derandomized approach to self-adaptation of evolution strategies[J]. Evolutionary Computation，1994，2（4）：369-380.

[31] Hansen N，Ostermeier A. Completely derandomized self-adaptation in evolution strategies[J]. Evolutionary Computation，2001，9（2）：159-195.

[32] Cohen J，Stewart I. The Collapse of Chaos[M]. London：Penguin Books，1994.

[33] Dasgupta D. Incorporating redundancy and gene activation mechanisms in genetic search for adapting to non-stationary environments[M]//Chambers L. Practical Handbook of Genetic Algorithms. Boca Raton：CRC Press，1995.

[34] Hackworth T. Genetic algorithms：Some effects of redundancy in chromosome[Z/OL]. http://www.cs.ucl.ac.uk/staff/P.Bentley/birkbeck/tim.txt，1999.

[35] Wagner G P，Laubichler M D，Bagheri-Chaichian H. Genetic measurement theory of epistatic effects[J]. Genetica，1998，102（103）：569-580.

[36] Gruau F. Neural network synthesis using cellular encoding and the genetic algorithm[D]. Lyon：Ecole Normale Supérieure de Lyon，1994.

[37] Kitano H. A simple model of neurogenesis and cell differentiation based on evolutionary large-scale chaos[J]. Artificial Life，1995，2（1）：79-99.

[38] Hua Y，Liu Q，Hao K，et al. A survey of evolutionary algorithms for multi-objective optimization problems with irregular pareto fronts[J]. IEEE/CAA Journal of Automatica Sinica，2021，8（2）：303-318.

[39] Schaffer J D. Multiple objective optimization with vector evaluated genetic algorithms[C]//Grefenstette J J. Proceedings of the First International Conference on Genetic Algorithms and Their Applications. Hillsdale：L. Erlbaum Associates Inc.，1985：93-100.

[40] Coello C A. An updated survey of evolutionary multi-objective optimization techniques：State of art and future trends[C]//Proceedings of the 1999 Congress on Evolutionary Computation-CEC99，1999，1：3-13.

[41] Cheng R，Jin Y C，Olhofer M，et al. A reference vector guided evolutionary algorithm for many-objective optimization[J]. IEEE Transactions on Evolutionary Computation，2016，20（5）：773-791.

[42] Jin Y C，Okabe T，Sendho B. Adapting weighted aggregation for multi-objective evolution strategies[C]//Zitzler E，Thiele L，Deb K，et al. Evolutionary Multi-Criterion Optimization. EMO 2001. Berlin：Springer，2001：96-110.

[43] Murata T，Ishibuchi H，Gen M. Specification of genetic search directions in cellular multi-objective genetic algorithms[C]//Zitzler E，Thiele L，Deb K，et al. Evolutionary Multi-Criterion Optimization. EMO 2001. Berlin：Springer，2001：82-95.

[44] Zhang Q F，Li H. MOEA/D：A multiobjective evolutionary algorithm based on decomposition[J]. IEEE Transactions on Evolutionary Computation，2007，11（6）：712-731.

[45] Fonseca C M，Flemming P J. On the performance assessment and comparison of stochastic multi-objective optimizers[C]//Voigt H M，Ebeling W，Rechenberg I，et al. Parallel Problem Solving from Nature—PPSN IV. Berlin：Springer，1996：584-593.

[46] Horn J D，Nafpliotis N，Goldberg D E. A niched Pareto genetic algorithm for multiobjective

optimization[C]//Proceedings of the First IEEE Conference on Evolutionary Computation, 1994, 1: 82-87.

[47] Zitzler E, Thiele L. Multi-objective evolutionary algorithms: A comparative case study and the strength Pareto approach[J]. IEEE Transactions on Evolutionary Computation, 1999, 3 (4): 257-271.

[48] Zhang X, Tian Y, Cheng R, et al. An efficient approach to non-dominated sorting for evolutionary multi-objective optimization[J]. IEEE Transactions on Evolutionary Computation, 2015, 19 (6): 761-776.

[49] Tian Y, Wang H, Zhang X, et al. Effectiveness and efficiency of non-dominated sorting for evolutionary multi-and many-objective optimization[J]. Complex & Intelligent Systems, 2017, 3 (4): 247-263.

[50] Okabe T, Jin Y C, Sendhoff B. A critical survey of performance indices for multi-objective optimization[C]//Proceedings of the 2003 Congress on Evolutionary Computation, 2003, 2: 878-885.

[51] Ishibuchi H, Imada R, Setoguchi Y, et al. Reference point specification in Hypervolume calculation for fair comparison and efficient search[C]//Proceedings of the Genetic and Evolutionary Computation Conference. Association for Computing Machinery, 2017: 585-592.

[52] Ishibuchi H, Masuda H, Tanigaki Y, et al. Modified distance calculation in generational distance and inverted generational distance[C]//Proceedings of the International Conference on Evolutionary Multi-criterion Optimization, 2015: 110-125.

[53] Yu G, Ma L, Jin Y C, et al. A survey on knee-oriented multiobjective evolutionary optimization[J]. IEEE Transactions on Evolutionary Computation, 2022, 26 (6): 1452-1472.

[54] Yu G, Jin Y C, Olhofer M, et al. Solution set augmentation for knee identification in multiobjective decision analysis[J]. IEEE Transactions on Cybernetics, 2021, 53 (4): 2480-2493.

[55] Crick F. Central dogma of molecular biology[J]. Nature, 1970, 227: 561-563.

[56] Ghildiyal M, Zamore P D. Small silencing RNAs: An expanding universe[J]. Nature, 2009, 10: 94-108.

[57] Hallinan J. Gene networks and evolutionary computation[C]//Fogel G B, Corne D W, Pan Y. Computational Intelligence in Bioinformatics. Hoboken: John Wiley & Sons, Inc., 2007: 67-96.

[58] Ramons A F, Innocentini G C, Forger F M, et al. Symmetry in biology: From genetic code to stochastic gene regulation[J]. IET Systems Biology, 2010, 4 (5): 311-329.

[59] Shen-Orr S S, Milo R, Mangan S, et al. Network motifs in the transcriptional regulation network of *Escherichia coli*[J]. Nature Genetics, 2002, 31: 64-68.

[60] Hache H, Lehrach H, Herwig R. Reverse engineering of gene regulatory networks: A comparative study[J]. EURASIP Journal on Bioinformatics and Systems Biology, 2009, 8: 1-12.

[61] Khammash M, El-Samad H. Systems biology: From physiology to gene regulation[J]. Control Systems IEEE, 2004, 24 (4): 62-76.

[62] Chen L N. Computational systems biology on networks and dynamics[C]//The First International Symposium on Optimization and Systems Biology，Beijing，2007，7：5-12.

[63] Mendoza M R，Bazzan A L C. Evolving random boolean networks with genetic algorithms for regulatory networks reconstruction[C]//Proceedings of the 13th Annual Conference on Genetic and Evolutionary Computation，New York，2011：291-298.

[64] Karlebach G，Shamir R. Modelling and analysis of gene regulatory networks[J]. Nature Reviews Molecular Cell Biology，2008，9（10）：770-780.

[65] Yip K Y，Alexander R P，Yan K K，et al. Improved reconstruction of in silico gene regulatory networks by integrating knockout and perturbation data[J]. PLoS ONE，2010，5（1）：e8121.

[66] Samad H E，Khammash M，Petzold L，et al. Stochastic modelling of gene regulatory networks[J]. International Journal of Robust and Nonlinear Control，2010，15（15）：691-711.

[67] Chen B S，Hsu C Y，Liou J J. Robust design of biological circuits：Evolutionary systems biology approach[J]. Journal of Biomedicine and Biotechnology，2011（1110-7243）：304236.

[68] Whitehead D J，Skusa A，Kennedy P J. Evaluating an evolutionary approach for reconstructing gene regulatory networks[C]//Proceedings of the 9th International Conference on the Simulation and Synthesis of Living Systems，2004：427-432.

[69] Thomas S A，Jin Y C. Evolving connectivity between genetic oscillators and switches using evolutionary algorithms[J]. Journal of Bioinformatics and Computational Biology，2013，11（3）：1341001.

[70] Alon U. An Introduction to Systems Biology：Design Principles of Biological Circuits[M]. Boca Raton：Chapman & Hall，2006.

[71] Li J S，Zhang X S. An optimization model for gene regulatory network re-construction with known biological information[C]//The First International Symposium on Optimization and Systems Biology，Beijing，2007，7：35-44.

[72] Chiquet J，Grandvalet Y，Ambroise C. Inferring multiple graphical structures[J]. Statistics and Computing，2011，21（4）：537-553.

[73] Schäfer J，Strimmer K. An empirical bayes approach to inferring large-scale gene association networks[J]. Bioinformatics，2005，21（6）：754-764.

[74] D'Souza R G L，Sekaran K C，Kandasamy A. Reconstruction of gene networks using phenomic algorithms[J]. International Journal of Artificial Intelligence & Applications，2010，1（2）：1-11.

[75] Zhang X J，Zhao X M，He K，et al. Inferring gene regulatory networks from gene expression data by path consistency algorithm based on conditional mutual information[J]. Bioinformatics，2012，28（1）：98-104.

[76] Margolin A A，Nemenman I，Basso K，et al. ARACNE：An algorithm for the reconstruction of gene regulatory networks in a mammalian cellular context[J]. BMC Bioinformatics，2006，7（s1）：1-15.

[77] Fioravanti F，Helmer-Citterich M，Nardelli E. Modeling gene regulatory network motifs using statecharts[J]. BMC Bioinformatics，2012，13（s4）：1-12.

[78] Swain M，Hunniford T，Mandel J，et al. Modeling gene-regulatory networks using evolutionary algorithms and distributed computing[C]//2005 IEEE International Symposium on Cluster Computing and the Grid，2005，1：512-519.

[79] Lee W P，Hsiao Y T. Inferring gene regulatory networks by incremental evolution and network decomposition[C]//The Second International Symposium on Optimization and Systems Biology，Lijiang，2008：311-324.

[80] Penfold C A，Wild D L. How to infer gene networks from expression profiles，revisited[J]. Interface Focus，2011，1（6）：857-870.

[81] Ando S，Iba H. Inference of gene regulatory model by genetic algorithms[C]//Proceedings of the 2001 IEEE Congress on Evolutionary Computation，Seoul，2001，1：712-719.

[82] Wang Y，Zhang X S，Chen L N. Optimization meets systems biology[J]. BMC Systems Biology，2010，4（s2）：1-4.

[83] Mitchell M. An Introduction to Genetic Algorithms[M]. Cambridge：MIT Press，1998.

[84] Sîrbu A，Ruskin H J，Crane M. Stages of gene regulatory network inference：The evolutionary algorithm role[C]//Kita E. Evolutionary Algorithms. Rijeka：InTech，2011：521-546.

[85] Jin Y C，Meng Y. Emergence of robust regulatory motifs from in silico evolution of sustained oscillation[J]. Biosystems，2011，103（1）：38-44.

[86] Lenser T，Hinze T，Ibrahim B，et al. Towards evolutionary network reconstruction tools for systems biology[C]//Marchiori E，Moore J H，Rajapakse J C. Evolutionary Computation，Machine Learning & Data Mining in Bioinformatics. Berlin：Springer，2007：132-142.

[87] Iba H，Mimura A. Inference of a gene regulatory network by means of interactive evolutionary computing[J]. Information Sciences，2002，145（3-4）：225-236.

[88] Noman N，Iba H. Inferring gene regulatory networks using differential evolution with local search heuristics[J]. IEEE/ACM Transactions on Computational Biology and Bioinformatics，2007，4（4）：634-647.

[89] Xiong J，Zhou T，Alberto D L F. Gene regulatory network inference from multifactorial perturbation data using both regression and correlation analyses[J]. PLoS ONE，2012，7（9）：e43819.

[90] Chowdhury A R，Chetty M，Vinh X N. On the reconstruction of genetic network from partial microarray data[C]//Huang T W，Zeng Z G，Li C D，et al. Neural Information Processing：19th International Conference，ICONIP 2012，Doha，Qatar，November 12-15，2012，Proceedings，Part I. Berlin：Springer，2012：689-696.

[91] Geier F，Timmer J，Fleck C. Reconstructing gene-regulatory networks from time series，knock-out data，and prior knowledge[J]. BMC Systems Biology，2007，1（1）：1-16.

[92] Handl J，Kell D B，Knowles J. Multiobjective optimization in bioinformatics and computational biology[J]. IEEE/ACM Transactions on Computational Biology and Bioinformatics，2007，4（2）：279-292.

[93] Lochtefeld D F. Multiobjectivization via helper-objectives with the tunable objectives

problem[J]. IEEE Transactions on Evolutionary Computation，2012，16（3）：373-390.
[94] Brockhoff D，Friedrich T，Hebbinghaus N，et al. Do additional objectives make a problem harder?[C]//Proceedings of the 9th Annual Conference on Genetic and Evolutionary Computation. Association for Computing Machinery，2007：765-772.
[95] Knowles J D，Watson R A，Corne D W. Reducing local optima in single-objective problems by multi-objectivization[C]//Proceedings of the First International Conference on Evolutionary Multi-criterion Optimization. London：Springer-Verlag，2001：269-283.
[96] Jensen M T. Helper-objectives：Using multi-objective evolutionary algorithms for single-objective optimisation[J]. Journal of Mathematical Modelling & Algorithms，2005，3（4）：323-347.
[97] Huang Y J，Jin Y C，Hao K R. Decision-making and multi-objectivization for cost sensitive robust optimization over time[J]. Knowledge-Based Systems，2020，199：105857.
[98] Handl J，Lovell S C，Knowles J. Investigations into the effect of multiobjectivization in protein structure prediction[C]//Proceedings of the 10th International Conference on Parallel Problem Solving from Nature：PPSN X. Berlin：Springer，2008：702-711.
[99] Liu J，Cheng R，Jin Y C. Bi-fidelity evolutionary multiobjective search for adversarially robust deep neural architectures[J]. Neurocomputing，2023，550：126465.
[100] Thomas S A，Jin Y C. Single and multi-objective in silico evolution of tunable genetic oscillators[C]//Purshouse R C，Fleming P J，Fonseca C M，et al. Evolutionary Multi-criterion Optimization：7th International Conference，EMO 2013，Sheffield，UK，March 19-22，2013. Proceedings. Berlin：Springer，2013：696-709.
[101] Sîrbu A，Ruskin H J，Crane M. Comparison of evolutionary algorithms in gene regulatory network model inference[J]. BMC Bioinformatics，2010，11：1-20.
[102] Miller J F. Evolving developmental programs for adaptation，morphogenesis，and self-repair[C]//Advances in Artificial Life：7th European Conference on Artificial Life，2003：256-265.
[103] Federici D，Ziemke T. Why are evolved developing organisms also fault-tolerant? [C]// From Animals to Animats 9：9th International Conference on Simulation of Adaptive Behavior，SAB 2006，Rome，Italy，September 25-29，2006，Proceedings，2006：449-460.
[104] Bentley P，Kumar S. Three ways to grow designs：A comparison of embryogenies for an evolutionary design problem[C]//GECCO'99：Proceedings of the 1st Annual Conference on Genetic and Evolutionary Computation-Volume 1，1999：35-43.
[105] Bowers C P. Formation of modules in a computational model of embryogeny[C]// Proceedings of the 2005 Congress on Evolutionary Computation，2005，1：537-542.
[106] Eggenberger P. Evolving morphologies of simulated 3D organisms based on differential gene expression[C]//Proceedings of the 4th European Conference on Artificial Life，1997：216-224.
[107] Geard N L，Wiles J H. Investigating Ontogenetic Space with Developmental Cell Lineages[C]// Proceedings of the Tenth International Conference on the Simulation and Synthesis if Living Systems，2006：56-62.

[108] Schramm L，Jin Y C，Sendhoff B. Emerged coupling of motor control and morphological development in evolution of multi-cellular animats[C]//Proceedings of the European Conference on Artificial Life，2009：27-34.

[109] Steiner T，Jin Y C，Sendhoff B. A cellular model for the evolutionary development of lightweight material with an inner structure[C]//Proceedings of the 10th Annual Conference on Genetic and Evolutionary Computation，2008：851-858.

[110] Jin Y C，Schramm L，Sendhoff B. A gene regulatory model for the development of primitive nervous systems[C]//INNS-NNN Symposia on Modeling the Brain and Nervous Systems，2008：48-55.

[111] Steiner T，Olhofer M，Sendhoff B. Towards shape and structure optimization with evolutionary development[C]//Proceedings of the Tenth International Conference on the Simulation and Synthesis of Living Systems，2006：70-76.

[112] Palsson E，Othmer H G. A model for individual and collective cell movement in *Dictyostelium discoideum*[J]. Proceedings of the National Academy of Sciences of the United States of America，2000，97（19）：10448-10453.

[113] Tufte G. Gene regulation mechanisms introduced in the evaluation criteria for a hardware cellular development system[C]//First NASA/ESA Conference on Adaptive Hardware and Systems，2006：137-144.

[114] Rudge T J，Geard N. Evolving gene regulatory networks for cellular morphogenesis[J]. Recent Advances in Artificial Life：Advances in Natural Computation，2005，3：239-525.

[115] Federici D. Increasing evolvability for developmental programs[C]//Miller J. GECCO Workshop on Regeneration and Learning in Developmental Systems. New York：ACM Press，2004：43-46.

[116] Li J，Kim T，Szymanski D B. Multi-scale regulation of cell branching：Modeling morphogenesis[J]. Developmental Biology，2019，451（1）：40-52.

[117] Schramm L，Jin Y C，Sendhoff B. Quantitative analysis of redundancy in evolution of developmental systems[C]//2012 IEEE Symposium on Computational Intelligence in Bioinformatics and Computational Biology （CIBCB），2012：61-68.

[118] Wang Y，Minarsky A，Penner R，et al. Model of morphogenesis[J]. Journal of Computational Biology，2020，27（9）：1373-1383

[119] Citri A，Malenka R C. Synaptic plasticity：Multiple forms，functions，and mechanisms[J]. Neuropsychopharmacology，2007，33（1）：18-41.

[120] Brown J T，Randall A D. Activity-dependent depression of the spike after-depolarization generates long-lasting intrinsic plasticity in hippocampal CA3 pyramidal neurons[J]. Journal of Physiology，2009，587（6）：1265-1281.

[121] Shepherd J D，Rumbaugh G，Wu J，et al. Arc/Arg3.1 mediates homeostatic synaptic scaling of AMPA receptors[J]. Neuron，2006，52（3）：475-484.

[122] Abraham W C，Bear M F. Metaplasticity：The plasticity of synaptic plasticity[J]. Trends in

Neurosciences，1996，19（4）：126-130.
[123] Hebb D O. The Organization of Behavior：A Neuropsychological Theory[M]. New York：Wiley，1949.
[124] Barlow H B，Foldiak P. Adaptation and decorrelation in the cortex[C]//Durbin R，Miall C，Mitchison G. The Computing Neuron. Wokingham：Addison-Wesley，1989：54-72.
[125] Oja E. Simplified neuron model as a principal component analyzer[J]. Journal of Mathematical Biology，1982，15（3）：267-273.
[126] Bienenstock E L，Cooper L N，Munro P W. Theory for the development of neuron selectivity：Orientation specificity and binocular interaction in visual cortex[J]. Journal of Neuroscience，1982，2（1）：32-48.
[127] Wang X，Jin Y C，Du W，et al. Evolving dual-threshold bienenstock-cooper-munro learning rules in echo state networks[J]. IEEE Transactions on Neural Networks and Learning Systems，2022，35（2）：1572-1583.
[128] Malsburg C. Self-organization of orientation sensitive cells in the striate cortex[J]. Kyber-netik，1973，14（2）：85-100.
[129] Bi G Q，Poo M M. Synaptic modifications in cultured hippocampal neurons：Dependence on spike timing，synaptic strength，and postsynaptic cell type[J]. Journal of Neuroscience，1998，18（24）：10464-10472.
[130] Feldman D E. Timing-based LTP and LTD at vertical inputs to layer ii/iii pyramidal cells in rat barrel cortex[J]. Neuron，2000，27（1）：45-56.
[131] Wittenberg G M，Wang S S. Malleability of spike-timing-dependent plasticity at the ca3-ca1 synapse[J]. Journal of Neuroscience，2006，26：6610-6617.
[132] Song S，Miller K D，Abbott L F. Competitive Hebbian learning through spike-timing-dependent synaptic plasticity[J]. Nature Neuroscience，2000，3（9）：919-926.
[133] Markram H，Luebke J，Frotscher M，et al. Regulation of synaptic efficacy by coincidence of postsynaptic aps and epsps[J]. Science，1997，275（5297）：213-215.
[134] Bush D，Jin Y C. Calcium control of triphasic hippocampal STDP[J]. Journal of Computational Neuroscience，2012，33：495-514.
[135] Stuart J R，Peter N. Artificial Intelligence：A Modern Approach[M]. Englewood Clifffs：Prentice Hall，2010.
[136] Richard S S，Andrew G B. Reinforcement Learning：An Introduction[M]. Cambridge：MIT Press，2018.
[137] Kitano H. Biological robustness[J]. Nature Reviews Genetics，2004，5（11）：826-837.
[138] Wagner A. Robustness and Evolvability in Living Systems[M]. Princeton：Princeton University Press，2007.
[139] Aguilar-Rodríguez J，Payne J L. Robustness and evolvability in transcriptional regulation[C]//Evolutionary Systems Biology：Advances，Questions，and Opportunities，2021：197-219.
[140] Vaishnav E D，de Boer C G，Molinet J，et al. The evolution，evolvability and engineering of

gene regulatory DNA[J]. Nature，2022，603（12）：455-463.

[141] Lenski R E，Barrick J E，Ofria C. Balancing robustness and evolvability[J]. Plos Biology，2006，4（12）：e428.

[142] Ciliberti S，Martin O C，Wagner A. Robustness can evolve gradually in complex regulatory gene networks with varying topology[J]. PLoS Computational Biology，2007，3（2）：e15.

[143] Wagner A. Distributed robustness versus redundancy as causes of mutational robustness[J]. Bioessays，2010，27（2）：176-188.

[144] Barnett L. Evolutionary search on fitness landscapes with neutral networks[D]. Brighton：University of Sussex，2003.

[145] Turney P D. Increasing evolvability considered as a large-scale trend in evolution[C]// Proceedings of the 1999 Genetic and Evolutionary Computation Conference Workshop Program，1999：43-46.

[146] Reisinger J，Stanley K O，Miikkulainen R. Towards an empirical measure of evolvability[C]// Proceedings of the 2005 Workshops on Genetic and Evolutionary Computation，2005：257-264.

[147] Izquierdo E J，Fernando C T. The evolution of evolvability in gene transcription networks[C]// Proceedings of Alife XI，2008：265-273.

[148] Jin Y C，Gruna R，Paenke I，et al. Evolutionary multi-objective optimization of robustness and innovation in redundant genetic representations[C]//2009 IEEE Symposium on Computational Intelligence in Multi-Criteria Decision-Making （MCDM）. IEEE，2009：38-45.

[149] Allman J M. Evolving Brains[M]. New York：Scientific American Library，1999.

[150] Jones B，Jin Y C，Yao X，et al. Evolution of neural organization in the hydramat-a computational model of a radially-symmetric organism[C]//International Conference on Neural Information Processing. Lecture Notes in Computer Science（LNTCS，volume 5506），2008：216-223.

[151] Stearns S C. Trade-offs in life-history evolution[J]. Functional Ecology，1989，3：259-268.

[152] Mukhopadhyay A，Tissenbaum H A. Reproduction and longevity：Secrets revealed by *C.elegans*[J]. Trends in Cell Biology，2007，17（2）：65-71.

[153] Paenke P，Jin Y C，Branke J. Balancing population and individual level adaptation in changing environments[J]. Adaptive Behavior，2009，17（2）：153-174.

[154] Charnov E C，Ernest S K M. The offspring-size/clutch-size trade-off in mammals[J]. The American Naturalist，2006，167（4）：578-582.

[155] Handl J，Kell D，Knowles J. Multi-objective optimization in computational biology and bioinformatics[J]. ACM/IEEE Transactions on Computational Biology and Bioinformations，2007，4：279-292.

[156] Alon U. Network motifs：Theory and experimental approaches[J]. Nature Review Genetics，2007，8：450-461.

[157] Babu M M，Luscombe N M，Aravind L，et al. Structure and evolution of transcriptional regulatory networks[J]. Current Opinion in Structural Biology，2004，14（3）：283-291.

[158] Yung-Keun K，Kwang-Hyun C. Quantitative analysis of robustness and fragility in biological networks based on feedback dynamics[J]. Bioinformatics，2008，7（24）：987-994.

[159] Brackley C A，Gilbert N，Michieletto D，et al. Complex small-world regulatory networks emerge from the 3d organisation of the human genome[J]. Nature Coomunications，2021，12：5756.

[160] Albert R，Barabási A L. Statistical mechanics of complex networks[J]. Reviews of Modern Physics，2002，74（1）：47-97.

[161] Deb K，Agrawal S，Pratab A，et al. A fast elitist non-dominated sorting genetic algorithm for multi-objective optimization：NSGA-II[C]//International Conference on Parallel Problem Solving from Nature. Lecture Notes in Computer Science（LNCS，volume 1917），2000：849-858.

[162] Lehre P K，Haddow P C. Phenotypic complexity and local variations in neutral degree[J]. BioSystems，2007，87：233-242.

[163] Magurran A E. Ecological diversity and its measurement[M]. Princeton：Princeton University Press，1988.

[164] Deb K，Pratap A，Agarwal S，et al. A fast and elitist multiobjective genetic algorithm：NSGA-II[J]. IEEE Transactions on Evolutionary Computation，2002，6（2）：182-197.

[165] Gruna R. Analysis of redundant genotype-phenotype mappings-investigation of the effect of neutrality on evolvability and robustness[D]. Karlsruhe：Karlsruher Institute of Technologiy，2007.

[166] Jin Y C，Trommler J. A fitness-independent evolvability measure for evolutionary developmental systems[C]//2010 IEEE Symposium on Computational Intelligence in Bioinformatics and Computational Biology，2010：69-76.

[167] Maeda H A，Fernie A R. Evolutionary history of plant metabolism[J]. Annual Review of Plant Biology，2021，72：185-216.

[168] Rivera A M，Swanson W J. The importance of gene duplication and domain repeat expansion for the function and evolution of fertilization proteins[J]. Frontiers in Cell and Developmental Biology，2022，10：827454.

[169] Steiner T，Trommler J，Brenn M，et al. Global shape with morphogen gradients and motile polarized cells[C]//2009 IEEE Congress on Evolutionary Computation，2009：2225-2232.

[170] Needleman S B，Wunsch C D. A general method applicable to the search for similarities in the amino acid sequence of two proteins[J]. Journal of Molecular Biology，1970，48（3）：443-453.

[171] Hoaglin D C，Mosteller F，Tukey J W. Understanding robust and exploratory data analysis[J]. New York：Wiley，1983.

[172] Earl D J，Deem M W. Evolvability is a selectable trait[J]. PNAS，2004，101：11531-11536.

[173] Jin Y C，Meng Y，Sendhoff B. Influence of regulation logic on the easiness of evolving sustained oscillation for gene regulatory networks[C]//2009 IEEE Symposium on Artificial Life，2009：61-68.

[174] Jong H D. Modeling and simulation of genetic regulatory systems：A literature review[J].

Journal of Computational Biology，2002，9（1）：67-103.

[175] Lee T J，Tu D，Tan C M，et al. Modeling cellular networks[M]//Alterovitz G，Ramoni M F. Systems Bioinformatics：An Engineering Case-Based Approach. Norwood：Artech House，Inc.，2007：151-178.

[176] Francois P，Hakim V. Design of genetic networks with specified functions by evolution in silico[J]. Proceedings of the National Academy of Sciences of USA，2007，101（2）：580-585.

[177] Chu D. Evolving genetic regulatory networks for systems biology[C]//2007 IEEE Congress on Evolutionary Computation，2007：875-882.

[178] Paladugu S R，Chickarmane V，Dekard A，et al. In silico evolution of functional modules in biochemical networks[J]. IEEE Proceedings on Systems Biology，2006，153（4）：223-235.

[179] Knabe J F，Nehaniv C L，Schilstra M J. et al. Evolving biological clocks using genetic regulatory networks[C]//Proceedings of the Artificial Life X Conference（Alife 10），2006：15-21.

[180] Quick T，Nehaniv C L，Dautenhahn K，et al. Evolving embodied genetic regulatory network-driven control systems[C]//European Conference on Artificial Life，2003：266-277.

[181] Crumire A，Sablik M. Positive circuits and d-dimensional spatial differentiation：application to the formation of sense organs in drosophila[J]. Biosystems，2008，94（1-2）：102-108.

[182] Kwon Y K，Cho K H. Analysis of feedback loops and robustness in network evolution based on Boolean models[J]. BMC Bioinformatics，2007，8（1）：430-430.

[183] Kwon Y K，Cho K H. Coherent coupling of feedback loops：A design principle of cell signaling networks[J]. Bioinformatics，2008，24（17）：1926-1932.

[184] Tsai T Y，Choi Y S，Ma W，et al. Robust，tunable biological oscillations from interlinked positive and negative feedback loops[J]. Science，2008，321（5885）：126-129.

[185] Schilstra M J，Nehaniv C L. Bio-logic：Gene expression and the laws of combinatorial logic[J]. Artificial Life，2008，14（1）：121-133.

[186] Milo S，Shen-orr S，Itzkovitz S，et al. Network motifs：Simple building blocks of complex networks[J]. Science，2002，298（5594）：824-827.

[187] Krishnan A，Tomita M，Giuliani A. Evolution of gene regulatory networks：robustness as an emergent property of evolution[J]. Physica A，2008，387：2170-2186.

[188] Yuh C H，Bolouri H，Bower J，et al. A logical model of cis-regulatory control in a eukaryotic system[C]//Computational Modeling of Genetic and Biochemical Networks，2000：73-100.

[189] Knabe J，Schilstra M，Nehaniv C L. Evolution and morphogenesis of differentiated multicellular organisms：Autonomously generated diffusion gradients for positional information[C]//Proceedings of the 11th International Conference on the Simulation and Synthesis of Living Systems，2008：321-328.

[190] Jin Y C. Advanced Fuzzy Systems Design and Applications[M]. Heidelberg：Physica-Verl，2003.

[191] Zhang J Z. Evolution by gene duplication：An update[J]. Trends in Ecology&Evolution，2003，18（6）：292-298.

[192] Samonte R V，Eichler E E. Segmental duplications and the evolution of the primate genome[J]. Nature Review Genetics，2002，3（1）：65-72.

[193] Nowak M A，Boerlijst M C，Cooke J，et al. Evolution of genetic redundancy[J]. Nature，1997，388：167-171.

[194] Gonze D. Coupling oscillations and switches in genetic networks[J]. Biosystems，2010，99（1）：60-69.

[195] Jin Y C，Meng Y. Morphogenetic robotics：An emerging new field in developmental robotics[J]. IEEE Transactions on Systems，Man，and Cybernetics，Part C：Applications and Reviews，2011，41（2）：145-160.

[196] Jahnsen H，Llinas R. Electrophysiological properties of guinea-pig thalamic neurones：An in vitro study[J]. The Journal of Physiology，1984，349（1）：205-226.

[197] Llinás R R. The intrinsic electrophysiological properties of mammalian neurons：Insights into central nervous system function[J]. Science，1988，242（4886）：1654-1664.

[198] Thomas S A，Jin Y C. Combining genetic oscillators and switches using evolutionary algorithms[C]//2012 IEEE Symposium on Computational Intelligence in Bioinformatics and Computational Biology （CIBCB），2012：28-34.

[199] Zhu H L，Rao R S P，Zeng T，et al. Reconstructing dynamic gene regulatory networks from sample-based transcriptional data[J]. Nucleic Acids Research，2012，40（21）：10657-10667.

[200] Aalto A，Viitasaari L，Ilmonen P，et al. Gene regulatory network inference from sparsely sampled noisy data[J]. Nature Communications，2020，11（1）：1-9.

[201] Clyde D E，Corado M S G，Wu X，et al. A self-organizing system of repressor gradients establishes segmental complexity in *Drosophila*[J]. Nature，2003，426（6968）：849-853.

[202] Gardner T S，di Bernardo D，Lorenz D，et al. Inferring genetic networks and identifying compound mode of action via expression profiling[J]. Science，2003，301（5629）：102-105.

[203] Mercatelli D，Scalambra L，Triboli L，et al. Gene regulatory network inference resources：A practical overview[J]. BBA Gene Regulatory Mechanisms，2020，1683（6）：194430.

[204] Thomas S A，Jin Y C，Laing E，et al. Reconstructing regulatory networks in Streptomyces using evolutionary algorithms[C]//2013 13th UK Workshop on Computational Intelligence（UKCI），2013：24-30.

[205] Allenby N E E，Laing E，Bucca G，et al. Diverse control of metabolism and other cellular processes in *Streptomyces coelicolor* by the PhoP transcription factor：Genome-wide identification of *in vivo* targets[J]. Nucleic Acids Research，2012，40（19）：9543-9556.

[206] Hesketh A，Hill C，Mokhtar J，et al. Genome-wide dynamics of a bacterial response to antibiotics that target the cell envelope[J]. BMC Genomics，2011，12：1-20.

[207] Van Wezel G P，Mcdowall K J. The regulation of the secondary metabolism of Streptomyces：new links and experimental advances[J]. Natural Product Reports，2011，28（7）：1311-1333.

[208] Lamarche M G，Wanner B L，Crépin S，et al. The phosphate regulon and bacterial virulence：

A regulatory network connecting phosphate homeostasis and pathogenesis[J]. FEMS Microbiology Reviews，2008，32（3）：461-473.

[209] Rodríguez-García A，Sola-Landa A，Apel K，et al. Phosphate control over nitrogen metabolism in *Streptomyces coelicolor*：Direct and indirect negative control of *glnR*，*glnA*，*glnII* and *amtB* expression by the response regulator PhoP[J]. Nucleic Acids Research，2009，37（10）：3230-3242.

[210] Jin Y C，Sendhoff B. A systems approach to evolutionary multi-objective structural optimization and beyond[J]. IEEE Computational Intelligence Magazine，2009，4（3）：62-76.

[211] Blaiszik B J，Kramer S L B，Olugebefola S C，et al. Self-healing polymers and composites[J]. Annual Review of Materials Research，2010，40：179-211.

[212] Ashe H L，Briscoe J. The interpretation of morphogen gradients[J]. Development，2006，133（3）：385-394.

[213] Cooper M B，Loose M，Brookfield J F Y. Evolutionary modelling of feed forward loops in gene regulatory networks[J]. Biosystems，2008，91（1）：231-244.

[214] Quayle A P，Bullock S. Modelling the evolution of genetic regulatory networks[J]. Journal of Theoretical Biology，2006，238（4）：737-753.

[215] Crombach A，Hogeweg P. Evolution of evolvability in gene regulatory net-works[J]. PLoS Computational Biology，2008，4（7）：e1000112.

[216] Kuo P D，Banzhaf W，Leier A. Network topology and the evolution of dynamics in an artificial genetic regulatory network model created by whole genome dupli-cation and divergence[J]. BioSystems，2006，85（3）：177-200.

[217] Kitano H. Computational systems biology[J]. Nature，2004，20：206-210.

[218] Shvartsman S Y，Coppey M，Berezhkovskii A M. Dynamics of maternal morphogen gradients in *Drosophila*[J]. Current Opinion in Genetics & Development，2008，18（4）：342-347.

[219] Miller J F. Evolving a self-repairing，self-regulating，french flag organism[C]//Genetic and Evolutionary Computation-GECCO 2004，2004：129-139.

[220] Andersen A，Newman R，Otter T，2009. Shape homeostasis in virtual embryos[J]. Artificial Life，15（2）：161-183.

[221] Basanta D，Miodownik M，Baum B. The evolution of robust development and homeostasis in artificial organisms[J]. PLoS Computational Biology，2008，4（3）：e1000030.

[222] Schramm L，Jin Y C，Sendhoff B. Evolution and analysis of genetic networks for stable cellular growth and regeneration[J]. Artificial Life，2012，18（4）：1-20.

[223] Hotz P E，Gómez G，Pfeifer R. Evolving the morphology of a neural network for controlling a foveating retina and its test on a real robot[C]//Proceedings of the 8th International Conference on Artificial Life 3，2003：243-251.

[224] Schramm L，Jin Y C，Sendhoff B. Redundancy creates opportunity in developmental representations[C]//Proceedings of the IEEE Symposium Series on Computational Intelligence，2011：203-210.

[225] Alvarado A S，Tsonis P A. Bridging the regeneration gap：Genetic insights from diverse animal models[J]. Nature Reviews Genetics，2006，7：873-884.

[226] Fujita S，Kuranaga E，Nakajima Y. Regeneration potential of jellyfish：Cellular mechanisms and molecular insights[J]. Genes，2021，12（5）：758.

[227] Meinhardt H. The radial-symmetric hydra and the evolution of the bilateral body plan：An old body became a young brain[J]. BioEssays，2002，24（2）：185-191.

[228] Ghysen A. The origin and evolution of the nervous system[J]. International Journal of Developmental Biology，2003，47：555-562.

[229] Jones B H D. The evolutionary emergence of neural organisation in computational models of primitive organisms[D]. Birmingham：University of Birmingham，2010.

[230] Holtmaatl A，Svoboda K. Experience-dependent structural synaptic plasticity in the mammalian brain[J]. Nature Reviews Neuroscience，2009，10：647-658.

[231] Merzenich M M，Kaas J H，Wall J，et al. Topographic reorganization of somatosensory cortical areas 3b and 1 in adult monkeys following restricted deafferentation[J]. Neuroscience，1983，8（1）：33-55.

[232] Merzenich M M，Nelson R J，Stryker M P，et al. Somatosensory cortical map changes following digit amputation in adult monkeys[J]. Journal of Comparative Neurology，1984，224（4）：591-605.

[233] Downing K L. Supplementing evolutionary developmental systems with abstract models of neurogenesis[C]//Genetic and Evolutionary Computation Conference. Association for Computing Machinery，2007：990-996.

[234] Jones B，Jin Y C，Sendhoff B，et al. Evolving functional symmetry in a three dimensional model of an elongated organism[C]//Proceedings of the 11th International Conference on the Simulation and Synthesis of Living Systems，2008：305-312.

[235] Psujek S，Beer R D. Developmentalbias in evolution：evolutionary accessibility of phenotypes in a model of evo-devo systems[J]. Evolution and Development，2008，10（3）：375-390.

[236] Cangelosi A，Parisi D，Nolfi S. Cell division and migration in a ‘genotype’ for neural networks[J]. Networks-Computational in Neural Systems，1994，5：479-515.

[237] Federici D. Evolving developing spiking neural networks[C]//IEEE Congress on Evolutionary Computation，2005：543-550.

[238] Kowaliw T，Bredeche N，Chevallier S，et al. Artificial neurogenesis：An introduction and selective review[M]//Kowaliw T，Bredeche N，Doursat R. Growing Adaptive Machines：Combining Development and Learning in Artificial Neural Networks. Berlin：Springer，2014：1-60.

[239] Sanes D H，Reh T A，Harris W A. Development of the Nervous System[M]. Amsterdam：Academic Press，2006.

[240] Steiner T，Schramm L，Jin Y C，et al. Emergence of feedback in artificial gene regulatory networks[C]//Proceedings of the IEEE Conference on Evolutionary Computation，2007：867-874.

[241] Gilbert S F. Developmental Biology[M]. 7th edition. Sunderland：Sinauer Associates，2003.

[242] Koizumi O. Developmental neurobiology of hydra，a model animal of cnidarians[J]. Canadian Journal of Zoology，2002，80（10）：1678-1689.

[243] Dayan P，Abbott L F. Theoretical Neuroscience：Computational and Mathematical Modeling of Neural Systems[M]. Cambridge：MIT Press，2001.

[244] Gewaltig M O，Diesmann M. Nest（neural simulation tool）[J]. Scholarpedia，2007，2（4）：1430.

[245] Nicolis G. Introduction to Nonlinear Science[M]. Cambridge：Cambridge University Press，1995.

[246] Schwefel H P. Evolution and Optimum Search[M]. New York：John Wiley，1994.

[247] Chrol-Cannon J，Jin Y C. Computational modeling of neural plasticity for self-organization of neural networks[J]. Biosystems，2014，125：43-54.

[248] Shouval H Z，Wang S S H，Wittenberg G M. Spike timing dependent plasticity：A consequence of more fundamental learning rules[J]. Frontiers in Computational Neuroscience，2010，4：1-13.

[249] Graupner M，Brunei N. Calcium-based plasticity model explains sensitivity of synaptic changes to spike pattern，rate，and dendritic location[J]. Proceedings of the National Academy of Sciences，2012，109（10）：3991-3996.

[250] Izhikevich E M. Solving the distal reward problem through linkage of STDP and dopamine signaling[J]. BMC Neuroscience，2007，8（2）：1-2.

[251] Legenstein R，Pecevski D，Maass W. A learning theory for reward-modulated spike-timing-dependent plasticity with application to biofeedback[J]. PLoS Computational Biology，2008，4（10）：e1000180.

[252] Schrauwen B，Wardermann M，Verstraeten D，et al. Improving reservoirs using intrinsic plasticity[J]. Neurocomputing，2008，71（7-9）：1159-1171.

[253] Joshi P，Triesch J. Optimizing generic neural microcircuits through reward modulated STDP[C]//Artificial Neural Networks – ICANN 2009：19th International Conference. Springer，2009：239-248.

[254] Xue F Z，Hou Z C，Li X M. Computational capability of liquid state machines with spike-timing-dependent plasticity[J]. Neurocomputing，2013，122：324-329.

[255] Toyoizumi T，Pfister J P，Aihara K，et al. Optimality model of unsupervised spike-timing-dependent plasticity：Synaptic memory and weight distribution[J]. Neural Computation，2007，19（3）：639-671.

[256] Hennequin G，Gerstner W，Pfister J P. STDP in adaptive neurons gives close-to-optimal information transmission[J]. Frontiers in Computational Neuroscience，2010，4：1-16.

[257] Li Y，Meloni E G，Carlezon W A，et al. Learning and reconsolidation implicate different synaptic mechanisms[J]. Proceedings of the National Academy of Sciences，2013，110（12）：4798-4803.

[258] Van Rossum M C W，Turrigiano G G. Correlation based learning from spike timing dependent plasticity[J]. Neurocomputing，2001，38-40：409-415.

[259] Jaeger H. Reservoir riddles：Suggestions for echo state network research[C]//2005 IEEE International Joint Conference on Neural Networks，2005，3：1460-1462.

[260] Babinec Š，Pospíchal J. Improving the prediction accuracy of echo state neural networks by anti-Oja's learning[C]//International Conference on Artificial Neural Networks，2007：19-28.

[261] Buonomano D V，Maass W. State-dependent computations：spatiotemporal processing in cortical networks[J]. Nature Reviews Neuroscience，2009，10（2）：113-125.

[262] Maass W，Natschlager T，Markram H. Real-time computing with-out stable states：A new framework for neural computation based on perturbations[J]. Neural Computation，2002，14（11）：2531-2560.

[263] Rosenblatt F. The perceptron：A probabilistic model for information storage and organization in the brain[J]. Psychological Review，1958，65（6）：386-408.

[264] French R M. Catastrophic forgetting in connectionist networks[J]. Trends in Cognitive Sciences，1999，3（4）：128-135.

[265] Ratcliff R. Connectionist models of recognition memory：Constraints imposed by learning and forgetting functions[J]. Psychological Review，1990，97：285-308.

[266] Hadsell R，Rao D，Rusu A A，et al. Embracing change：Continual learning in deep neural networks[J]. Trends in Cognitive Sciences，2020，24（12）：1028-1040.

[267] Kirkpatricka J，Pascanu R，Rabinowitz N，et al. Overcoming catastrophic forgetting in neural networks[J]. PNAS，2017，13（114）：521-3526.

[268] Manu S H，Friedemann Z. The combination of Hebbian and predictive plasticity learns invariant object representations in deep sensory networks[J]. Nature Neuroscience，2023，26（11）：1906-1915.

[269] Izhikevich E M. Simple model of spiking neurons[J]. IEEE Transactions on Neural Networks，2003，14（6）：1569-1572.

[270] Izhikevich E M. Which model to use for cortical spiking neurons?[J]. IEEE Transactions on Neural Networks，2004，15（5）：1063-1370.

[271] Jaeger H. Discovering multiscale dynamical features with hierarchical echo state networks[R]. Bremen：Jacobs University，2007.

[272] Schuldt C，Laptev I，Caputo B. Recognizing human actions：A local SVM approach[C]//ICPR Proceedings of the 17th International Conference on Pattern Recognition，2004，3：32-36.

[273] Kudo M，Toyama J，Shimbo M. Multidimensional curve classification using passing-through regions[J]. Pattern Recognition Letters，1999，20（11-13）：1103-1111.

[274] McCloskey M，Cohen N. Catastrophic interference in connectionist networks：The sequential learning problem[J]. The Psychology of Learning and Motivation，1989，24：109-164.

[275] Darshan R，Leblois A，Hansel D. Interference and shaping in sensorimotor adaptations with rewards[J]. PLoS Computational Biology，2014，10（1）：e1003377.

[276] Lepousez G，Nissant A，Bryant A K，et al. Olfactory learning promotes input-specific synaptic

plasticity in adult-born neurons[J]. Proceedings of the National Academy of Sciences，2014，111（38）：13984-13989.

[277] Sharpee T O. Function determines structure in complex neural networks[J]. Proceedings of the National Academy of Sciences，2014，111（23）：8327-8328.

[278] Yin J，Meng Y，Jin Y C. A developmental approach to structural self-organization in reservoir computing[J]. IEEE Transactions on Autonomous Mental Development，2012，4（4）：273-289.

[279] Illing B，Ventura J，Guillaume Bellec W G，et al. Local plasticity rules can learn deep representations using self-supervised contrastive predictions[J]. Advances in Neural Information Processing Systems，2021，34：30365-30379.

[280] Wang X J，Jin Y C，Hao K R. Evolving local plasticity rules for synergistic learning in echo state networks[J]. IEEE Transactions on Neural Network and Learn Systems，2020，31（4）：1363-1374.

[281] Kalat J W. Biological Psychology[M]. Belmont：Wadsworth Publishing，2008.

[282] Flavell S，Greenberg M E. Signaling mechanisms linking neuronal activity to gene expression and plasticity of the nervous system[J]. Annual Review of Neuroscience，2008，31：563-590.

[283] Meng Y，Zhang Y，Jin Y C. Autonomous self-reconfiguration of modular robots by evolving a hierarchical mechanochemical model[J]. IEEE Computational Intelligence Magazine，2011，6（1）：43-54.

[284] Sharp D H，Mjolsness E，Reinitz J. A connectionist model of development[J]. Journal of Theoretical Biology，1991，18：429-453.

[285] Meng Y，Zhang Y Y，Jin Y C. A morphogenetic approach to self-reconfigurable modular robots using a hybrid hierarchical gene regulatory network[C]//Proceedings of the 12th International Conference on the Synthesis and Simulation of Living Systems（ALife XII），2010：765-772.

[286] Werbos P J. Generalization of backpropagation with application to a recurrent gas market model[J]. Neural Neworks，1988，1（4）：339-356.

[287] Le Q V，Zhou W Y，Yeung S Y，et al. Learning hierarchical invariant spatio-temporal features for action recognition with independent subspace analysis[C]//Proceedings ot the 2011 IEEE Conference on Computer Vision and Pattern Recognition，2011：3361-3368.

[288] Jhuang H，Serre T，Wolf L，et al. A biologically inspired system for action recognition[C]//2007 IEEE 11th International Conference on Computer Vision，2007：1-8.

[289] Zhou Y，Jin Y C，Sun Y，et al. Surrogate-assisted cooperative co-evolutionary reservoir architecture search for liquid state machines[J]. IEEE Transactions on Emerging Topics in Computational Intelligence，2023，7（5）：1484-1498.

[290] Elsken T，Metzen J H，Hutter F. Neural architecture search：A survey[J]. The Journal of Machine Learning Research，2019，20（1）：1997-2017.

[291] Liu Y Q，Sun Y，Xue B，et al. A survey on evolutionary neural architecture search[J]. IEEE Transactions on Neural Networks and Learning Systems，2021，34（2）：550-570.

[292] Tarjan R. Depth-first search and linear graph algorithms[J]. SIAM Journal on Computing，1972，1（2）：146-160.

[293] Liu H X，Simonyan K，Vinyals O，et al. Hierarchical representations for efficient architecture search[C]//International Conference on Learning Representations，2018：1-13.

[294] Wang X J，Jin Y C，Hao K R. Echo state networks regulated by local intrinsic plasticity rules for regression[J]. Neurocomputing，2019，351：111-122.

[295] Bishop C M. Neural Networks for Pattern Recognition[M]. Oxford：Oxford University Press，1995.

[296] Van Rossum M C W，Bi G Q，Turrigiano G G. Stable Hebbian learning from spike timing-dependent plasticity[J]. The Journal of Neuroscience，2000，20（23）：8812-8821.

[297] Peng X G，Jin Y C，Wang H D. Multimodal optimization enhanced cooperative coevolution for large-scale optimization[J]. IEEE Transactions on Cybernetics，2019，49（9）：3507-3520.

[298] Yang P，Tang K，Yao X. Turning high-dimensional optimization into computationally expensive optimization[J]. IEEE Transactions on Evolutionary Computation，2018，22（1）：143-156.

[299] Ma X L，Li X，Zhang Q，et al. A survey on cooperative co-evolutionary algorithms[J]. IEEE Transactions on Evolutionary Computation，2019，23（3）：421-441.

[300] Ho T K. Random decision forests[C]//Proceedings of 3rd International Conference on Document Analysis and Recognition，1995，1：278-282.

[301] Loh W Y. Classification and regression trees[J]. WIREs Data Mining and Knowledge Discovery，2011，1（1）：14-23.

[302] Shahriari B，Swersky K，Wang Z，et al. Taking the human out of the loop：A review of bayesian optimization[J]. Proceedings of the IEEE，2016，104（1）：148-175.

[303] Reyes-Ortiz J L，Oneto L，Samà A，et al. Transition-aware human activity recognition using smartphones[J]. Neurocomputing，2016，171：754-767.

[304] Gallego G，Delbrück T，Orchard G，et al. Event-based vision：A survey[J]. IEEE Transactions on Pattern Analysis and Machine Intelligence，2020，44（1）：154-180.

[305] Orchard G，Jayawant A，Cohen G K，et al. Converting static image datasets to spiking neuromorphic datasets using saccades[J]. Frontiers in Neuroscience，2015，9（178）：437.

[306] Lukosevicius M，Jaeger H. Reservoir computing approaches to recurrent neural network training[J]. Computer Science Review，2009，3（3）：127-149.

[307] Song Q S，Feng Z R. Effects of connectivity structure of complex echo state network on its prediction performance for nonlinear time series[J]. Neurocomputing，2010，73（10-12）：2177-2185.

[308] Jaeger H. The 'echo state' approach to analysing and training recurrent neural networks-with an erratum note[R]. German National Research Center for Information Technology GMD Technical Report，2001，148（34）：13.

[309] Zhang W，Linden D J. The other side of the engram：Experience-driven changes in neuronal intrinsic excitability[J]. Nature reviews Neuroscience，2003，4：885-900.

[310] Triesch J. A gradient rule for the plasticity of a neuron's intrinsic excitability[C]//International Conference on Artificial Neural Networks，2005：65-70.

[311] Triesch J. Synergies between intrinsic and synaptic plasticity mechanisms[J]. Neural Computation，2007，19：885-909.

[312] Stemmler M，Koch C. How voltage-dependent conductances can adapt to maximize the information encoded by neuronal firing rate[J]. Nature Neuroscience，1999，2：521-527.

[313] Li C G. A model of neuronal intrinsic plasticity[J]. IEEE Transactions on Autonomous Mental Development，2011，3：277-284.

[314] Baddeley R，Abbott L F，Booth M C A，et al. Responses of neurons in primary and inferior temporal visual cortices to natural scenes[J]. Proceedings of the Royal Society B Biological Sciences，1997，264（1389）：1775-1783.

[315] Weibull W. A statistical distribution function of wide applicability[J]. Journal of Applied Mechanics，1951，13：293-297.

[316] Spitzer N C. Electrical activity in early neuronal development[J]. Nature，2006，444：707-712.

[317] Ekeberg Ö. An Integrated Neuronal and Mechanical Model of Fish Swimming[M]. Boston：Springer，1994.

[318] Ekeberg Ö. A combined neuronal and mechanical model of fish swimming[J]. Biological Cybernetics，1993，69：363-374.

[319] Ijspeert A J，Kodjabachian J. Evolution and development of a central pattern generator for the swimming of a lamprey[J]. Artificial Life，1998，5（3）：247-269.

[320] Zheng M，Iwasaki T，Friesen W O. Systems approach to modeling the neuronal CPG for leech swimming[C]//Annual International Conference of the IEEE Engineering in Medicine and Biology Society，2004，1：703-706.

[321] Sims K. Evolving 3d morphology and behaviour by competition[M]//Brooks R，Maes P. Artificial Life IV Proceedings. Cambridge：MIT Press，1994：28-39.

[322] Sims K. Evolving virtual creatures[J]. Computer Graphics Proceedings，1994，22（4）：15-22.

[323] Taylor T，Massey C. Recent developments in the evolution of morphologies and controllers for physically simulated creatures[J]. Artificial Life，2001，7（1）：77-87.

[324] Bongard J C，Paul C. Investigating morphological symmetry and locomotive efficiency using virtual embodied evolution[C]//From Animals to Animats 6：Proceedings of the Sixth International Conference on Simulation of Adaptive Behavior，2000：420-429.

[325] Gillis G B. Undulatory locomotion in elongate aquatic vertebrates：Angulliform swimming since sir james gray[J]. American Zoology，1996，36（6）：656-665.

[326] Holmes P，Full R J，Koditschek D，et al. The dynamics of legged locomotion：Models，analyses，and challenges[J]. SIAM Review，2006，48（2）：207-304.

[327] Beer R D. Beyond control：The dynamics of brain-body-environment interaction in motor systems[J]. Progress in Motor Control V：A Multidisciplinary Perspective，2006，629：7-24.

[328] Psujek S，Ames J，Beer R D. Connection and coordination：The interplay between architecture

and dynamics in evolved model pattern generators[J]. Neural Computation，2006，18：729-747.
[329] Beer R D，Gallagher J C. Evolving dynamical neural networks for adaptive behaviour[J]. Adaptive Behaviour，1992，1（1）：91-122.
[330] Jones B H D. Investigating the emergence of modularity in a model of artificial neural network morphogenesis[D]. Birmingham：University of Birmingham，2005.
[331] Blynel J，Floreano D. Levels of dynamics and adaptive behavior in evolutionary neural controllers[C]//Proceedings of the 7th International Conference on Simulation of Adaptive Behavior on from Animals to Animats，2002：272-281.
[332] Liang K H, Yao X, Liu Y, et al. An experimental investigation of self-adaptation in evolutionary programming[C]//Evolutionary Programming VII：7th International Conference，EP98 San Diego，California，，1998：291-300.
[333] Bäck T，Schwefel H P. An overview of evolutionary algorithms for parameter optimization[J]. Evolutionary Computation，1993，1（1）：1-23.
[334] Jones B，Jin Y C，Sendhoff B，et al. Emerged optimal distribution of computational workload in the evolution of an undulatory animat[C]//The 11th International Conference on Simulation of Adaptive Behaviors（SAB 2010），1998：587-596.
[335] Du Z W，Fang H B，Xu J. Snake-worm：A bi-modal locomotion robot[J]. Journal of Bionic Engineering，2022，19：1272-1289.
[336] Schramm L，Sendhoff B. An animat's cell doctrine[C]//Proceedings of the 11th European Conference on Artificial Life. American Society of Mechanical Engineers，2011：739-746.
[337] Chung S J，Slotine J J. On synchronization of coupled Hopf-Kuramoto oscillators with phase delays[C]//49th IEEE Conference on Decision and Control （CDC），2010：3181-3187.
[338] Schramm L. Evolution of cellular systems-optimization of gene regulatory networks for the development of morphology and control[D]. Darmstadt：Technische Universität Darmstadt，2012.
[339] Bishop C D，Erezyilmaz D F，Flatt T，et al. What is metamophosis?[J]. Integrative and Comparative Biology，2006，46：655-661.
[340] Beloussov L V. Integrating self-organization theory into an advanced course on morphogenesis at Moscow State University[J]. The International Journal of Developmental Biology，2003，47：177-181.
[341] Simons K，Karsenti E，St Johnston D，et al. Self-organization and morphogenesis in biological systems[Z]. Schloss Ringberg，Tegersee，Germany，December 2006.
[342] Ben-Amor H，Cadau S，Elena A，et al. Regulatory networks analysis：Robustness in morphogenesis regulation[C]//2009 International Conference on Advanced Information Networking and Applications Workshops，2009：924-929.
[343] Stillman N R，Mayor R. Generative models of morphogenesis in developmental biology[J]. Seminars in Cell&Developmental Biology，2023，147：83-90.
[344] Sims K. Evolving 3D morphology and behavior by competition[J]. Artificial Life，1994，1（4）：353-372.

[345] Stanley K O，Miikkulainen R. A taxonomy for artificial embryogeny[J]. Artificial Life，2003，9（2）：93-130.

[346] Oh H，Shirazi A R，Sun C，et al. Bio-inspired self-organising multi-robot pattern formation：A review[J]. Robotics & Autonomous Systems，2017，91（3）：83-100.

[347] Guo H L，Meng Y，Jin Y C. Self-adaptive multi-robot construction using gene regulatory networks[C]//2009 IEEE Symposium on Artificial Life. IEEE，2009：53-60.

[348] Zambonelli F，Mamei M，Vasirani M. Experiments in morphogenesis in swarms of simple mobile robots[J]. Applied Artificial Intelligence，2004，18（9-10）：903-919.

[349] Shen W M，Will P，Galstyan A，et al. Hormone-inspired self-organization and distributed control of robotic swarms[J]. Autonomous Robots，2004，17（1）：93-105.

[350] Shirazi A R，Jin Y C. Regulated morphogen gradients for target surrounding and adaptive shape formation[J]. IEEE Transactions on Cognitive and Developmental Systems，2021，13（4）：818-826.

[351] Gardi G，Ceron S，Wang W D，et al. Microrobot collectives with reconfigurable morphologies，behaviors，and functions[J]. Nature Communications，2022，13：1-14.

[352] Hornby G S，Pollack J B. Creating high-level components with a generative representation for body-brain evolution[J]. Artificial Life，2002，8：223-246.

[353] Lee J，Sitte J. Morphogenetic evolvable hardware controllers for robot walking[C]//Proceedings of the 2nd International Symposium on Autonomous Minirobots for Research and Edutainment，2003：53-62.

[354] Lungarella M，Metta G，Sandini G P R，et al. Developmental robotics：A survey[J]. Connection Sciences，2003，15：151-190.

[355] Weng J，McClelland J，Pentland J，et al. Autonomous mental development by robots and animals[J]. Science，2003，291：599-600.

[356] Kuniyoshi Y，Lungarella M. Developmental cognitive robotics：An emerging new field[J]. IEEE Transactions on Autonomous Mental Development，2006，1：3-5.

[357] Doursat R. The growing canvas of biological development：multiscale pattern generation on an expanding lattice of gene regulatory nets[C]//Unifying Themes in Complex Systems：Proceedings of the Sixth International Conference on Complex Systems，2008：205-210.

[358] Jin Y C，Guo H L，Meng Y. Robustness analysis and failure recovery of a bio-inspired self-organizing multi-robot system[C]//2009 Third IEEE International Conference on Self-Adaptive and Self-Organizing Systems，2009：154-164.

[359] Howard A，Matarić M J，Sukhatme G S. Mobile sensor network deployment using potential fields：A distributed，scalable solution to the area coverage problem[C]//6th International Symposium on Distributed Autonomous Robotics Systems，2002：299-308.

[360] Salazar-Ciudad I，Garcia-Fernández J，Solé R V. Gene networks capable of pattern formation：From induction to reaction-diffusion[J]. Journal of Theoretical Biology，2000，205：587-603.

[361] Piegl L，Tiller W. The NURBS Book[M]. 2nd edition. Berlin：Springer，1997.

[362] Peng X，Zhang S，Lei X. Multi-target trapping with swarm robots based on pattern formation[J]. International Journal of Advanced Robotic Systems，2016，13（5）：1-12.
[363] Zhang S，Liu M，Lei X，et al. Multi-target trapping with swarm robots based on pattern formation[J]. Robotics and Autonomous Systems，2018，106：1-13.
[364] Meng Y，Guo H，Jin Y C. A morphogenetic approach to flexible and robust shape formation for swarm robotic systems[J]. Robotics and Autonomous Systems，2013，61（1）：25-38.
[365] Jin Y C，Meng Y，Guo H L. A morphogenetic self-organization algorithm for swarm robotic systems using relative position information[C]//2010 UK Workshop on Computational Intelligence（UKCI），2010：1-6.
[366] Salaän C，Lepiniec L，Dubreucq B. Genetic and molecular control of somatic embryogenesis[J]. Artificial Life，2021，10（7）：1467.
[367] Visvader J E，Clevers H. Tissue-specific designs of stem cell hierarchies[J]. Nature Cell Biology，2016，18（4）：349-355.
[368] Erwin D H，Davidson E H. The evolution of hierarchical gene regulatory networks[J]. Nature Reviews Genetics，2009，10：141-148.
[369] Diambra L，Luciano D F C. Pattern formation in a gene network model with boundary shape dependence[J]. Physical Review E Statistical Nonlinear & Soft Matter Physics，2006，73（3）：31917.
[370] Sayama H. Robust morphogenesis of robotic swarms[J]. IEEE Computational Intelligence Magazine，2010，5（3）：43-49.
[371] Mamei M，Vasirani M，Zambonelli F. Experiments of morphogenesis in swarms of simple mobile robots[J]. Applied Artificial Intelligence，2004，18：903-919.
[372] Hsieh M，Kumar V，Chaimowicz L. Decentralized controllers for shape generation with robotic swarms[J]. Robotica，2008，26（5）：691-701.
[373] Oh H，Jin Y C. Adaptive swarm robot region coverage using gene regulatory networks[C]// Advances in Autonomous Robotics Systems：15th Annual Conference. Springer，2014：197-208.
[374] White B A，Tsourdos A，Ashokaraj I，et al. Contaminant cloud boundary monitoring using network of UAV sensors[J]. IEEE Sensors Journal，2008，8（10）：1681-1692.
[375] Mutambara A G O. Decentralized Estimation and Control for Multisensor Systems[M]. Boca Raton：CRC Press，1998.
[376] Belta C，Kumar V. Abstraction and control for groups of robots[J]. IEEE Transactions on Robotics，2004，20（5）：865-875.
[377] Cheah C C，Hou S P，Slotine J J E. Region-based shape control for a swarm of robots[J]. Automatica，2009，45：2406-2411.
[378] Li H L，Cai Y W. VG-Swarm：A vision-based gene regulation network for UAVs swarm behavior emergence[J]. IEEE Robotics and Automation Letters，2023，8（3）：1175-1182.
[379] Rubenstein M，Ahler C，Nagpal R. Kilobot：A low cost scalable robot system for collective

behaviors[C]//2012 IEEE International Conference on Robotics and Automation（ICRA），2012：3293-3298.

[380] GitHub Inc.Kbsim[Z/OL]. https：//github.com/ajhalme/kbsim，2012.

[381] Winfield A F T，Nembrini J. Emergent Swarm Morphology Control of Wireless Networked Mobile Robots，Morphogenetic Engineering，vol. 8[M]. Berlin，Heidelberg：Springer，2012.

[382] Nagpal R，Shrobe H，Bachrach J. Organizing a global coordinate system from local information on an ad hoc sensor network[C]//Information Processing in Sensor Networks. Berlin：Springer，2003：333-348.

[383] Shirazi A R，Jin Y C. A strategy for self-organized coordinated motion of a swarm of minimalist robots[J]. IEEE Transactions on Emerging Topics in Computational Intelligence，2017，1（5）：326-338.

[384] Shirazi A R，Oh H，Jin Y C. Morphogenetic self-organization of collective movement without directional sensing[C]//Advances in Autonomous Robotics Systems：15th Annual Conference，2014：139-150.

[385] Lee D T，Lin A K. Generalized delaunay triangulation for planar graphs[J]. Discrete & Computational Geometry，1986，1（3）：201-217.

[386] Meinhardt H，Gierer P. Pattern formation by local self-activation and lateral inhibition[J]. BioEssays，2000，22：753-760.

[387] Davies J. Mechanisms of Morphogenesis[M]. Amsterdam：Elsevier Academic Press，2005.

[388] Turing A M. The chemical basis of morphogenesis[J]. Philosophical Transactions of the Royal Society of London. B. Biological Sciences，1952，237（641）：37-72.

[389] Sahin C S，Urrea E，Uyar M U. Bio-inspired techniques for topology control of mobile nodes[M]//Formal and Practical Aspects of Autonomic Computing and Networking：Specification，Development，and Verification，2012：217-240.

[390] Lecun Y，Bengio Y，Hinton G. Deep learning[J]. Nature，2015，521（7553）：436-444.

[391] Singh S，Okun A，Jackson A. Learning to play go from scratch[J]. Nature，2017，550：556-557.

[392] Jumper J，Evans R，Pritzelet A，et al. Highly accurate protein structure prediction with AlphaFold[J]. Nature，2021，596（7873）：583-589.

[393] Van Dis E A M，Bollen J，Zuidema W，et al. Bockting，Chatgpt：Five priorities for research[J]. Nature，2023，614：224-226.

[394] Adami C. A brief history of artificial intelligence research[J]. Artificial Life，2021，27（2）：131-137.

[395] Nolfi S，Parisi D. Evolving artificial neural networks that develop in time[C]//European Conference on Artificial Life，1995：353-367.

[396] Singh S，Lewis R L，Barto A G，et al. Intrinsically motivated reinforcement learning：An evolutionary perspective[J]. IEEE Transactions on Autonomous Mental Development，2010，2：70-82.

[397] Deci E L，Ryan R M. Intrinsic Motivation and Self-Determination in Human Behavior[M]. Berlin：Springer，1985.

[398] Oudeyer P Y，Kaplan F. How can we define intrinsic motivation?[J]//Proceedings of the 8th International Conference on Epigenetic Robotics，2008：1-9.

[399] Santucci V G，Oudeyer P Y，Barto A，et al. Intrinsically motivated open-ended learning in autonomous robots[J]. Frontiers in Neurorobotics，2020，13：115.

[400] Minelli A. Grand challenges in evolutionary developmental biology[J]. Frontiers in Ecology and Evolution，2015，2：85.

[401] Müller G B. Evo-devo：Extending the evolutionary synthesis[J]. Nature Reviews Genetics，2007，8（12）：943-949.

[402] Smart J M. Evolutionary development：A universal perspective[C]//Evolution，Development and Complexity：Multiscale Evolutionary Models of Complex Adaptive Systems，2019：23-92.

[403] Griffiths P E. Evo-devo meets the mind：Towards a developmental evolutionary psychology[C]//Integrating Evolution and Development：from Theory to Practice，2007：195-225.

[404] Hernández-Ochoa J L，Vergara-Silva F. Is it necessary to integrate evo-devo to the analysis and construction of artificial emotional systems?[J]. Frontiers in Ecology and Evolution，2022，16：728829.

[405] Diogo R. Introduction to evolutionary developmental pathology，or evo-devo-path：On neo-Darwinism，natural mutants，hopeful monsters，syndromes，genomics，variations，humans，apes，chameleons，and dinosaurs[J]. Current Molecular Biology Reports，2020，6（4）：11-15.

[406] Rasmus F. Genes，brain，and cognition：A roadmap for the cognitive scientist[J]. Cognition，2006，101：247-269.

